U0163621

国家出版基金项目
NATIONAL PUBLICATION FOUNDATION

大数据环境下的信息管理技术与服务创新

基于社交问答平台的
用户知识贡献行为与服务优化

User Knowledge Contribution Behavior and
Service Optimization Based on Social Question and Answer Platform

邓胜利 著

WUHAN UNIVERSITY PRESS
武汉大学出版社

图书在版编目(CIP)数据

基于社交问答平台的用户知识贡献行为与服务优化/邓胜利著.—
武汉：武汉大学出版社,2023.3
大数据环境下的信息管理技术与服务创新
ISBN 978-7-307-21778-2

Ⅰ.基… Ⅱ.邓… Ⅲ.虚拟现实 Ⅳ.TP391.98

中国版本图书馆 CIP 数据核字(2020)第 171601 号

责任编辑:陈 豪　　责任校对:李孟潇　　版式设计:韩闻锦

出版发行:**武汉大学出版社**　(430072　武昌　珞珈山)

(电子邮箱:cbs22@whu.edu.cn　网址:www.wdp.com.cn)

印刷:武汉市金港彩印有限公司

开本:720×1000　1/16　印张:23.5　字数:346 千字　插页:2

版次:2023 年 3 月第 1 版　　2023 年 3 月第 1 次印刷

ISBN 978-7-307-21778-2　　定价:72.00 元

前　言

　　社交网络时代的用户知识交流与知识利用方式已发生显著变化，基于不同用户间的知识分享而形成的社交问答服务，已成为用户日常信息搜寻和找寻问题解答的一种重要途径。用户在社交问答平台上回答其他用户提出的问题，将他们脑海中的知识转化为显性知识，从而达到知识交流互动。本书立足于社交问答平台，从用户社交问答的信息需求、用户贡献知识的动因、用户知识贡献行为机理、可持续知识贡献的影响因素以及社交问答服务优化等方面进行了系统性研究。本书通过大量实证研究，对基于社交问答平台的用户知识贡献行为规律进行了分析和验证。

　　本书在用户社交问答需求与社交问答平台调研基础上，从用户知识贡献的动因与回答策略的关系及其演化规律研究出发，进行用户知识贡献的行为机理与可持续贡献的影响因素分析，从用户进行知识贡献的角度探索社交问答服务模式及服务评价。

　　本书围绕用户的社交问答需求，从社交问答平台发展与平台架构出发，进行用户知识贡献行为的研究，在分析用户知识贡献理论的基础上，探讨基于社交问答平台的用户知识贡献行为的机理，构建知识贡献行为的影响因素模型，分析知识贡献动机与回答策略的关系。同时，结合用户体验，本书还讨论了用户知识贡献的可持续发展问题，进而探索和归纳基于用户知识贡献的社交问答服务模式及服务评价。从全局上看，基于社交问答平台的知识贡献是将用户的各类知识（如观点、专业知识、经验等显性知识和隐性知识）

1

借助网络平台发布出来，用户间借助网络平台进行知识交流互动，从而满足相关用户的知识需求。这种基于用户自发组织形成的社交问答服务，充分挖掘社交网络的用户资源，将知识、服务和用户、问答平台有效地整合起来，成为搜索引擎等服务的有益补充，共同解决用户的信息搜寻问题。

本书围绕关键问题进行了实践探讨和理论提炼，研究的内容包括：用户的交互问答需求与问答平台构建；基于社交问答平台的知识贡献行为的理论基础；基于社交问答平台的知识贡献行为机理；基于社交问答平台的知识贡献行为影响因素；社交问答用户知识贡献动机与回答策略的关系；社交问答平台用户信息采纳与用户体验；基于社交问答平台的用户可持续知识贡献行为；基于用户知识贡献的社交问答服务及其优化等。

社交问答平台是研究用户知识贡献行为的重要平台，它兼具了网络社交媒体、知识管理系统和信息服务系统等平台的特点，强调用户间的信息交流、分享和互动。基于社交问答平台的用户知识贡献行为研究，既要结合以往信息行为研究的一些有意义的结论，也要考虑问答社区本身的特点和规律，由此决定了本书的前沿性和应用发展。

基于社交问答平台的用户知识贡献行为及服务优化研究的推进，立足于当前用户的社交问答需求，进行网络用户知识贡献行为规律研究和基于知识贡献行为的平台服务拓展。这一研究不仅适应了社交网络环境下用户知识贡献发展的需要，而且在理论上确立了社交问答用户知识贡献行为的基本框架，这是网络用户信息行为发展的结果。同时，本书针对社交问答用户的不同等级、知识贡献的数量和质量，寻求多样化的服务优化途径和方法，以求在社交问答平台应用中提升社交问答服务的整体水平。同时，本书体现了基于用户知识贡献的社交问答服务的拓展趋势。

基于社交问答平台的知识贡献行为及其服务优化研究，一是用户的社交问答需求分析与平台架构研究，二是研究用户知识贡献行为及其机理，三是研究基于知识贡献的社交问答服务拓展。对于这三个方面的问题，本书应用系统科学方法，将基于社交问答平台的用户知识贡献行为作为一个整体加以研究。在研究中，利用行为学和相关分析方法对用户知识贡献行为的关联要素进行分析，明确影响用户可持续知识贡献行为的因素，同时，揭示用户知识贡献行为的变化规律，针对 Yahoo！Answers、百度知道和知乎中的用户知识贡献及服务问题，进行用户需求、行为偏好及服务评价的实验分析，开展基于用户知识贡献的社交问答服务实证，针对其服务中存在的问题提出优化方案。其研究成果在社交问答服务中已得到应用。

　　当前，用户知识贡献行为对社交网络关系及其服务带来深远影响，对网络信息搜寻方式的转变和信息服务发展模式的变革至关重要。在这一背景下，知识贡献行为出现新的变化，因而需要针对变化中的新问题不断深化和拓展研究成果。具体而言，从 PC 端到移动端的变化，需要进一步创新移动用户知识贡献行为理论；此外，基于社交问答平台的健康信息行为研究也是知识贡献行为研究的新发展，因而笔者拟在前期研究的基础上深化移动情境下知识贡献行为研究及基于社交问答平台的健康信息行为研究。

目　录

1 引言 ……………………………………………………………………… 1

　1.1 研究背景 …………………………………………………………… 2

　　1.1.1 网络社交媒体的使用和在线实践社区的用户参与 ………… 3

　　1.1.2 用户生成内容的动机及其激励机制的设计 ………………… 4

　　1.1.3 交互式信息服务的构建与社会化搜索理念的发展 ………… 5

　1.2 研究意义 …………………………………………………………… 6

　1.3 国内外研究现状 …………………………………………………… 8

　　1.3.1 国外研究现状 ………………………………………………… 8

　　1.3.2 国内研究现状 ………………………………………………… 16

　　1.3.3 研究现状述评 ………………………………………………… 22

　1.4 研究内容与创新 …………………………………………………… 23

　　1.4.1 研究内容 ……………………………………………………… 23

　　1.4.2 研究创新 ……………………………………………………… 27

　1.5 研究方法 …………………………………………………………… 27

2 用户的社交问答需求与问答平台构建 …………………………………… 29

　2.1 用户的社交问答需求 ……………………………………………… 29

　　2.1.1 用户的信息需求 ……………………………………………… 30

　　2.1.2 用户自我实现的需求 ………………………………………… 31

　　2.1.3 社会资本积累的需求 ………………………………………… 31

2.1.4 用户娱乐的需求 ……………………………… 31

2.1.5 用户社交问答需求的实证 …………………… 31

2.2 社交问答平台的兴起与发展 ……………………… 45

2.3 社交问答平台的架构 ……………………………… 46

2.3.1 社交问答平台用户交互 ………………………… 47

2.3.2 社交问答平台内容组织 ………………………… 48

2.3.3 社交问答平台服务管理 ………………………… 50

2.3.4 社交问答平台技术支持 ………………………… 51

2.4 基于社交问答平台的用户知识贡献行为 ………… 52

3 基于社交问答平台的知识贡献行为的理论基础 ……… 55

3.1 相关概念界定 ……………………………………… 55

3.1.1 知识贡献的概念界定 …………………………… 55

3.1.2 知识贡献与知识共享 …………………………… 57

3.2 知识贡献行为的相关理论基础 …………………… 58

3.2.1 社会影响理论 …………………………………… 58

3.2.2 社会认知理论 …………………………………… 60

3.2.3 社会交换理论 …………………………………… 62

3.2.4 信息需求与信息搜寻行为 ……………………… 63

3.2.5 精细加工可能性与信息采纳 …………………… 66

3.2.6 期望确认理论与信息系统持续使用 …………… 68

4 基于社交问答平台的用户行为与知识贡献机理 ……… 70

4.1 社交问答用户特征识别与行为动机分析 ………… 70

4.1.1 社交问答用户行为动机的研究现状 …………… 71

4.1.2 社交问答用户行为的数据来源与方法 ………… 74

4.1.3 社交问答用户行为的数据分析与结果 ………… 78

    4.1.4 基于行为数据的社交问答用户动机分析 ……………… 84
  4.2 用户知识贡献行为形成机理 ………………………… 87
    4.2.1 个体行为形成机理 ………………………… 87
    4.2.2 用户知识贡献行为形成 ………………………… 89
  4.3 社交问答用户知识贡献过程 ………………………… 91
  4.4 社交问答用户知识贡献机理模型 ………………………… 94

5 基于社交问答平台的用户知识贡献行为影响因素 …………… 97
  5.1 社交问答平台用户知识贡献行为影响机制 …………… 97
  5.2 社交问答平台用户知识贡献行为的动机 …………… 99
  5.3 社交问答平台用户知识贡献行为影响因素分析模型构建 ……… 101
    5.3.1 研究假设 ………………………… 101
    5.3.2 研究模型与变量定义 ………………………… 106
    5.3.3 问卷设计与数据收集 ………………………… 108
    5.3.4 数据分析 ………………………… 112
    5.3.5 研究结论 ………………………… 121

6 社交问答用户知识贡献动机与回答策略的关系 …………… 129
  6.1 基于知识贡献动机的用户回答策略 …………… 129
    6.1.1 社交问答用户知识贡献动机 …………… 129
    6.1.2 社交问答用户回答策略 …………… 130
    6.1.3 基于知识贡献动机的用户回答策略模型构建 …… 132
  6.2 基于知识贡献动机的用户回答策略模型实证 …… 133
    6.2.1 问卷设计 …………… 133
    6.2.2 数据收集 …………… 135
    6.2.3 相关分析 …………… 139
    6.2.4 回归分析 …………… 141

6.3 基于知识贡献动机的用户回答策略选择 ……………… 147

  6.3.1 与知识贡献动机中度相关的回答策略 ……………… 148

  6.3.2 与知识贡献动机低度相关的回答策略 ……………… 149

  6.3.3 用户不进行知识贡献的原因 ……………… 150

7 社交问答平台用户的信息采纳与用户体验 ……………… 153

7.1 社交问答平台用户的信息采纳分析 ……………… 154

  7.1.1 数据收集与描述性统计分析 ……………… 155

  7.1.2 社交问答平台信息行为特征分析 ……………… 164

7.2 社交问答平台用户信息采纳行为的影响因素 ……………… 170

  7.2.1 相关研究 ……………… 171

  7.2.2 研究模型与影响因素选择 ……………… 173

  7.2.3 模型验证 ……………… 178

  7.2.4 验证结果 ……………… 182

7.3 社交问答平台的用户体验 ……………… 186

  7.3.1 用户体验的国内外研究现状 ……………… 187

  7.3.2 社交问答平台用户体验影响因素模型构建 ……………… 193

8 基于社交问答平台的用户可持续知识贡献行为 ……………… 212

8.1 可持续知识贡献行为及其理论基础 ……………… 213

  8.1.1 可持续知识贡献行为 ……………… 214

  8.1.2 可持续知识贡献行为研究的理论基础 ……………… 214

8.2 可持续知识贡献行为的研究模型及方法 ……………… 216

  8.2.1 研究模型与假设 ……………… 216

  8.2.2 问卷设计 ……………… 219

  8.2.3 数据分析 ……………… 221

8.3 基于社交问答平台的用户可持续知识贡献的建议 ……………… 224

9 基于用户知识贡献的社交问答服务及其优化 ·············· 227

  9.1 社交问答服务和数字参考咨询服务的比较 ············ 228

    9.1.1 百度知道用户对两种服务的比较 ··············· 229

    9.1.2 Yahoo! Answers 用户对两种服务的比较 ········· 231

  9.2 基于用户知识贡献的社交问答服务评价 ············ 233

    9.2.1 用户对社交问答服务满意度的评价 ············· 234

    9.2.2 用户对社交问答服务使用影响因素的评价 ········· 237

  9.3 用户知识贡献行为促进及社交问答服务优化 ········· 241

    9.3.1 用户知识贡献行为促进 ·················· 241

    9.3.2 社交问答服务优化 ···················· 246

10 实证 ····································· 249

  10.1 社交问答平台用户信息行为转化研究 ············ 249

    10.1.1 信息采纳和持续信息搜寻 ················ 249

    10.1.2 理论基础 ······················ 254

    10.1.3 研究方法 ······················ 259

    10.1.4 数据分析 ······················ 265

    10.1.5 讨论与结论 ····················· 270

  10.2 基于问答平台的用户健康信息获取意愿的实证 ······· 272

    10.2.1 文献综述 ······················ 273

    10.2.2 理论背景和研究模型 ················· 275

    10.2.3 研究方法和数据搜集 ················· 280

    10.2.4 数据分析 ······················ 282

    10.2.5 讨论与结论 ····················· 286

  10.3 社交问答平台高等级用户行为实证

    ——以百度知道为例 ·················· 289

    10.3.1 百度知道的分类体系及用户分布 ············ 291

10.3.2 基于主题分类的高等级用户行为及内容分析 …………… 295

10.3.3 百度知道 PC 端与移动端用户行为对比研究 …………… 298

10.4 移动问答服务的用户使用行为与服务评价实证 …………… 301

10.4.1 移动问答服务发展及其服务环境 …………… 303

10.4.2 移动问答平台问题的类型分析 …………… 307

10.4.3 移动问答用户信息搜寻的结果分析 …………… 311

10.4.4 移动问答服务的评价与优化 …………… 312

参考文献 ……………………………………………………………… 327

1 引　言

自 2002 年韩国诞生全球第一家网络问答网站——Kin-Naver① 至今已有 14 年之久，网络问答服务发展迅猛，这期间全球出现了诸多著名的问答服务网站，如美国的 Answerbag、Google Answer 等。而全球最受欢迎的问答社区是 Yahoo! Answers，截至 2012 年 12 月，Yahoo! Answers 已经拥有 3 亿用户和 6 亿个回答，目前 Yahoo! Answers 是受访频率仅次于 Wikipedia 的全球第二大教育参考类网站。② 而类似的中文问答网站包括雅虎知识堂（2013 年已关闭问答服务）、百度知道、新浪爱问、搜搜问答等。其中百度知道是目前国内最为热门和活跃的中文问答社区之一，截至 2014 年 12 月，有超过 3 亿的问题在百度知道上得到解决，③ 中文网络问答服务蔚然成风。

社交问答平台（social question and answering community，也称作 social Q&A community 或 SQA community）是基于互联网，以用户提出问题、回答问题和讨论问题为主的问答社区。在社会化问答社区中，用户可以搜寻自己需要的信息，也可以在问答社区回答问题、发表意见和观点等来贡献信息，如果用户对信息满意，则可以进一步进行信息采纳，这样用户们就有了良性

---

① 韩国 Naver 问答社区 [EB/OL]．[2015-09-28]．http：//kin. naver. com/index. nhn.

② 维基百科．Yahoo! Answers 介绍 [EB/OL]．[2015-09-28]．https：//en. wikipedia. org/wiki/Yahoo! _Answers.

③ 陈晓宇，邓胜利，孙雅梦．网络问答社区用户信息行为研究进展与展望 [J]．图书情报知识，2015（4）：71-81.

的信息交流和互动。近几年来，以社区、用户关系、内容运营为基础的社交问答平台逐步兴起，它们更加强调人际交流，以良好的社区氛围和专业背景吸引了各个领域的大批专业人士参与其中，这些社交问答平台能产生较高质量的答案和内容，目前正被用户广泛采纳和接受，同时也促使原先的问答服务网站向社交问答平台转变，即从 Web1.0 时代的问答网站向社交问答平台转变。① 例如美国的 Quora 和中国的知乎，都是典型的社交问答平台。社交问答平台作为"汇集众人之智"（wisdom of crowds）的知识服务平台，其社区中用户的信息行为特征正受到越来越多的学者关注。②

1.1　研究背景

互联网的高速发展俨然已经改变了网络用户信息获取的方式，在以往的某个阶段，搜索引擎基本能够满足用户信息搜寻的需求。然而随着 Web2.0 的发展，参与式文化在互联网中渗透，单纯依靠搜索引擎搜寻网络上已经存在的信息远远无法满足用户对信息的需求。社交问答平台的普及使得用户的隐性知识和生活经验得以显性化，用户通过自然语言提问和回答的形式进行交流，弥补了传统搜索引擎互动性和智能性的不足，同时也为之提供了丰富的信息资源。

社交问答服务旨在提高用户搜寻信息的时效性和便捷性，社交问答平台的普及和高速发展使得众多专业人士参与其中，并由此积累了海量已解决问题。随着社交问答平台系统的不断完善，社区用户不但可以自己提出问题或者就已提出问题给出相应的答案，基于用户之间的交互性的考虑，平台还允许用户就问题或者答案进行点赞、评价和交流等。用户诸如此类的交互行为

---

① 刘高勇，邓胜利. 社交问答服务的演变与发展研究 [J]. 图书馆论坛，2013，33（1）：17-21.

② 黄梦婷，张鹏翼. 社会化问答社区的协作方式与效果研究：以知乎为例 [J]. 图书情报工作，2015，59（12）：85-92.

反过来为用户提供更综合、准确的信息，满足其多样化的信息需求。用户的增长和信息资源的扩张无一不使得社交问答服务面临众多挑战。新挑战下用户的行为模式、交流模式需要学界做进一步探索，以进一步提升社交问答服务的质量。

1.1.1 网络社交媒体的使用和在线实践社区的用户参与

"网络社交媒体"和"在线实践社区"是研究网络用户行为的学者们经常使用的两个术语，这两个概念既有区别又有联系，并且在很多研究维度上存在着很大的重叠性和相似性。网络社交媒体是一种基于 Web2.0 的信息传播媒介，它可以帮助人们在网络环境下创建公开或者半公开的信息，并提供用户之间顺利进行信息交流和互动的渠道。① 在线实践社区强调在人群之间建立一种关系和联系，形成一种有别于现实世界的虚拟社会网络。在线实践社区借助网络的便捷性和跨地域性，将那些拥有某种特定兴趣或爱好的人群聚集在一起，它可以为用户提供相对个性化的信息服务，从而满足用户工作、学习或情感等方面的需求。② 伴随着互联网的蓬勃发展，互联网上越来越多的信息服务产品不断地深入人们生活中的各个方面，其同时兼具了社交媒体和在线社区的双重属性，一方面它们是每一位网络用户获取信息、传递信息的媒介和工具，另一方面它们也营造了一个虚拟的环境或情境，用户可以彼此联系、进行互动，形成了有一定特点和功能的网络社区。

有学者认为"媒体即社区"更符合当下互联网信息服务平台的现状，而社交问答平台的兴起正是这一背景下的产物之一。③ 在以往相关的用户行为

① 姜雯，许鑫. 在线问答社区信息质量评价研究综述 [J]. 现代图书情报技术，2014, 30 (6): 41-50.

② 赵宇翔，彭希羡. 媒体即社区？信息系统领域基于文献的研究主题分析 [J]. 现代图书情报技术，2014, 30 (1): 56-65.

③ Gazan R. Social Q&A [J]. Journal of the American Society for Information Science and Technology, 2011, 62 (12): 2301-2312.

研究中，学者们比较多地关注网络社交媒体的使用行为和在线实践社区的参与行为。社交问答平台兼具了社交媒体和网络社区的双重身份，其用户对于社区问答服务的使用以及社区内容构建的参与也是学者们关注的重要课题。比如，有学者利用以往社交媒体使用影响因素研究的成果去研究社交问答平台用户的使用行为。这些研究侧重于对问答社区服务的采纳意愿或行为的分析，它们主要运用传播学领域的使用与满足理论和管理信息系统领域的创新与扩散理论、成本-效益理论和技术接受模型理论等，归纳出重要的影响因素，通过结构方程模型的方法验证促使用户使用社会化问答社区的动机和因素。也有学者从网络社区用户参与的角度去分析用户加入到社会化问答社区的原因。这些研究通常以社会资本理论、自我决定理论、动机理论、期望价值理论等为基础，重点是把握社区用户的"满意度"和"忠诚度"，同时也强调对问答社区的"交互性""信任""满意度""忠诚度"等概念的深入探讨。

1.1.2　用户生成内容的动机及其激励机制的设计

用户生成内容（user generated content，UGC），即以任何形式在网络上发表的由用户创造的文字、图片、视频、音频等内容，是 Web2.0 环境下社交媒体中正在迅猛发展的网络信息资源创造和组织模式。[①] 用户生成内容倡导为用户创建一个自由表达、创造、交流和分享的网络环境，鼓励和驱动用户们进行信息的共享、内容的创造与知识的贡献。社交问答平台与用户生成内容具有密不可分的联系，二者之间也有很多共通的研究范围。社交问答平台的信息可以理解为一种典型的用户生成内容，无论是提问者的问题，还是回答者的答案，抑或是他们之间的交流和评论，都是社区用户自由表达和创造的产物。社交问答平台用户知识贡献的研究是社会化问答社区研究中的重要一环，用户们贡献内容的动机有哪些，如何准确把握这些动机并依此来促进

---

① 赵宇翔，范哲，朱庆华 . 用户生成内容（UGC）概念解析及研究进展［J］. 中国图书馆学报，2012，38（5）：68-81.

用户们积极地贡献内容，也是用户生成内容研究中的一个重要课题。在社交问答平台中，一般都具有等级或积分等激励措施来鼓励用户们创造高质量的内容，如何设计出科学合理的激励机制是另一个重要的研究问题。因此，从用户生成内容的动机及其激励机制设计的角度去研究社交问答平台，是学者们普遍采用的视角和切入点。

用户生成内容的动机是复杂和多样的，有学者将用户生成内容的影响因素归纳为三个维度和一个调节集：社会驱动、技术驱动和个体驱动三个维度；人口统计学特征作为一个调节集。① 社会化问答社区用户知识贡献的动机也会受到这三个维度和一个调节集的影响。用户生成内容激励机制的设计是从设计学的视角，针对不同的用户群体和不同的动机设计出相关的激励机制，特别是针对用户体验的用户生成内容激励设计和针对信息质量的测量评价框架。② 社交问答平台的用户知识贡献激励机制设计，也需要借鉴和引用用户生成内容激励机制设计的原则和方法。

1.1.3 交互式信息服务的构建与社会化搜索理念的发展

以网络社区为代表的人际交互有助于开拓互联网的信息来源，能深化原创内容的挖掘，密切用户之间的交流，而交互式信息服务就是强调用户与用户之间的交流互动。在网络社区中构建交互式信息服务，让用户参与到网络社区的建设当中，方便地表达自己的观点，分享知识和智慧，正是交互式信息服务的最终目的和宗旨。③ 社交问答平台是一种交互式的问答社区，它确保用户能够方便、快捷、有效地提出问题，同时通过交互不断提高和优化用

① 赵宇翔，朱庆华. Web2.0 环境下影响用户生成内容的主要动因研究 [J]. 中国图书馆学报，2009 (5)：107-116.
② 赵宇翔. 社会化媒体中用户生成内容的动因与激励设计研究 [D]. 南京：南京大学，2011.
③ 邓胜利，张敏. 基于用户体验的交互式信息服务模型构建 [J]. 中国图书馆学报，2009, 35 (1)：65-70.

户体验的效果。从构建交互式信息服务的角度研究社交问答平台，重点从服务内容、服务质量、人机交互和人际交互等方面入手，考察和分析社会化问答社区的运营模式和服务机制。

社会化搜索这一新型网络搜索模式自 2004 年被正式提出以来，受到了学者们的广泛关注。① 与基于文本和内容挖掘算法的网络搜索模式不同，社会化搜索更注重用户在甄别与评价网络信息资源过程中的主观能动性，重视用户、信息、平台三要素间的协作，而社交问答平台因其最能体现这三者的协同配合的特点，成为研究社会化搜索的重要载体。从社会化搜索的角度研究社交问答平台，重点从问答社区的信息质量、搜索质量、信息评价等方面入手，同时考虑到用户之间的交互与协同，考察和分析社会化问答社区的搜索行为、搜索技术和搜索应用。

1.2　研究意义

自 20 世纪 80 年代以来，由于人们认识到用户的信息需求、特征、行为和所处的情境都有可能影响用户最终的信息搜索和使用的结果，因此信息行为研究逐渐成为图书情报学研究的核心课题之一。随着互联网的普及和各种社交媒体工具的大量使用，网络用户信息行为逐渐占据了用户信息行为的主体。而社会化网络问答社区的兴起，为研究问答社区用户信息行为的学者提供了大量而丰富的资源和实例。因此可以说，研究问答社区用户的信息行为特征是对网络用户信息行为研究的一个重要拓展。本研究旨在探究社交问答平台用户的知识贡献行为及服务优化，重点探究用户需求及社交问答平台发展历程，研究用户的知识贡献行为、动机及其与用户对提问回答策略的关系，进而优化社交问答服务。

---

① 孙晓宁，赵宇翔，朱庆华 . 基于 SQA 系统的社会化搜索答案质量评价指标构建 [J]. 中国图书馆学报，2015，41（4）：65-82.

　　基于理论视角，补充了信息/知识贡献已有的研究结论及理论成果，同时提出了探究社交问答平台用户知识贡献的内在特征和机制的一个全面视角。本书基于现有虚拟社区的研究成果，通过探索社交问答平台知识贡献主体的构成、行为模式的影响因素等，系统地进行社交问答平台用户知识贡献研究。这可为社交问答平台用户知识贡献的研究形成较为成熟的理论体系做出贡献，也可增加已有研究成果的普遍性，且具有很强的针对性和现实意义。通过初步探讨用户知识贡献的动机和回答策略之间的关系，进而深入研究用户知识贡献行为。

　　基于实践视角，本书有利于提升社交问答平台用户的知识贡献力度和社交问答服务。研究社交问答平台的用户需求、贡献动机、用户评价、服务优化等，对知识服务的有效提升、改善与优化有一定的指导意义。学术界对社交问答平台用户行为模式的不断探究是保持其良性运转的必要条件，此外，也能为运营者和管理者在制定管理规范、战略决策上提供一定的理论依据与实践指导。

　　同时，本书对推动社交问答网站群体智能的分享与交流提供指导。得益于诸如社交问答平台等虚拟社区的知识和信息贡献，网络用户的信息需求得到了更及时、更便捷的满足。同时，诸多网络平台实行各种策略来进一步鼓励网络用户进行知识和信息贡献，进而丰富平台的资源，促进知识信息共享及组织协同行为的发展，例如互动百科的"百万津贴"计划等。

　　当前学术界探究的重点在于对用户进行知识和信息贡献的有效引导和规范，从而使得存在于用户群体的隐性知识最大程度显性化。因此，正确认识用户主体进行知识共享的内在机制显得十分迫切。此外，优化社交问答服务并增强其个性化也应该提上日程。社交问答平台要提升用户进行知识贡献的力度，提升用户在社交问答平台的用户体验和用户黏性，就必须做到对平台用户的知识贡献行为进行有效引导，同时兼顾知识贡献环境的改善。

1.3　国内外研究现状

本研究中讨论的社交问答平台，包括以百度知道为代表的传统问答平台和以知乎为代表的社会化问答平台。对于这些问答平台，学术界目前没有唯一的称谓，浏览国内外相关文献，不难发现相关称呼有：社交问答（social question & answer，SQA）、社区问答系统（community question and answer，CQA）、问答服务（question and answer，QA）、协作知识社区（collaborative question and answer）、用户生成内容（user generated content，UGC）等。国内学者则称为：社会化问答平台、在线问答社区、互动问答社区、问答社区等。本书将其称作社交问答平台（SQA），这一服务最大的特征是以"问"和"答"的形式促使用户进行信息交流和互动。本节就以上关键词进行相关文献检索，梳理国内外已有研究，理清研究现状。国内外研究主要围绕社交问答平台服务、社交问答平台服务的用户感知、用户知识贡献的动机以及内容质量的评价等方面展开。

1.3.1　国外研究现状

通过文献阅读发现，国外学者对社交问答平台（SQA）的研究成果很丰富，主要围绕用户感知、用户知识贡献的动机、问答服务的内容评价以及社交问答服务和其他服务的关系展开。值得注意的是，国外学者对用户知识贡献动机的研究并不局限于用户知识贡献的影响因素研究，还包括对用户知识采纳的动机以及可持续贡献的影响因素的研究。

（1）社交问答平台服务的用户感知研究

因用户的需求驱动，网络应用逐渐从问题导航向在线集体协作服务转变。国外学者针对用户对社交问答服务的认知情况进行相关研究。各种类型的社交问答平台相继发展，社交问答平台服务指的是社交问答网站用户自愿提供的在线问答服务，例如 Yahoo! Answers、Wiki Answers、Askville、Answerbag 和 Wikipedia Reference Desk 等。① Kim 等（2013）② 发现，社交问答平台（如 Yahoo! Answers）是学术情境下最频繁使用的一种信息源。社交问答平台的优点如下：低成本、用户广泛参与和社会资本快速积累。③ Jeon 和 Rieh④ 发现使用 Yahoo! Answers 搜寻信息的用户相信其他用户的经验和观点，由于 Yahoo! Answers 响应及时，服务方便，比较看重速度的参与者喜欢使用 Yahoo! Answers。另一研究表明，人们倾向于信任熟人的观点，而不是社交问答平台。⑤

Kitzie 等⑥发现在社交问答平台提出事实性问题的大量用户，认识到社交问答服务的缺点是没有办法验证答案的准确性，他们也提出这些被调查者很可能是没有听说过数字参考咨询服务的用户。此外，和参考咨询相比，内

① Shachaf P, Rosenbaum H . Online social reference：a research agenda through a STIN framework ［C］//iConference. Chapel Hill, NC, USA, 2009, 2：8-11.

② Kim K, Sin S J, He Y. Information seeking through social media：impact of user characteristics on social media use ［C］//The American Society of Information Science & Technology (ASIST) Annual Meeting. 2013, 11：1-6.

③ Shah C, Kitzie V. Social Q&A and virtual reference-comparing apples and oranges with the help of experts and users ［J］. Journal of the American Society for Information Science and Technology, 2012, 63（10）：2020-2036.

④ Jeon G Y, Rieh S Y. Do you trust answers? Credibility judgments in social search using SQA sites ［C］//16th ACM Conference on Computer Supported Cooperative Work Workshops on Social Media Question Asking. 2013a.

⑤ Jeon G Y, Rieh S Y. The value of social search：seeking collective personal experience in social Q&A ［C］//Proceedings of the Association for Information Science and Technology. 2013b.

⑥ Kitzie V, Choi E, Shah C. To ask or not to ask, that is the question：investigating methods and motivations for online Q&A ［C］//Proceedings of HCIR. 2012.

容质量的不确定性也是社交问答服务的缺点之一。① Lee② 对移动社交问答服务进行了探讨研究，分析了用户在移动社交问答平台 Naver 上于 14 个月内产生的2 400万个问题及其答案，辅以对 555 个活跃用户的调查研究，发现移动社交问答服务已深入用户日常生活，其使用很大程度上和用户的时间、空间和社会情境相关，并且影响移动社交问答服务使用的主要因素是移动社交问答服务的可获取性和便捷性、答案获取的实时性，调查表明用户在移动社交问答服务中偏向于搜索事实性信息。

（2）社交问答平台的用户知识贡献动机研究

社交问答平台用户不仅包括回答者，也包括提问者，前者同时也被学者称为知识贡献者，后者也被一些学者称为知识获取者、采纳者、接收者、信息搜寻者，他们之间没有明确的界限，回答或提问是用户的不同行为。社交问答平台中提问者的需求与回答者的知识参与行为对于服务的发展同样重要，国外学者不仅研究用户在社交问答平台知识贡献的动因，也对提问者的行为动因和期望进行了探索研究，使社交问答平台的用户行为动机研究更加全面，包括用户知识贡献动机、用户知识采纳动机、用户可持续知识贡献动机三个方面。

用户知识贡献的影响因素研究。Choi 等③研究了显性提供奖励对 Yahoo! Answers 用户知识贡献的影响作用，表明有悬赏分的问题比没有悬赏分的问题获得"最佳答案"的速度高出五倍，也就是说有悬赏分的问题，用户知识

---

① Kitzie V, Choi E, Shah S. Analyzing question quality through inter subjectivity: world views and objective assessments of questions on social question-answering ［C］//The American Society of Information Science & Technology (ASIST) Annual Meeting. 2013, 11: 1-6.

② Lee U, Kang H, Yi E, et al. Understanding mobile Q&A usage: an exploratory study ［C］//Proceedings of the SIGCHI Conference on Human Factors in Computing Systems. ACM, 2012: 3215-3224.

③ Choi E, Kitzie V, Shah C. "10 points for the best answer!" -Baiting for explicating knowledge contributions within online Q&A ［J］. Proceedings of the American Society for Information Science and Technology, 2013a, 50 (1): 1-4.

贡献更积极、更有用。学者研究了健康信息问答行为中，用户知识贡献的动因和回答策略的关系，认为用户的回答策略和动因相关，研究对促进社交问答服务用户健康信息贡献有重要作用①。Liu 等②尝试挖掘和识别社交问答平台中没有回答过问题的潜在回答者的特征，为社交问答平台自动推荐机制的发展提供更深入的视角。

用户知识采纳的动因和期望研究。Choi 等③探讨了 Yahoo! Answers 用户提问的动机、对服务的期望以及动机和期望之间的关系，认为用户在 Yahoo! Answers 提问的动机包括满足认知需求、专业学习、获得知识自我教育、寻找意见和建议以供决策、寻找相关信息、获得知识而增长的安全感。Chou 等④基于信息和规范的社会影响理论探讨了问答社区知识采纳行为的影响因素，其中信息方面因素有知识质量和资源可信性，规范方面因素有知识一致性和知识评价。

用户可持续知识贡献的影响因素研究。Christy⑤ 研究发现用户期望的互惠和帮助他人在问答平台得到实现时，用户满意度和知识自我效能均得到提升，同时用户满意度和知识自我效能将进一步影响用户在社交问答平台

---

① Oh S. The relationships between motivations and answering strategies：an exploratory review of health answerers' behaviors in Yahoo! Answers［J］. Proceedings of the American Society for Information Science and Technology，2011，48（1）：1-9.

② Liu Z，Jansen B J. Predicting potential responders in social Q&A based on non-QA features［C］//CHI'14 Extended Abstracts on Human Factors in Computing Systems. ACM，2014：2131-2136.

③ Choi E，Kitzie V，Shah C. Investigating motivations and expectations of asking a question in social Q&A［J］. First Monday，2014，19（3）.

④ Chou C H，Wang Y S，Tang T I. Exploring the determinants of knowledge adoption in virtual communities：a social influence perspective［J］. International Journal of Information Management，2015，35（3）：364-376.

⑤ Christy M K，Matthew K O，Zach W Y. Understanding the continuance intention of knowledge sharing in online communities of practice through the post-knowledge-sharing evaluation processes［J］. Journal of the American Society for Information Science and Technology，2013，64（7）：1357-1374.

的持续知识贡献意愿。Jin 等①研究发现名誉提升、互惠和帮助他人的快乐的因素通过确认和知识自我效能对用户满意度形成间接影响，用户持续知识贡献的意愿则由用户满意度和知识自我效能这两个用户使用服务后的感触来决定。

(3) 社交问答服务内容评价相关研究

社交问答平台用户会判断从陌生用户获得问题答案的可信性。Jeon 等②通过调查发现，Yahoo! Answers 用户从态度、可信赖以及专业性三个方面进行可信度评价。Kim 和 Oh③ 对 Yahoo! Answers 平台提问者选择最佳答案的评价标准进行研究，收集用户在选择最佳答案以后的评论内容，并进行内容分析，其确定的相关评价标准有六类：内容、认知、有用性、信息资源、外在因素和社会情感。用户知识采纳行为的选择标准和问题的主题相关，社会情感标准和讨论类题目相关，内容标准和话题驱动的问题相关，有用性标准则和需要寻求帮助的问题相关。Shah 等④提出了社交问答服务研究的新的框架，即"服务—用户—内容"模式，其中服务指用户在问答网站提问或搜寻信息时可供采用的资源和策略，用户包括用户使用问答服务的动机和对问答平台的期望，内容则指社交问答平台产生的问答和信息的质量评价。

---

① Jin X L, Zhou Z Y, Lee M K O, Cheung C M K. Why users keep answering questions in online questions answering communities: a theoretical and empirical investigation [J]. International Journal of Information Management, 2013 (33): 93-104.

② Jeon G Y J, Rieh S Y. Answers from the crowd: how credible are strangers in social Q&A? [C] //iConference. 2014: 664-668.

③ Kim S, Oh S. Users' relevance criteria for evaluating answers in a SQA site [J]. Journal of the American Society for Information Science Technology, 2009, 60 (4): 716-727.

④ Shah C, Kitzie V, Choi E. Modalities, motivations, and materials-investigating traditional and social online Q&A services [J]. Journal of Information Science, 2014, 40 (5): 672-673.

(4) 社交问答平台与数字参考咨询服务的对比研究

数字参考咨询和社交问答平台具有相似之处，最大的不同在于社交问答平台问题的答案几乎能够由世界上的每个人提供。数字参考咨询为信息搜寻者提供深度、专业化的答案，然而社交问答服务如 Yahoo! Answers 则利用群体智慧提供快捷答复。前者具有质量优势，后者具有数量优势。国外学者对两者的比较从其差异、竞争、互补和合作几个方面展开。

社交问答平台与数字参考咨询服务的差异。Shah 和 Kitzie① 对社交问答平台和数字参考咨询进行对比研究，就两种服务中影响用户和专家评价信息的因素做区分，如信息相关性、内容质量和用户满意度，他们发现不同的用户对好的信息或者服务的概念认识不同。Radford 等② 研究访谈专家（图书馆员）和终端用户（学生），从两类不同群体角度提出独到见解，结果显示，数字参考咨询服务成功解决广泛的学科问题，主要集中在社会科学和技术。大量学生并没有通过社交问答平台提问或者回答问题。③ Radford 等发现用户认为数字参考咨询服务是权威的、客观的、同步的，并且接收更多复杂的问题。④ 社交问答被认为是异步的、权威性较低、问题简单，提供更多的意见性答案。总之，数字参考咨询在以下几个方面较社交问答服务有优势：定制

① Shah C, Kitzie V. Social Q&A and virtual reference-comparing apples and oranges with the help of experts and users ［J］. Journal of the American Society for Information Science and Technology, 2012, 63（10）: 2020-2036.

② Radford M L, Connaway L S. Chattin' 'bout my generation: comparing virtual reference use of Millennials to older adults ［M］//Marle L Radford（ed.）. Leading the Reference Renaissance: Today's Ideas for Tomorrow's Cutting-Edge Services. New York: Neal-Schuman, 2012: 35-46.

③ Shah C, Kitzie V. Social Q&A and virtual reference-comparing apples and oranges with the help of experts and users ［J］. Journal of the American Society for Information Science and Technology, 2012, 63（10）: 2020-2036.

④ Radford M L, Connaway L S, et al. Conceptualizing collaboration and community in virtual reference and social question and answer services ［EB/OL］. ［2015-03-18］. http: // InformationR. net/ir/18-3/colis/paperS06. html.

13

化、质量、相关性、精确性、权威性和完整性；社交问答平台在以下几个方面较数字参考咨询有优势：成本、数量、速度、社会化方面、参与度和协作性。① 二者的核心不同在于社交问答服务是产品导向，而数字参考咨询是过程导向。社交问答平台用户通常不关心如何找到答案，但数字参考咨询服务中提供答案的图书馆员不仅提供信息给用户，同时也会提供引用和参考，也有可能告诉用户信息是如何找到的。

　　社交问答平台与数字参考咨询服务的竞争。社交问答平台相对于图书馆数字参考咨询服务，是用户的另一替代选择。即使不能保证用户提供专业性的答案，凭借群体智慧，社交问答渐渐地试图取代图书馆参考咨询服务。② 基于此，人们开始思考社交问答平台是对数字参考咨询构成威胁，还是为传统的咨询服务提供了进一步发展空间。③ 实际上，对比两种服务中提问者和回答者之间的不同关系，数字参考咨询是提问者和回答者之间一对一的交互关系，而社交问答中提问者和回答者之间是多对多的协同交互关系。数字参考咨询服务是训练有素的图书馆员提供的专业性参考咨询，为提问者和回答者准确描述信息需求提供了可能。因此，数字参考咨询服务能够提供高质量的答案。④ 在数字化环境中，参考咨询问题能够及时得到准确完整的答案，说明数字参考咨询服务是有价值的。⑤

---

①　Shah C, Kitzie V. Social Q&A and virtual reference-comparing apples and oranges with the help of experts and users [J]. Journal of the American Society for Information Science and Technology, 2012, 63 (10)：2020-2036.

②　Golbeck J, Fleischmann K R. Trust in social Q&A：the impact of text and photo cues of expertise [J]. Proceedings of the American Society for Information Science and Technology, 2010, 47 (1)：1-10.

③　Fichman P. A comparative assessment of answer quality on four question answering sites [J]. Journal of Information Science, 2011, 37 (5)：476-486.

④　Choi E, Kitzie V, Shah C. A machine learning-based approach to predicting success of questions on social question-answering [C] //iConference 2013 Proceedings. 2013b：409-421.

⑤　Connaway L S, Radford M L. Seeking synchronicity：revelations and recommendations for virtual reference [EB/OL]. [2015-04-01]. http：//www. oclc. org/reports/synchronicity/default. htm.

　　社交问答平台与数字参考咨询服务的互补。越来越受学者关注的焦点是数字参考咨询如何和社交问答服务互补为用户提供更深入的需求信息。互补可能允许社交问答服务向大量用户提供付费内容，数字参考咨询将能够开创新的收益源来保证持久性（Radford & Connaway，2012）。① Kitzie 等（2012）② 将社交问答和数字参考咨询服务概念统一化，称作在线问答（Online Q&A），并且针对社交问答和数字参考咨询服务做调查研究，研究表明两者可以直接进行比较，从整合的优势及劣势分析认为两者作为一个整体可以得到改进。尽管许多研究者认为对比社交问答服务和数字参考咨询是困难的，但事实上它们是可以互补的。③

　　社交问答平台与数字参考咨询服务的合作。许多图书馆馆员参与到Yahoo! Answers 平台提供高质量的参考咨询，其服务受到 Yahoo! Answers 平台用户认可。④ 参考咨询馆员的参与和贡献为图书馆与图书馆服务提供了良好的市场和宣传机会。随着图书馆员广泛使用社交媒体，他们意识到社交平台对于推进数字参考咨询服务的重要性，⑤ 但社会媒体和参考咨询的相关性整合实践还较少。⑥ 因此，如何使数字参考咨询服务在社交问答快速发展的

---

① Radford M L, Connaway L S, Shah C. Convergence & synergy：social Q&A meets VR service ［C］// Proceedings of the 75th Annual Meeting：Information, Interaction, Innovation. ASIST, 2012b, 49：1-10.

② Kitzie V, Choi E, Shah C. To ask or not to ask, that is the question：investigating methods and motivations for online Q&A ［C］//Proceedings of HCIR. 2012.

③ Kitzie V, Shah C. Faster, better, or both? Looking at both sides of online question-answering coin ［C］//Proceedings of the American Society for Information Science and Technology. 2011, 48（1）：1-4.

④ John J. Best answering percentage 77% ［EB/OL］.［2015-03-10］. http：//enquire-uk. oclc. org/content/view/97/55/.

⑤ Arya H B, Mishra J K. Oh! Web 2. 0, virtual reference service 2. 0, tools & techniques（I）：a basic approach ［J］. Journal of Library & Information Services in Distance Learning, 2011, 5（4）：149-171.

⑥ Benn J, Mc L, Lin D. Facing our future：social media takeover, coexistence or resistance? The integration of social media and reference services ［EB/OL］.［2015-03-25］. http：//library. ifla. org/id/eprint/129.

同时发挥作用，以及数字参考咨询馆员如何与专家合作形成知识社区以提供新的服务，是下一阶段的重要任务。①

1.3.2　国内研究现状

2015 年 3 月 20 日，笔者在中国知网依次以"在线问答社区""社交问答""社会问答"为主题词进行相关文献检索，检索数据库包括期刊、博硕士学位论文库以及会议论文，对检索结果进行手动筛选剔除不相关文献，在 NoteExpress 文献管理工具中剔除重复记录，得到 112 篇相关文献。对相关文献的发表年份做初步统计分析，如图 1.1 所示。

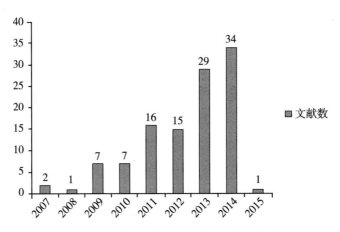

图 1.1　国内社交问答服务相关研究按时间分布

不难发现，国内学者对于社交问答服务的研究，按照时间分布集中在近两年。随着社交问答平台的不断发展，吸引了大量网络用户参与，并逐渐引起国内学者的关注，研究主要围绕社交问答服务、用户、内容三个方面展开，在移动问答平台及用户可持续知识贡献动机方面进行探索。

---

① Connaway L S, Radford M L, Mikitish S, et al. Conceptualizing collaboration and community in virtual reference and social question and answer services [J]. Information Research, 2013, 18 (3): 965-991.

（1）社交问答平台对比及服务的研究

张兴刚等（2009）① 对 5 个中文问答社区进行研究，认为其中回答质量较好的是百度知道，问答社区在专业性问题方面存在明显的不足，这部分问题长期得不到有效的解决。对典型的中英文问答社区进行比较评价实验，研究认为百度知道的回答更为专业，新浪爱问在交流便捷方面更具优势，而搜搜问问的优势则体现在参与度和响应速度方面，Yahoo！Answers 的用户更活跃。② 王宝勋等（2012）③ 认为问答平台积累了大量的知识资源，对于自动问答技术的发展具有重要作用，并且扩充和完善问答知识库需要从互联网获取知识，然后以"问答对"的形式加以保存。在社交问答服务中，大部分答案是直接提供的，用户只需验证答案的准确性，而数字参考咨询服务则提供一至多个解答问题的线索，并不是用户所需要的直接的解决方案。百度知道是用户最常使用，发展最成熟的社交问答平台，占网络问答社区半数的市场份额。④ 宋学峰等⑤研究认为社交问答平台的知识交流集中在少数核心成员身上。

社会化问答服务随着技术的进步而产生并发展，刘思琪（2014）⑥ 认为其具有如下特征：专业性、开放性、交互性、社交性。袁红等（2014）⑦ 研

① 张兴刚，袁毅. 基于搜索引擎的中文问答社区比较研究 [J]. 图书馆学研究，2009（6）：65-72.

② 吴丹，刘媛，王少成. 中英文网络问答社区比较研究与评价实验 [J]. 现代图书情报技术，2011a（1）：74-82.

③ 王宝勋，刘秉权，孙承杰，王晓龙. 网络问答资源挖掘综述 [J]. 智能计算机与应用，2012，2（6）：54-58.

④ 吴丹，严婷，金国栋. 网络问答社区与联合参考咨询比较与评价 [J]. 中国图书馆学报，2011b（7）：94-105.

⑤ 宋学峰，赵蔚，高琳. 社交问答网站知识共享的内容及社会网络分析——以知乎社区"在线教育"话题为例 [J]. 现代教育技术，2014（6）：70-77.

⑥ 刘思琪. 社会化问答网站 UGC 特征解读——以知乎网为例 [J]. 西部广播电视，2014（21）：9-10.

⑦ 袁红，赵娟娟. 问答社区中用户与资源互动研究 [J]. 图书情报工作，2014（18）：102-109.

究认为用户的数量相比于高用户贡献率更为关键，更能促进社区快速发展。李丹（2014）① 对 Quora 和知乎从产品功能、运营管理、用户特征三个角度进行了对比研究，探讨了 Quora 平台的成功模式对知乎发展的借鉴意义。沈闻（2009）② 利用网络挖掘技术，就如何实现问答社区个性化服务进行探索。社交问答服务的发展依赖于一些关键问题的解决，例如针对性地向用户提供问题的检索和推荐服务，即时有效地选择最佳答案，这些问题的解决具有应用价值，能够提升问答网站的服务水平。③

（2）社交问答平台用户行为研究

国内学者对社交问答服务用户行为的研究集中在用户知识贡献的影响因素研究，同时也探讨了特定用户群体的使用行为及认知，用户的可持续知识贡献意愿。

用户知识贡献的影响因素研究。如表 1.1 所示，互惠、利他、自我效能、贡献态度等动机对用户知识贡献都有正向影响作用。国内对用户知识贡献的影响因素相关研究比较集中，调查对象主要以大学生和网站社区用户为主，对用户知识贡献的行为动因揭示比较全面。

表 1.1　国内学者对社交问答用户知识贡献影响因素的实证研究

理论基础	主要影响因子	因变量	调查对象	来源
社会资本理论	互惠	用户贡献意愿	熟人和网民	樊彩锋等④

---

① 李丹. 中美网络问答社区的对比研究——以 Quora 和知乎为例［J］. 青年记者，2014（26）：19-20.

② 沈闻. 基于问答社区的个性化服务研究［D］. 扬州：扬州大学，2009.

③ 廉鑫. 社区问答系统中若干关键问题研究［D］. 天津：南开大学，2014.

④ 樊彩锋，查先进. 互动问答平台用户贡献意愿影响因素实证研究［J］. 信息资源管理学报，2013（3）：29-38.

续表

理论基础	主要影响因子	因变量	调查对象	来源
理性行为理论	有形回报、利他愉悦、自我学习	问答社区参与态度	百度知道问答社区用户	范宇峰等①
	用户参与态度、主观规范、资源条件	问答社区参与意向		
激励理论、社会交换理论	利他主义、互惠、网站信任	用户贡献态度	私信邀请网站用户（包括 Quora、知乎、即问即答、略晓、好问问答、158 课堂、Formspring）	杨海娟②
	用户贡献态度、网站信任、自我效能、行为可控性	用户贡献意愿		
弱关系理论	自我效能、利他心理、成员感知乐趣、工作时间	知识贡献	随机私信邀请知乎用户	宁菁菁③
信息系统成功模型、技术接收模型	系统质量、信息质量、感知有用性、成员间影响和社区对成员的影响	问答型虚拟社区用户满意度	大学生	高山④

特定用户群体的使用行为及认知研究。张豪锋等（2012）⑤ 对研究生这一专门用户群体对社交问答服务的使用和认知情况做了调查研究，研究生认为社交问答服务能够提供信息解决问题，满意度在 70% 以上，但是使用频率不高，在社交问答服务中的交流互动意识薄弱，认为社交问答服务需要在信

① 范宇峰，陈佳佳，赵占波. 问答社区用户知识分享意向的影响因素研究 [J]. 财贸研究，2013（4）：141-147.

② 杨海娟. 社会化问答网站用户贡献意愿影响因素实证研究 [J]. 图书馆学研究，2014（14）：29-38.

③ 宁菁菁. 基于"弱关系理论"的知识问答社区知识传播研究——以知乎网为例 [J]. 新闻知识，2014（2）：98-99.

④ 高山. 问答型虚拟社区用户满意度影响因素研究 [D]. 合肥：安徽大学，2013.

⑤ 张豪锋，边会艳. 研究生网络问答社区使用现状调查与分析 [J]. 现代教育技术，2012，22（6）：84-87.

息质量和信息更新速度两个方面进行完善。针对社交问答服务中的浏览者、提问者、回答者、"精英"用户、专家用户这些不同类型用户的行为，学者探讨了感知有用性、社交需求、个体中心性、社区发展、自我效能激励因素分别对其知识贡献数量的影响（汤小燕，2014）。① 张体慧（2014）② 的研究根据用户知识分享的动机不同，通过聚类分析将用户分为不同的四类，基于各类用户的行为动机探讨其角色模型和功能需求，进行服务功能设计研究。

用户可持续知识贡献的影响因素研究。用户持续知识贡献行为是渐进并且连续的过程，是在用户已有使用经验的基础上，重复采取相应行为的过程，经过认知、情感、意向形成和行动四个连续的阶段，用户产生持续知识贡献的行为（姜雪，2014）③。性别差异（金晓玲等，2013a）④ 和积分等级（金晓玲等，2013b）⑤ 会对用户持续知识贡献意愿起显著调节作用，其中男性注重声誉提升，而女性注重社区发展，积分等级高的用户持续贡献知识意向更多的是为了声誉提升和互惠，而积分等级低的用户是为了提升学习和获取知识能力。

（3）问答平台答案质量的评价研究

问答平台答案质量的评估能够为问答平台的完善和优化提供参考和借鉴，社交问答平台的答案是该服务能够持续发展的核心。张中锋（2010）等⑥等研

① 汤小燕．社会化问答型虚拟社区知识共享激励机制研究［D］．广州：华南理工大学，2014.

② 张体慧．问答社区用户知识分享行为的动机研究［D］．徐州：中国矿业大学，2014.

③ 姜雪．问答类社区用户持续知识贡献行为实证研究［D］．青岛：青岛大学，2014.

④ 金晓玲，燕京红，汤振亚．网络问答社区环境下持续分享意向的性别差异研究［J］．技术应用，2013a（5）：41-62.

⑤ 金晓玲，汤振亚，周中允，等．用户为什么在问答社区中持续贡献知识？积分等级的调节作用［J］．管理评论，2013b（12）：138-146.

⑥ 张中锋．社区问答系统研究综述［J］．计算机科学，2010（11）：19-23.

究认为用户对问答社区已解决问题的大部分答案并不满意，而且仍有许多问题没有人关注并回答。孔维泽等（2011）[①] 和来社安等（2013）[②] 的研究基于一定的技术手段，如构建大规模数据语料库和基于相似度算法，来提出社交问答服务回答质量的评价框架和方法，并通过实验证明能够有效地推荐最佳答案、提高回答质量。

百度知道作为国内最大的社会化问答社区，问答的质量相对比较高，因此学者认为百度知道平台用户自发产生的最佳答案可以近似作为推荐答案（余素华，2014）[③]。贾佳等（2013）[④] 对国内两大社会化问答平台百度知道和知乎的答案质量进行了评估，研究认为两大社会化问答平台的答案质量总体并不十分理想。姜雯等（2014）通过对在线问答社区信息质量评价相关研究的梳理，认为目前研究缺乏权威评价标准，缺少领域聚焦，缺少定量测评比较，问答社区信息质量评价研究仍有很多问题尚未解决。[⑤] 与此同时，互动问答社区中问题回答的可信性判别也是问答社区重要的研究问题，回答的可信性对提问者和浏览者产生重要的影响（吴瑞红，2013）。[⑥]

（4）移动问答服务初探

随着手机智能终端的蓬勃发展，用户产生随时随地利用移动网络搜寻问题答案的需求，由此国内外社交问答网站纷纷推出基于网站的终端平台，也

① 孔维泽，刘奕群，张敏，马少平. 问答社区中回答质量的评价方法研究 [J]. 中文信息学报，2011，25（1）：3-8.

② 来社安，蔡中民. 基于相似度的问答社区问答质量评价方法 [J]. 计算机应用与软件，2013（2）：266-269.

③ 余素华. 社会化问答社区的内容抽取研究 [D]. 武汉：华中师范大学，2014.

④ 贾佳，宋恩梅，苏环. 社会化问答平台的答案质量评估——以知乎、百度知道为例 [J]. 信息资源管理学报，2013（2）：19-28.

⑤ 姜雯，许鑫. 在线问答社区信息质量评价研究综述 [J]. 现代图书情报技术，2014（6）：41-50.

⑥ 吴瑞红. 互动问答社区中回答可信性分析 [D]. 北京：北京信息科技大学，2013.

引发国内学者的关注，在国内移动问答 APP 应用的发展情况（宋恩梅等，2014）① 和用户体验评价（陈宇，2014）② 两个方面有所研究，并对移动问答平台的发展提出对策建议，认为应该加强用户体验，优化产品功能交互等方面的设计，加强服务推广。国内对移动问答服务的研究较少，已有研究不够深入，仅仅是对其发展情况和用户体验的研究，对用户行为动机、移动问答的特点以及与 PC 端问答服务的对比等问题都没有进行探索研究。

1.3.3　研究现状述评

根据对已有相关研究文献的梳理，国内外关于社交问答服务的研究颇多，并且已经有一些相对成熟的研究结果。国内外学者对社交问答服务用户的认知和使用、已有服务平台的发展情况、用户的行为动机、问答平台答案质量的评价等问题均进行了一定研究。已有研究主要集中在用户行为动机，探讨用户知识贡献动机、促进社交问答平台的服务是研究的核心问题，对于不同特征类型用户的行为动机有所涉及，比如国外研究探索了提问者的行为动机，国内有学者探索了不同类型用户行为的激励因素，但这方面的研究不够深入。此外，国外学者也探索研究了社交问答平台和数字参考咨询服务的关系，主要从两者的各自优劣、如何互补、推进共同发展的角度出发。国内外学者对于移动社交问答服务也有所关注。分析已有研究发现，对社交问答服务用户信息需求及平台架构组成、与其他服务的关系等研究较少，且较少学者对用户知识贡献行为进行细化和深入的探讨。所以本书基于已有研究的不足，在国内外研究现状的基础上提出研究内容。

---

① 宋恩梅，苏环 . "掌上"解惑者：国内移动问答 APP 发展现状分析 [J]. 图书馆学研究，2014（18）：28-36.
② 陈宇 . 通用类移动问答客户端实证研究——基于用户体验的视角 [J]. 图书馆学研究，2014（24）：62-69.

1.4 研究内容与创新

1.4.1 研究内容

本书以社交问答网站用户为研究对象，着力探讨以下问题：

①社交问答网站用户特征与用户行为，尤其是用户的知识贡献过程和行为机理；

②社交问答用户知识贡献的影响因素以及不同影响因素之间的作用；

③社交问答平台用户知识贡献动机和回答策略之间的关系；

④基于用户知识贡献行为机理及其影响因素，探讨社交问答平台的信息采纳与用户体验，增加网站黏性以提升用户持续进行知识贡献的意愿；

⑤基于用户知识贡献的社交问答服务及其优化。

随着社交网络的发展，各种社会媒体工具和服务为用户知识贡献提供了便利，改变了用户知识获取与利用模式。本课题研究社交网络环境下用户知识贡献行为及其对社交问答服务的评价，在研究中强调理论与实证的结合，通过实证形成完整的理论体系及实施方案。

（1）用户的社交问答需求与问答平台构建

社交网络的出现和发展正在改变用户搜寻信息的方式和获取知识的语境，社交问答平台已经成为用户获取知识的一种新方式。由此出发，分析社交问答服务环境的构成和网络用户信息搜寻需求模式的变化；探讨社交问答服务兴起的动因；调研各种社交问答服务的用户使用数据；选取特定问答服务 Yahoo! Answers 和百度知道作为评价对象，分析其平台架构，探讨其发展中的规律性问题，为社交问答服务的开展提供依据。

（2）基于社交问答平台的知识贡献行为的理论基础

在界定了知识贡献及其相关概念的基础上，结合项目实证运用到的各种理论，重点探讨了社会影响理论、社会认知理论、社会交换理论、信息需求与信息搜寻行为理论、精细加工可能性与信息采纳理论、期望确认理论与信息系统持续使用理论。

（3）基于社交问答平台的用户行为与知识贡献机理

本书通过获取社交问答用户个人与行为数据，运用大数据分析工具 R 语言，对用户进行了分类与行为识别，借鉴已有的在线用户动机成果，通过观测到的用户行为对其动机进行推测。结合社交问答服务用户知识贡献的具体过程，建立知识贡献的理论模型，分析知识贡献行为所涉及的主体行为、社交问答平台的运行机理等，探究用户知识贡献行为机制。

（4）基于社交问答平台的用户知识贡献行为影响因素

基于该领域学者专家的相关理论，提出了社交问答网站用户知识贡献影响因素的假设和模型，使用 SPSS 和结构方程模型软件 SmartPLS 对问卷调查所得数据进行信度分析、效度分析以及假设检验，并测量了影响因素对用户知识贡献的影响程度。

（5）社交问答用户知识贡献动因与回答策略的关系

根据社交问答服务中的不同用户等级、回答问题数量和参与时间等标准，划分出重度用户、中度用户和一般用户，针对不同用户，选取问答服务某一类目进行调研，分析用户知识贡献的动因。与此同时，研究用户问答类目的选择依据，分析用户知识贡献与问答之间的关联。

（6）社交问答平台用户的信息采纳与用户体验

从社交问答平台抽取网页数据，分析问答平台中信息的内容特点和用户信息采纳行为特征，通过探索系统特征和用户技术感知来识别社交问答用户体验的影响因素。此外，界面设计、用户交互和回答质量也能有效地促进用户感知有用性、感知易用性和感知享受性。

（7）基于社交问答平台的用户可持续知识贡献行为

以信息系统持续使用理论为基础，对知识贡献者可持续知识贡献意愿及行为的影响因素构建研究模型，并通过对国内四个主流社交问答平台的知识贡献者进行问卷调查，评估研究模型，通过实证分析来进行假设验证。

（8）基于用户知识贡献的社交问答平台服务及其优化

社交问答平台提供了用户获取知识的新方式。将社交问答服务与其他当前流行网络服务进行比较，找出社交问答服务的优缺点。拟针对 Yahoo! Answers 和百度知道用户进行调研，从问题类型、问答质量、用户感知、答案满意度等方面确立用户评价指标，开展用户评价及服务优化研究工作。

（9）实证

针对目前国内外典型的社交问答平台服务，拟进行问答数据的抽取和问卷调研，探讨用户的图像信息需求、社交问答平台的健康信息获取、高等级用户的行为以及移动问答服务等，探讨社交问答平台的各种应用，提出相应的发展对策。

本书研究强调基本理论探讨与现实问题的解决，按照"用户社交问答需求分析——知识贡献动因——行为机理与可持续影响因素——服务评价——实证验证"思路展开。具体而言，在用户社交问答需求与社交问答平台调研基础上，从用户知识贡献的理论基础出发，探究用户行为动机、行为机理，用户知识贡献行为的影响因素、动因，及其与回答策略的关系，研究可持续知识贡献的影响因素，探索基于用户知识贡献的社交问答服务及服务优化。依托 Yahoo! Answers 和百度知道进行用户知识贡献行为与社交问答服务实证研究，以此进行理论研究的验证和成果的推广应用。研究思路与研究框架如图1.2所示。

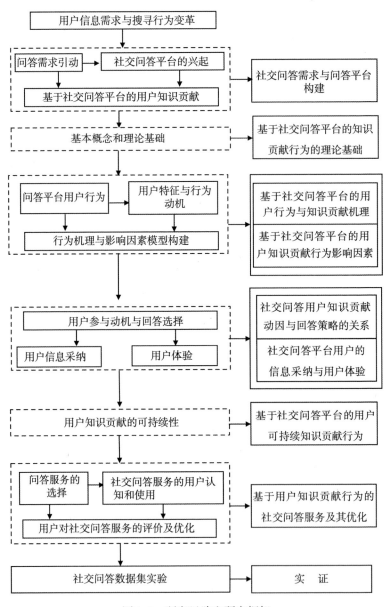

图 1.2　研究思路和研究框架

1.4.2 研究创新

本书研究的创新之处体现在：

①通过研究社交问答知识社区的新特征，揭示用户知识贡献的行为机理，从社交问答资源、平台和用户关系出发，确立社交问答用户知识贡献行为的研究理论。

②根据问答数量、等级和排名来划分用户角色，从知识贡献者角度入手建立研究模型，通过问卷调查来验证模型提出的社交问答平台可持续知识贡献行为的影响因素。

③从社交问答用户角度来评价类似网络服务的优缺点，推进社交问答服务与其他服务的协同，通过实证研究，达到提升用户知识贡献、提高社交问答服务的目的。

1.5 研究方法

本书的研究涉及多个交叉学科领域，使用的方法包括文献调研法、问卷调查法、内容分析法、实证研究法等。

（1）文献调研法

选取国内外一些代表性的文献数据库作为检索对象，对社会化问答社区用户信息行为方面的研究论文进行统计分析，从中梳理研究现状和发展趋势。

（2）问卷调查法

通过之前相关的文献综述和社会问答社区中的信息行为特征分析，总结出本研究中的研究变量，构建研究模型，设计相应的量表和问卷，搜集数据从而进行实证分析研究。在本研究中多次用到问卷调研法：①在用户知识贡献动机与回答策略的关系研究中，调查访问知乎的用户，问卷主体有两部分，分别调研用户进行知识贡献的目的（知识贡献动机）和知识贡献过程所采取的策略（回答策略）。②在基于用户知识贡献的社交问答服务比较与评价研究中，设计一份调查问卷，分为中英文两个版本，分别调研百度知道及Yahoo! Answers 的用户对社交问答平台的评价，并且对社交问答平台服务和数字参考咨询服务进行比较。

（3）相关分析法

将衡量变量间线性相关程度的强弱，并用适当的统计指标表示出来的过程称为相关分析。本书主要运用了相关分析、一元线性回归分析等统计分析方法，结合两者可以对预研问题展开比较全面且深入的分析。

（4）综合分析与系统分析法

对社交问答网站用户知识贡献进行了定义，并剖析社交问答平台用户形成和改变知识贡献行为的机制，同时基于用户知识贡献行为的影响因素调研结果，提出促进社交问答网站用户知识贡献的策略及建议。

（5）实证与案例分析法

针对 Yahoo! Answers 和百度知道中的用户知识贡献及服务问题，进行用户需求、行为偏好及服务评价的实验分析，开展基于用户知识贡献的社交问答服务实证，针对其服务中存在的问题提出优化方案。

2 用户的社交问答需求与问答平台构建

2.1 用户的社交问答需求

网络搜索引擎使得人们能够简单快速地在互联网上获取信息，搜索引擎能够根据用户输入的关键词反馈所有与其相关的信息，用户需要进一步从反馈的网页列表中进行甄别，选择自己需要的信息和知识。搜索引擎的局限之一在于只能搜索到网络上的已有信息，不可搜索网络用户的非显性知识；局限之二在于用户只能进行关键词搜索，不能够对生活工作中遇到的问题进行自然语言的提问和检索而直接获得问题的答案。

网络用户逐渐产生了通过问答的方式直接获取问题答案的需求，用户的信息获取遵循最小努力原则，期望能够通过最简单快捷的方式解决生活工作中遇到的各种问题。用户具有各种各样的途径获取信息，但是用户经常缺乏耐心，因此会选择对他们而言最简单方便的方式获取信息。[1] Tyckoson (2011)[2] 研究认为越来越多的用户采取向周围的人或服务平台进行提问的

---

① Chow A S, Croxton R A. Information-seeking behavior and reference medium preferences [J]. Reference & User Services Quarterly, 2012, 51: 246-262.

② Tyckoson D A. Issues and trends in the management of reference services: a historical perspective [J]. Journal of Library Administration, 2011, 51: 259-278.

方式来满足他们的各种信息需要，而不喜欢在查找信息解决问题时获得一些网页资源再进行选择。网络用户逐渐产生通过自然语言问答方式更简单方便获取信息的需求，而搜索引擎不能够满足这方面需求，基于此，逐渐产生了社交问答服务，并满足了用户多方面的需求。社交问答平台内容丰富、信息来源多样，用户间可进行互动，通过在社交问答平台上提出问题或给出问题解答，也可以使用户获得趣味性和愉悦性的身心享受。社交问答平台诸如以上所列举的属性特征使得其能满足用户多元化需求，如对于信息本身的需求、自我实现的需求、社会资本积累的需求以及放松与娱乐的需求等。

2.1.1　用户的信息需求

社交问答提供用户之间交流知识的平台，通过提出问题和回答问题，用户在满足自身信息需求的同时也可以获得其他用户的隐性知识和生活经验。如百度知道等传统的问答平台区域性划分了已有问题及答案，还具备搜索功能。在社会化问答社区中，用户可以搜寻自己需要的信息，也可以通过问答社区回答问题、发表意见或观点来贡献信息，如果用户对信息感到满意，进而采纳信息，用户之间就有了良性的信息交流和互动。社交问答平台获赞数较多的答案，常常包含比较全面的相关信息，保证用户的信息需求能够得到最大程度的满足。近几年来，以社区、用户关系、内容运营为基础的社会化问答社区逐步兴起，它们更加强调人际交流，以良好的社区氛围和专业背景吸引了各个领域的众多专业人士参与其中，这些问答社区能产生较高质量的答案和内容，目前正被用户广泛采纳和接受，同时也促使原先的问答服务网站向社会化问答社区转变，即从 Web1.0 时代的问答网站向社会化问答社区转变。① 例如美国的 Quora 和中国的知乎，都是典型的社会化问答社区。社会化问答社区作为"汇集众人之智"（wisdom of crowds）的知识服务平台，其社区中用户的信息行为特征正受到越来越多的学者关注。

---

① 刘高勇，邓胜利 . 社交问答服务的演变与发展研究［J］. 图书馆论坛，2013，33（1）：17-21.

2.1.2　用户自我实现的需求

自我实现的需要指的是实现个人理想、抱负，发挥个人聪明才智的需要。社交问答平台中产生了一批高质量用户，他们是各个行业中的精英或专家，包括教师、工程师、律师等，其具备专业、全面的知识，思维缜密，观点往往可以得到其他用户的认同，从而为社交问答平台贡献了极具价值的信息来源。与此同时，他们自身自我实现的需求也在社交问答平台得到满足。

2.1.3　社会资本积累的需求

所谓社会资本，即嵌在个体关系网中的社会资源，有助于个人达成自身目标的社会结构资源。① 由于社交问答平台允许用户间进行互动，社区用户可以通过社交问答平台寻找志同道合、兴趣相投的朋友，满足社会资本积累的需求。例如百度知道的"指导团队"、知乎的"圆桌"等。

2.1.4　用户娱乐的需求

非常明确的是，社交问答平台的用户大多利用闲暇时间参与到问答平台中，在互动互联网时代人们往往认知盈余，网络用户将自身可支配的大部分时间花在互联网上，通过浏览、提出问题、找出答案、与其他用户探讨交流等不仅扩充了知识面，而且达到了娱乐消遣的目的。特别是当前社交问答平台纷纷加入移动客户端行列，移动终端上（如手机、平板电脑等）的社交问答平台更进一步地满足了用户随时随地娱乐消遣的需求。总而言之，社交问答平台满足了用户多元化的需求，弥补了传统的搜索引擎存在的不足。

2.1.5　用户社交问答需求的实证

社会经济的高速发展以及人们生活水平的不断提升，使得人们对健康信

---

① 任波. 社区体育活动与居民社会资本积累［J］. 长春师范大学学报，2013，32（8）：87-88.

息的需求越来越大。而随着生活方式的改变，人们已经由传统的向专业人员咨询转变为主动地通过各种渠道来获取健康信息，互联网由于其传播范围广和用户群体大等特点，成为人们获取健康信息的重要平台，并可能影响用户的医疗决策。2015年，利用互联网寻求医疗信息的用户占中国网民总数的22.1%，用户规模达到15 211万人。①

越来越多的网络用户在社交问答平台中产生和分享健康信息，但是对用户在社交问答平台中讨论和共享什么样的健康信息的研究较少。过去有对社交问答平台中信息行为的研究，但所采用的研究方法有限，大部分研究采用问卷调查或访谈的方式进行实证研究；或是选取社交问答平台热点主题中极少数量的提问和回答，采用人工统计标注的方法进行内容分析，不仅处理效率不高，且科学性有待考证。本书拟运用文本挖掘，基于传统文本分析方法，从百度知道平台中抽取大量有关"高血压"的提问和回答，并对这些提问进行研究。

本书的主要研究问题为：①问答社区中用户对哪些疾病信息提问较多（如预防手段、治疗措施、患病原因等）；②用户的个人经验、专业知识等背景对用户健康信息行为的影响；③问答社区中用户的哪些健康信息行为与日常生活信息行为有关；④通过在社区中搜寻健康信息，用户希望得到哪些社会情感支持。通过对这些问题的研究可以了解网络用户的健康信息需求，为健康类社区的建设提供参考。同时，还可以根据不同用户及其社会情感需求，为疾病患者提供更有针对性的建议。

（1）国内外研究现状

学术界针对不同类别的虚拟社区、疾病、研究方法，开展了一系列研究。

①网络社区健康信息行为的方法研究。网络社区用户健康信息行为的分

---

① 中国互联网信息中心. 第37次中国互联网络发展状况统计报告［EB/OL］.［2016-01-22］. http：//www. cnnic. net. cn/hlwfzyj/hlwxzbg/201601/P020160122469130059846. pdf.

析方法上，之前的研究大多采用问卷调查的方法。如 Kim 等①通过对部分韩国居民的网络调查发现，社会资本对健康信息的有效性和健康信息的寻找有积极作用，个人健康信息素养也会影响健康信息的寻求意图。张星等②从信息系统成功和社会支持的角度建立结构方程模型，研究在线健康社区用户行为，发现系统质量、信息质量对用户满意度有显著影响。学者常用的研究方法还包括访谈法，如 Natalie 等③抽取部分糖尿病患者进行访谈，访谈涉及其对网络健康社区所持的态度和看法，了解其更倾向于在健康社区中参与讨论的话题种类等。还有一部分研究采用实验的方法，如张敏等④选取在校大学生为实验对象，采用情景模拟实验和问卷调查相结合的方法，探索用户的健康知识素养和搜索经验对网络用户健康信息搜索行为的影响。

基于问卷调查的方法从用户主观感知进行研究，往往受到样本和问卷设计等因素的影响而具有很大局限性，因此很多研究从信息内容的角度以实际发布在社交问答中的文本为研究对象。如 Zhang Jin 等⑤分析了 Yahoo! Answers 中的关于糖尿病的提问与答案记录，通过可视化方法揭露了糖尿病主体聚焦的十二大类健康主题。Velupillai 等⑥对社区中用户生成文本内容进行挖掘和自动化信息分析，对医疗保健的改进提出建议。目前，国内有针对社交问答平台的研究，但是对社交问答平台中的健康信息行为的研究仍较

① Kim Y C, Lim J Y, Park K. Effects of health literacy and social capital on health information behavior [J]. Journal of Health Communication, 2015, 20 (9): 1084-1094.

② 张星，陈星，夏火松，等. 在线健康社区中用户忠诚度的影响因素研究: 从信息系统成功与社会支持的角度 [J]. 情报科学, 2016, 34 (3): 133-138.

③ Armstrong N, Powell J. Patient perspectives on health advice posted on Internet discussion boards: a qualitative study [J]. Health Expectations, 2009, 12 (3): 313-320.

④ 张敏，聂瑞，罗梅芬. 健康素养对用户健康信息在线搜索行为的影响分析 [J]. 图书情报工作, 2016, 60 (7): 103-109.

⑤ Zhang J, Zhao Y. A user term visualization analysis based on a social question and answer log [J]. Information Processing & Management, 2013, 49 (5): 1019-1048.

⑥ Velupillai S, Duneld M, Henriksson A, et al. Louhi 2014: special issue on health text mining and information analysis [J]. BMC Medical Informatics & Decision Making, 2014, 15 (S2): 1-3.

少，主要是以美国的 Yahoo! Answers 及其用户为研究对象。如金碧漪等①选取 Yahoo! Answers 中糖尿病相关的提问记录作为研究对象，根据糖尿病信息的类目体系及分类策略进行文本处理，获得表征糖尿病健康信息需求的中心词。黄梦婷等②抽取知乎"健康"子话题下的若干问题、回答和评论，对数据进行定性的内容分析，探讨社交问答平台中不同问题和不同用户之间的协作方式是否存在差异，对提升问答平台答案的完整性和信息量提出建议。

②基于网络社区的文本挖掘应用研究。近年来随着文本挖掘技术的兴起和广泛运用，诸多学者将以文本挖掘技术为代表的智能化处理手段应用于虚拟社区的文本处理当中。

第一，网络社区主题识别研究。

探索网络社区中的热点研究主题一直是很多研究者的关注焦点。早期对医学领域的研究主要是通过相关文献和医疗档案，以人工标注的方式统计医学热点主题，但是当面对海量的医疗文本记录时，学者很难在海量数据中快速捕获所需信息，解决此类问题显得十分迫切。Aronson 等③通过构建标准化的主题分类系统来对某个特殊领域的文献进行分类。有研究基于文本挖掘技术探索网络健康社区中的热点主题词，如夏立新等④通过对网络社区中与就业有关的文本进行挖掘，对获取的数据进行中文分词和词性标注，构建就业知识需求关系，为高校就业率的提升提供建议。

第二，网络社区情感分析研究。

---

①　金碧漪，许鑫. 社会化问答社区中糖尿病健康信息的需求分析［J］. 中华医学图书情报杂志，2014，23（12）：37-42.

②　黄梦婷，张鹏翼. 社会化问答社区的协作方式与效果研究：以知乎为例［J］. 图书情报工作，2015，59（12）：85-92.

③　Aronson A R, Lang F M. An overview of MetaMap: historical perspective and recent advances［J］. Journal of the American Medical Informatics Association, 2015, 17（3）：229-236.

④　夏立新，楚林，王忠义，等. 基于网络文本挖掘的就业知识需求关系构建［J］. 图书情报知识，2016（1）：94-100.

用户在网络社区中不仅可以交流和分享个人知识经验，还可以在该平台上进行情感交流，寻求归属感。过去的研究表明，用户在社区中发表的一些主观性内容大多是为了获得情感支持，如糖尿病等慢性疾病患者，因其治病周期长且难以治愈，会希望在社区中得到别人的理解和支持。通常对网络文本进行情感分析，需要先剔除掉不带任何感情色彩的客观性陈述，对用户的主观评价进行分析。如夏南强等①借助微博平台，利用主观倾向性分析技术对群体主观信息进行主观倾向性判定，概括出微博用户的主观情感倾向。Hatzivassiloglou 等②通过计算诸如"丑陋""美丽"等主观形容词在句中出现的频率来推断用户的情感指向。在情感倾向性方面，较多相关研究使用积极和消极这两类情感来区分文本中的情感倾向。③

（2）研究设计

①数据来源与采集。百度知道是一个有代表性的全球最大的中文问答平台，每天有 3.8 亿人次使用百度知道寻求知识和信息，其中有 8%～10% 的问题是有关医疗的问题，大部分来自医疗条件落后、教育水平不高的地区。为了借助互联网平台为广大用户解决健康方面的问题，百度知道于 2003 年推出了"拇指医生"这一产品，由具有广泛经验和专业知识的医生在线解决疑问，普通用户也可以在这一平台上提出或回答与医学、健康相关的问题。百度知道上与健康相关的主题是非常全面的，用户可以提问和回答 13 个健康主题相关的问题，包括医疗、健康、妇产科、皮肤科、五官科、儿科、内分泌科、内科、肿瘤科、传染科、人体常识、男性泌尿科、外科、精神心理

① 夏南强，肖琴. 微博群体信息及其主观倾向性分析 [J]. 情报科学，2014，32（9）：22-29.

② Hatzivassiloglou V, Wiebe J M. Effects of adjective orientation and gradability on sentence subjectivity [C] //Proceedings of the 18th International Conference on Computational Linguistics. Stroudsburg, PA, USA: Association for Computational Linguistics, 2000：299-305.

③ Pang B, Lee L. Opinion mining and sentiment analysis [J]. Foundations and Trends in Information Retrieval, 2008, 2 (1-2)：1-135.

科。已有研究表明，人们更倾向于讨论对人类健康威胁大的疾病。① 高血压是最常见的慢性病，也是引发心脑血管病最主要的危险因素，其发病人群广，且发病率高，是网络社区用户比较关注的疾病。本书在百度知道平台中，选取内科板块下的"高血压"为主题来分析社会化问答社区用户的健康信息行为，用户提出与高血压相关的问题可能是想寻求该疾病的预防、治疗等帮助。

由于百度知道没有提供应用程序接口（API），因此，本书采用 Java 语言编写网页抓取程序，对网页中的内容进行抓取从而采集数据。首先获取百度知道 HTML 文件的内容，其次借助正则表达式匹配提取出相应的问答信息，最后获取正则表达式匹配出来的信息。百度知道的提问界面如图 2.1 所示。

? 高血压定义的依据是什么

50****** | 内科 | 浏览1187次   2011-10-29 13:36

 优质回答

血压高于健康人群，就是高血压。它有两种：原发性和继发性。继发性高血压是其他疾病引起的血压升高，一般把原发病搞定血压就能恢复或下降一定幅度。原发性高血压就是我们通常说的高血压，在排除干扰因素，如紧张、刚运动过等等，并排除继发性高血压就可以诊断。收缩压大于140和或舒张压大于90就是高血压。

👍 7 | 热心网友 | 2011-10-29 14:06

图 2.1 百度知道的提问界面

---

① 黄岚，吕江，王晓慧，等．基于百度知道平台的网络高血压相关信息现状调查[J]．安徽医学，2016，37（1）：97-100.

　　提问界面包含有提问问题、提问者、问题类别、浏览次数、提问时间、回答答案、回答者、点赞数等信息。截至 2016 年 4 月 20 日，从百度知道抓取了以"高血压"为关键词的共 9 823 个问题，考虑到应该关注用户浏览和访问量大的问答，因此，首先保留提问中浏览次数超过 5 次的网页内容，在保留的内容中删除没有任何回答的提问记录，最后的研究样本共有 6 888 个问题，回答数共 20 010 个，平均每个提问有 3 个答案。

　　②文本处理。本书利用 ROST CM 分词软件进行分词及标准化处理，ROST CM 是一款免费的内容挖掘软件，主要功能是完成文本分析和内容分析，能从大量数据材料中归纳出普遍性结论，目前支持中文分词、字频统计、词频统计、聚类、简单和复杂的情感分析等分析方法。① 本书的研究首先利用 ROST CM6 将从百度知道中抓取到的高血压提问的文本进行分词，并将这些特征词按词频高低排列，这些分析揭示了用户在社会化问答社区中关注的高血压健康信息以及用户的信息行为。为了从文本中提取有意义的术语和概念，采用医学主题词表作为主要词典，利用 ROST CM6 基于文本挖掘进行数据分析。如表 2.1 所示，将这些关键特征词按信息类型分类并进一步分析，表 2.1 中的信息框架来源于 Sanghee 等②对社会化问答中健康问题内容分析的研究。本书结合国内社交问答社区的实际情况改进该框架，利用这个框架对关键特征词的关系进行定义和比较。此外，对百度知道中信息类型的子类型所包含的词汇和概念加以统计，归入表 2.1 所示信息框架的类别中。

————————

　　① 蔡溢，杨洋，殷红梅 . 基于 ROST 文本挖掘软件的贵阳市城市旅游品牌受众感知研究［J］. 重庆师范大学学报（自然科学版），2015，32（1）：126-134.

　　② Oh S, Yan Z, Min S P. Health information needs on diseases：a coding schema development for analyzing health questions in social Q&A［J］. Proceedings of the American Society for Information Science & Technology, 2012, 49（1）：1-4.

表 2.1   社会问答中健康问题分析的信息框架

信息类型	定义与说明	子类型
疾病信息	患者询问他们被怀疑或已经被诊断的疾病信息	预防、症状、诊断、检查、治疗、恢复
人口统计信息	患者和家属的人口统计信息	性别、年龄、提问者和患者之间的关系
日常生活信息	患者询问的保持健康生活的信息	饮酒、吸烟、环境因素、家庭疾病史、运动、饮食等
社会情感信息	患者询问的他们情绪处理方式的信息	怎么办、接受、社会支持、应对

（3）结果分析

①用户对高血压热点主题的关注行为。从 6 888 个以高血压为主题词的提问中，通过 ROST CM 软件的分词功能和中文词频分析两个模块，过滤掉与高血压健康信息无关的词语，进行中文词频的分析，最终选取频率最高的154 个关键词作为样本的高频特征词。本书选取频率最高的 20 个特征词，这些关键词以及它们的词频和词频序号排列如表 2.2 所示，这些关键词反映了社交网络用户讨论高血压疾病时重点关注的内容。如在大部分情况下提问者并不能够指定他们所询问的是哪种类型的高血压疾病，只是笼统地以高血压来说明；有些用户描述他们的症状希望得到他们是否患有高血压的诊断（如"血压""症状""头晕"）；有些用户不是基于自身需要，而是为身边的人提问（如"老人""母亲"）；大部分用户最关心的是高血压的治疗问题，他们询问了高血压治疗的办法、途径等信息（如"治疗""降压""医生""医院""吃药""服用""饮食"）；他们还想了解高血压的防治措施（如"注意""预防"）。

表 2.2   前 20 的高频特征词及词频表

序号	关键词	词频	序号	关键词	词频
1	高血压	6 324	11	怎么办	423
2	血压	3 246	12	检查	405
3	治疗	1 182	13	头晕	379
4	降压	662	14	控制	353
5	症状	662	15	体检	352
6	医生	547	16	原因	326
7	医院	503	17	服用	308
8	注意	476	18	饮食	291
9	吃药	458	19	母亲	282
10	老人	449	20	预防	273

　　根据特性将提取的所有关键词分成几个类别，统计用户关于高血压提问的类别和数量。如图 2.2 所示，高血压疾病是网络社区中人们讨论的最热门话题，其次是治疗方法、个人情绪、预防措施、与患者的关系。同时，许多用户还讨论关于他们已患有或疑似患有高血压的类型（例如原发性高血压、继发性高血压）。有些还提问了高血压的患病原因，如遗传因素、年龄增大因素、生活习惯因素等。当寻求疾病诊断或治疗方式时，人们会描述他们的症状（例如血压高于某个值、头晕、疼痛）。此外，有些用户询问了高血压患者是否可以食用某些食物或药物。

　　图 2.3 统计了用户提问中最常见的高血压类型。分类标准不一样，对高血压的说法也不一样，绝大部分用户对高血压的分类并没有明确的概念，只是统一以"高血压"来称呼。在对高血压类型有区分的用户中，更多用户倾向于以临床上的分类方法将高血压分为两个大类，即原发性高血压和继发性高血压。还有用户按病人的血压对高血压分类，即 1 级高血压（540 个提问）、2 级高血压（503 个提问）、3 级高血压（249 个提问）。还有用户对高

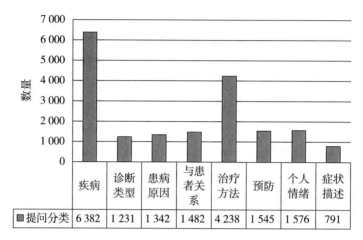

图 2.2 提问者提问分类

血压的分类更加细化，以继发性高血压具体的临床表征来分类，如老年高血压（590 个提问）、肾性高血压（329 个提问）、妊娠高血压（103 个提问）。

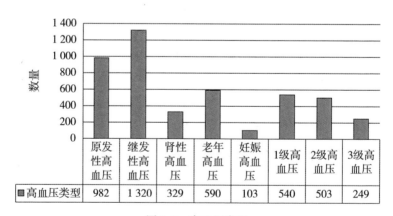

图 2.3 高血压类型

②人口统计信息。对样本关键词的分析发现，社会化问答社区中健康信息的提问者不局限于患者自己，还有很大一部分是患者的亲人或朋友，其中提问最多的是针对老人或母亲。选择所有样本中有关老人的 449 个问

题和有关母亲的 282 个问题，通过社会网络和语义网络分析模块构建矩阵，如图 2.4、图 2.5 所示。通过老人的社会网络结构矩阵发现，关注最密切的是老人年龄大这一特殊性，身体不大好，因此高血压的发病率较高，体现在"身体""年纪""血压"这些关键词上。还体现了老年人发病的持续性、发病地点在家中的特点，人们更多地需求老年人高血压的治疗办法、治疗医院的推荐。通过母亲的社会网络结构矩阵发现，用户提问是针对自己母亲，提问更多关注降压和治疗的办法。还有很多对疾病状况的描述，与提问者和患者关系的亲密度有关。

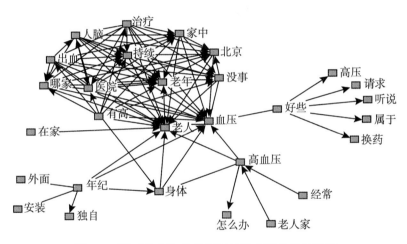

图 2.4　以"老人"为关键词的社会语义网络矩阵

③日常生活信息。表 2.3 显示了高血压提问中与日常生活信息相关的用户讨论最多的前 20 个关键词，人们会在疑似疾病可能会影响他们的生活时，通过在社交问答社区中与那些有相似的经历的人讨论，寻求意见和建议。关键词"检查""体检""控制""影响"，体现了用户非常重视日常生活中高血压的情况，会随时关注自己的身体状况。同时这些特征词中还有很多关于人口特征的描述，说明发出提问的用户不仅仅有高血压患者、患者家人，还包括关注高血压的用户，他们为了获取高血压的相关信

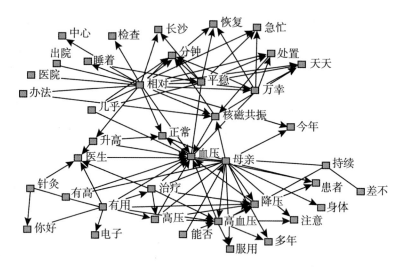

图 2.5　以"母亲"为关键词的社会语义网络矩阵

息在社交问答社区中提出问题并获取答案。"平时""每天""早上"则体现出了高血压的发病时间和频率。

表2.3　　　　　　　　　前 **20** 的日常生活信息的高频特征词

序号	关键词	词频	序号	关键词	词频
1	医生	547	11	症状	194
2	医院	503	12	影响	185
3	吃药	458	13	平时	185
4	老人	449	14	健康	149
5	检查	405	15	早上	141
6	体检	352	16	朋友	141
7	饮食	291	17	食物	129
8	母亲	282	18	喝酒	115
9	控制	247	19	时间	109
10	每天	202	20	爷爷	104

④社会情感信息。用户在社交问答平台中提问的另一个原因是想获得和分享情感支持，高血压提问中与个人情绪问题相关的用户讨论最多的前20个关键词如表2.4所示。排在前几位的特征词体现了用户对是否患有高血压、高血压的危害、高血压的治疗这些信息的不确定性，想在社交问答平台中寻求帮助，如"哪些""怎么样""怎样""怎么回事"等表示疑问的词汇。还有一部分特征词表示用户或用户家属在确诊高血压后的心情，如"紧张""难受""担心"，用户希望在此平台获得情感支持。

表2.4　　　　　　　　　　前20的情绪信息的高频特征词

序号	关键词	词频	序号	关键词	词频
1	哪些	547	11	怎么回事	194
2	正常	503	12	怀疑	185
3	注意	458	13	难受	185
4	怎么办	449	14	担心	149
5	怎样	405	15	害怕	141
6	紧张	352	16	恐慌	141
7	并发症	291	17	我不知道	129
8	危险	282	18	后遗症	115
9	怎么样	247	19	后悔	109
10	不舒服	202	20	危害	104

（4）社交问答平台的健康信息服务

社交问答平台使得人们随时在线交流健康信息成为可能，正因为如此，参与到社交问答平台中的网络用户越来越多，社交问答平台为用户提供健康问题咨询渠道、分享平台的同时，也为患者和关注者提供了一个沟通信息、交流感情的平台。本书以国内最大的社交问答平台百度知道为研究对象，基于文本挖掘的方法研究了用户的健康信息行为特征。根据用户健康信息行为特征，提出改善在线健康信息服务的建议。

①热点健康主题的分类与组织。从平台系统角度出发，通过明确健康主题，有利于改善网站导航及组织健康信息资源，从而使得平台提供的服务更加人性化。① 研究发现，用户对于疾病的治疗方案、发病原因、预防手段等信息更加关注，这与前人的研究结论一致，因此能够将"病因及病理知识""疾病管理""治疗"等抽取出来，即为社区中健康话题下的子话题。对于社交问答平台用户而言，对大话题下的主题的提取和冷热程度的划分有利于用户快速找到感兴趣的话题且参与讨论，因而标签用户的提问可以更好地展现用户需求。对于网络健康信息服务的研究人员来说，本书分析了高血压相关健康主题特征，对网络健康社区的发展和研究具有一定的借鉴作用。

②基于成员不同角色的差异化服务。社交问答平台是用户共享知识的平台，提问者大多无相关知识背景或经验，回答者则大部分为该领域的专业人员，他们有不同的参与目的和需求，表现为不同的角色特征。对人口统计信息的关键词分类发现，用户不局限于对自己的病情信息在问答社区上提问，有很多是对提问者的父母、爷爷奶奶这类人群的疾病信息提问，但是这类人群极少接触互联网，因此由亲属来代为描述提问。有效识别主体的不同角色能够更有效地了解当前网络健康社区的发展状况，从而为具有个体差异的用户提供健康相关的个性化服务。

③平台用户的社会情感支持。对个人情感词统计中，排名较高的都是带有疑问的词汇，如"哪些""怎么样"等，这与社交问答平台的属性有关，大部分用户是在此平台上寻求帮助。从主体所表达内容的情感方面分析，用户在表达相关病情症状、病因及并发症等主题的提问时更多地透露出负面情感，这表明患者在面对疾病诊断及并发症发现时常常难以接受，因而更倾向于在过程中表现自身沮丧、忧虑甚至恐惧等负面情绪。同时发现在高血压提问中，并发症和后遗症的比例也比较高，可能是由于患高血压这种慢性疾病

---

① Keselman A, Logan R, Smith C A, et al. Developing informatics tools and strategies for consumer-centered health communication [J]. Journal of the American Medical Informatics Association, 2008, 15 (4): 473-483.

的病人死亡率虽然远低于癌症等，但因为高血压产生并发症的概率远远高于其他疾病，且高血压为慢性疾病不容易根治，也导致负面情绪较多。因此对这类有负面情感用户提问的回答中，应带有更多积极和鼓励性的词汇，提供更多社会情感支持。

社交问答平台中用户最关注的是日常疾病管理、患病原因和治疗，本书的实证分析有利于直观、全面地了解高血压病人的健康信息需求，了解高血压病人及相关主体对某特定的健康信息需求进行表达时的语言习惯、语义关联等。还能改善和优化社交问答社区、健康门户网站中高血压信息资源导航，使其更加接近用户健康信息需要及使用习惯。基于提高主体高血压相关健康信息的网络检索能力，得出的相关结果要方便用户构建检索表达式。当然该研究还存在一定的局限性，目前只针对百度知道平台下高血压的健康信息行为研究，在未来的研究中，可以将文本挖掘的研究方法运用于其他社交媒体的健康信息研究，如微博、知乎等，同时可以将用户在这些不同类型的社交媒体上的健康信息行为进行对比分析。

2.2 社交问答平台的兴起与发展

社交问答平台正在高速发展，知乎正式上线于 2011 年 1 月 26 日，而截至 2015 年 3 月，知乎的用户注册量达到 1 700 万。① 作为新兴的社会化问答社区，知乎是以社区、用户关系、内容运营为基础，它强调人际交流，以良好的社区氛围吸引相关领域的专业人士参与问答，因而能产生较高质量的答案和内容，此类社区正被用户广泛采纳和接受。② 知乎具有很强的交互性，

① 黄梦婷，张鹏翼. 社会化问答社区的协作方式与效果研究：以知乎为例 [J]. 图书情报工作，2015，59（12）：85-92.

② Chen X, Deng S. Influencing factors of answer adoption in social Q&A communities from users' perspective：taking Zhihu as an example [J]. Chinese Journal of Library and Information Science，2014，7（3）：81-95.

其社区中的答案是根据其他用户的赞同和感谢进行综合排名。因此，知乎上的最佳答案并不是依靠提问者自身的主观判断，而是依靠该网站上的所有用户进行投票来决定的。知乎类似于一种 Wiki 模式，它可以提供较高质量的信息，同时也可以为用户们提供较为自由和广泛的讨论空间。知乎的运营模式类似于国外的问答网站 Quora，它强调问题搜寻者与答案贡献者之间的信息交流和互动。知乎的用户采用准实名制，用户的身份信息是判断其回答质量的一个重要参考依据；而百度知道的用户一般使用昵称。在回答问题方面，知乎中对于问题的回答一般没有时间限制（运营管理机构可以决定是否关闭该问题，停止更新答案），同时它鼓励更多的用户参与到问题的讨论中来，并且允许用户间相互评论和交流。①

在知乎中，用户类型可以具体分为两类：一类是以提出问题或检索问题为主要目的的信息搜寻者；另一类是以回答问题、贡献知识为主的信息贡献者。② 而这两类用户又同时可以选择赞同或者反对其他人贡献的信息，并以此来表达他们是否愿意采纳该信息。由于在知乎中存在不同的信息行为模式，不同模式下产生的信息也存在差异和区别。对不同行为模式下产生的信息进行分析，可以帮助我们了解问答社区用户信息行为的规律。

2.3　社交问答平台的架构

本研究以百度知道及知乎为基础，提取当前社交问答平台的架构——其由"用户""内容""服务""技术"四个要素构成。"用户"以及"内容"是社交问答平台发展且运转的核心要素，围绕"用户"的主要问题是社交问答平台用户的信息行为，如用户的信息需求、行为动机和行为期望等，"内

---

① 刘高勇，邓胜利. 社交问答服务的演变与发展研究 [J]. 图书馆论坛，2013，33 (1)：17-21.

② 贾佳，宋恩梅，苏环. 社会化问答平台的答案质量评估——以知乎、百度知道为例 [J]. 信息资源管理学报，2013 (2)：19-28.

容"维度主要关注社交问答社区信息质量、答案可信度和知识获取成本等。而"服务"与"技术"两者则为用户交互和内容生成提供支撑，是社交问答平台的支撑要素，"服务"主要是研究社会化问答社区的系统与服务建设，设计和改进平台以提高问题的反馈速度，提高社区系统服务的质量，而"技术"更多地聚焦于系统设计、优化及其扩展应用。详见图2.6所示。

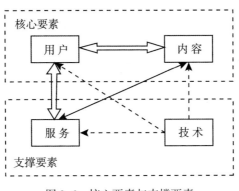

图 2.6　核心要素与支撑要素

2.3.1　社交问答平台用户交互

社交问答平台的用户是其系统服务的主要对象，依据使用行为，用户类型具体可分为三类：以提出问题或检索问题为主要目的的信息搜寻者，以回答问题、贡献知识为主的知识贡献者，以获得信息及知识为主的知识获取者。三者之间的交互关系见图2.7。同一个主体可以有多重角色身份。知识贡献者与获取者间以问答形式进行信息和知识的沟通交流或进一步深度交互。提问者即知识获取者，当其出现信息匮乏感时便会转向社交问答平台获取信息及知识，以满足他们的信息需求。回答已提出问题或者帮助他人解决问题的用户即知识贡献者，他们往往是各自领域或者行业的专家或精英。同时，贡献知识的用户之间可能因为相同的兴趣爱好及特长组成一个知识贡献团体，以便于共同解决同类问题，例如百度知道的"芝麻团"、知乎的"圆

47

桌"等。

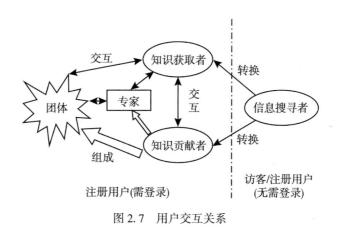

图 2.7　用户交互关系

　　知识获取者与知识贡献者两者间的互动必须以登录社交问答平台为前提条件,即这两类角色需注册并登录社交问答平台,但信息搜寻者即使不注册登录,也能够以访客身份进入平台搜寻并使用已存在信息。显然,这些信息搜寻者是社交问答平台的潜在用户,如果用户体验良好,他们极有可能转变成为知识贡献者或知识获取者。

2.3.2　社交问答平台内容组织

　　社交问答平台（如知乎、百度知道等）主要存在的是问答形式信息内容（包括社区中的问题、答案、用户评论等方面的信息）,均有其自身固有属性与分类特征,详见图 2.8 所示。

　　问/答对自身的属性特征。首先,问题与答案在数量上呈现1∶N比例关系,即用户提出的某个问题可能存在一个至多个答案,甚至没有答案,说明被提出的问题可以得到多人关注且给出各自答案,也有可能无人关注并作答。再者,用户能够就提出的问题进行追加、补充和说明,从而更清晰、全面地传达自身的信息需求。以百度知道为例,提问者可以通过设置悬赏分来增加所提出问题的被回答概率,提高答案的质量及获取答案的速度。社交问

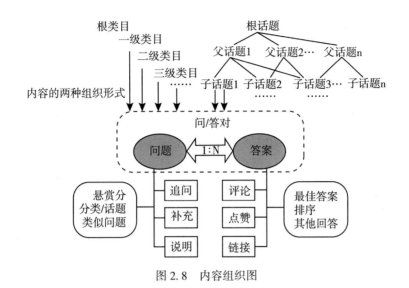

图 2.8　内容组织图

答平台的后台系统会将用户提交的问题自行分类，进而推荐给相关用户。以知乎为例，用户提交的问题在发布之前会先被检测，从而避免问题重复，提问者依照自身的观点或平台推荐问题所属话题进行标记分类，便于系统在问题发布后将其推荐给相应的知识贡献者便于其作答。其次，用户主体能够就已存在答案进行评论、点赞及分享等。而且部分答案附加外部链接，在丰富社交问答平台内容的同时也提高了答案的说服力。不同平台对答案进行筛选的机制各有不同，百度知道以提问者为筛选主体，即提问者在问题的回答中选出最佳答案并采纳，然而知乎则按问题下每个答案的赞同数对答案进行排名，置顶获赞数最多的答案以便其最先被浏览。

问/答对相对应的分类特征。问/答对是社交问答平台划分和组织已存在信息及知识的处理单元，其划分形式可以分为两种，即层级类目和以话题为单元的主题分类。众所周知，传统问答平台（如百度知道）中的问/答对均被赋予了一个分类标签，一般而言，是依据问题所属领域来划分类别。例如百度知道将问题分为 14 个大类，或称为根类目，其下属依次划有一级类目、二级类目、三级类目……而社交问答平台（如知乎）则以话题为单位划分主题，依次划分为根话题、父级话题及子级话题。所谓根话题，是所有话题的最上层父级话题；父级话题则是一个完全包含该话题的更大话题；子级话题完全隶属于父级话题，是上级话题的进一步细分。

2.3.3 社交问答平台服务管理

用户与内容是社交问答平台开展服务的两大主题，社交问答平台中的服务管理可以概括为两个方面，即激励机制与用户体验。详见图2.9所示。

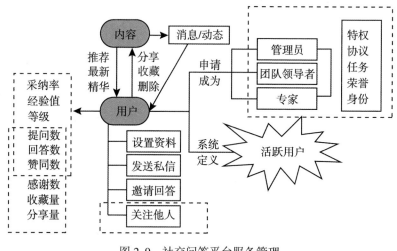

图2.9 社交问答平台服务管理

激励机制分为三种——荣誉激励、情感激励、利益激励。荣誉激励是一种终极激励手段，其在不断鞭策主体用户的同时还能够对他人产生感召力。社交问答平台中设置有用户的基本资料，包括经验值、等级、提问数、回答数、采纳率、获赞数、分享数、感谢数、收藏量等，诸如此类的服务数据展现了社交问答平台用户知识贡献程度及活跃程度。其中，与问答最相关的数据——提问数、回答数和获赞数是传统问答平台和社交问答平台所共有的用户数据，采纳率、经验值和等级是传统问答服务所特有的数据，感谢数、收藏量、分享量是社交问答服务所特有的数据，前者注重从积分等级方面建立激励机制，后者注重从用户情感、知识存储和分享方面建立激励机制。传统问答平台运营者为了问答平台的良性运转，以平台一定的特权、管理权限和任务为交换，鼓励用户积极参与平台问答及互动，活跃度高且贡献内容质量高的用户往往会成为社交问答平台中某问答团体的领导者或者是某话题领域的思想隐形领导。这种激励措施在实现某些用户对声誉追求的同时，极大地丰富了社交问答平台的信息和知识资源，很大程度上提升了用户黏性。社交问答平台注重情感的投入和交流，注重人际互动关系的发展，充分实施情感激励策略。相比于传统的问答平台（如百度知道），社交问答平台增加了社交元素，允许用户之间在最大程度上实现互动。社交问答平台中的用户主体在其主页中可以设置个人资料的基本信息，与其他用户建立好友关系，实现线上的沟通交流，既可以在公众平台上提出问题，也可以通过发送私信来邀请他人作答。用户可以寻找感兴趣的话题，或者通过关注随时随地了解相应话题、用户的动态。利益激励即社交问答平台依据特定算法，将某话题下的活跃用户或者优质答案推荐给相应提问者，解决提问者的知识匮乏感问题，这在满足提问者的信息需求的同时，也提升了其声誉和知名度，实现其自我实现的需要。

社交问答平台用户感知的体验不仅有荣誉激励、情感激励、利益激励等激励措施所带来的成就感、良好声誉等满足用户获得尊重和自我实现的需要，而且还能够提供给用户动态信息提示，推荐用户最新内容或精华帖等，诸如此类的服务均能给用户以更好的情感、认知体验。

2.3.4 社交问答平台技术支持

技术要素的关键组成部分可概括为三个方面——数据存储、信息搜索和平台界面展示，详见图 2.10 所示。其中，数据存储包含用户、内容两者的数据，前者包含用户账号信息，个人资料，以及用户在社交问答平台的各种行为中产生的信息内容；后者包含社交问答平台中所有的问题及答案，用户对问题与答案的评论，以及问答分类信息等。数据的妥当存储是社交问答平台良性运转的基本前提，也是社交问答平台有效运行的主要技术支持。社交问答平台的搜索功能需要相应技术支撑。社交问答平台不仅可以如同传统搜索引擎般以关键词或自然语言来进行检索，而且能够依照平台现存分类形式来浏览并搜索相关类目或者话题。平台相当于一个虚拟空间，用户在这个虚拟空间中开展一切活动和行为，是用户互动与进行知识和信息交流的场所。

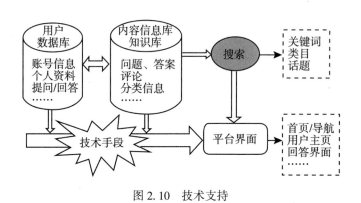

图 2.10　技术支持

2.4　基于社交问答平台的用户知识贡献行为

目前学术界对知识贡献并没有统一的定义，国外学者 Cummings（2004）① 指出，网络社区知识贡献行为涉及用户提供专业知识帮助他人，用户解决他人提出的问题以及发展新的观点和看法，总之是在网上社区向他人提供知识。Christy 等（2013）② 指出，在线社区中，基于相同的知识分享

---

① Cummings J N. Work groups, structural diversity, and knowledge sharing in a global or organization [J]. Management Science, 2004, 50 (3): 352-364.

② Christy M K, Matthew K O, Zach W Y. Understanding the continuance intention of knowledge sharing in online communities of practice through the post-knowledge-sharing evaluation processes [J]. Journal of the American Society for Information Science and Technology, 2013, 64 (7): 1357-1374.

兴趣，具有相同爱好、背景和目标的个体会通过发布提问、提供答案以及讨论问题的方式贡献知识，在线社区包括在线 BBS、博客、百科、问答网站等。

　　基于前人研究，在社交问答平台中，本书认为用户知识贡献行为具有以下三个方面特点。第一，知识的转化和创造。社交问答平台用户（包括提问者和回答者）将自身的隐性知识显性化，以提问和回答的形式，创造新的知识。第二，知识的转移和学习。问答平台用户之间的沟通和交流以文字的形式发生，在这一过程中，用户之间的知识发生了转移和共享，用户学习到新的知识和经验以解决生活中遇到的问题。第三，知识贡献行为是一种交易行为。用户通过知识贡献行为回答问题、贡献知识，相应地会收获名誉和期望，甚至是财富值，可以用来交换其他商品。

　　信息贡献行为强调的是用户在问答社区中传送自己的知识、观点和经验，表现在将他们大脑中的知识转化为文字信息发表在问答社区中。Liang（2008）等①将用户知识贡献的动机分为三个方面，分别是个体认知、人际交互和组织影响。其中个体认知包括身份认同、名誉、互惠、感知有趣和归属感；人际交互包括社会资本、信任等；组织影响包括组织支持和奖励机制。有调查表明，相当一部分用户在社会化问答社区中不仅贡献信息，同时也搜寻和采纳信息。② 如果能够厘清和解释用户这些信息行为模式间的特征和相互关系，对于深入理解社会化问答社区用户信息行为的特征和背后逻辑关系将有重要的促进作用。当前，已经有学者研究了用户信息搜寻行为和信息贡献行为之间的内在转化机制，Yan 和 Davison（2013）③ 以中文社会化问

---

① Liang T P, Liu C C, Wu C H. Can social exchange theory explain individual knowledge-sharing behavior? A meta-analysis ［C］// The 29th International Conference on Information Systems（ICIS）. Paris, France, 2008：171.

② 艾瑞咨询. 问答社区贡献稳增，个性化搜索成趋势 ［EB/OL］. ［2015-09-28］. http：//www.iresearch.com.cn/view/84557.html.

③ Yan Y, Davison R M. Exploring behavioral transfer from knowledge seeking to knowledge contributing：the mediating role of intrinsic motivation ［J］. Journal of the American Society for Information Science and Technology, 2013, 64（6）：1144-1157.

答社区百度知道为研究对象，考察了用户信息搜寻行为与信息贡献行为的相互转化机制，他们的研究以用户的内在动机为中介变量，主要通过"乐于助人""自我价值""心流体验"这三个影响因素来解释用户信息行为模式（信息搜寻、信息贡献）相互转化的内在作用机制。He 和 Wei（2009）① 基于信息系统持续使用理论和认知整合理论，将知识管理系统（knowledge management system，KMS）中用户持续性的信息共享意愿的影响机制分为"信息贡献行为模式层次"和"信息搜寻行为模式"两个层级。该研究发现，这两种行为模式在 KMS 中既有区别又存在很强的联系，同时，用户信息贡献行为和信息搜寻行为均对用户在 KMS 上持续进行知识分享有重要的正向影响。

社会化问答平台可以作为满足用户信息需求的途径之一，与参考咨询服务互为补充。对比其他网络社区，社会化问答平台是基于互联网，面向大众的知识服务社区，用户的信息行为主要依靠社区中的问答机制和激励机制，其信息行为的主要客体是社区中的知识内容。当前，社会化问答平台用户信息搜寻行为的研究主要集中于考察用户在社区上搜寻信息的情境、行为特征以及信息搜寻与信息质量的关系；用户信息贡献行为的研究集中于考察信息贡献用户的特征、用户贡献信息和持续贡献信息的内在动机、外部社区特性对内在动机的影响机制以及信息质量与用户信息贡献的关系；用户信息采纳行为的研究集中于考察社会化问答社区服务的采纳、用户间的评论对信息采纳过程的影响以及信息质量与用户采纳信息的关系。②

网络用户逐渐产生通过自然语言问答方式更简单方便地获取信息的需求，而搜索引擎不能够满足这方面的需求，基于此社交问答平台逐渐产生。

---

① He W, Wei K K. What drives continued knowledge sharing? An investigation of knowledge-contribution and-seeking beliefs［J］. Decision Support Systems, 2009, 46（4）：826-838.

② 陈晓宇，邓胜利，孙雅梦. 网络问答社区用户信息行为研究进展与展望［J］.图书情报知识, 2015（4）：71-81.

3　基于社交问答平台的知识贡献
行为的理论基础

　　围绕社交问答平台用户知识贡献问题，国内外的学者与研究机构开展了大量研究，获得了一系列重要的应用与理论成果。本章主要从国内外用户知识贡献研究的相关论文、专著、报告等出版物入手，系统地进行相关概念的界定及后面章节要用到的重要理论。

3.1　相关概念界定

　　本节结合国内外学者对于知识贡献的定义，对知识贡献的概念进行界定；并对知识贡献和知识共享进行区分，探究了其内在的联系与区别。

3.1.1　知识贡献的概念界定

　　国内外学者以不同的研究视角与侧重点，对知识贡献进行了分析和定义。国外学者具有代表性的知识贡献定义有：Cummings 等认为，网络社区知识贡献是指通过网络社区提供他人知识，包括发展新观念、提供帮助他人的专业知识、协助他人解决问题等。[①] Thondikulam 和 Kumar 将其定义为知

---

① Cummings J N. Work groups, structural diversity, and knowledge sharing in a global organization [J]. Management Science, 2004, 50（3）：352-364.

识从一个个体向另一个个体的转移或分享。且指出知识贡献有许多方式，例如撰写书籍、分享投资信息、撰写电影评论以及提供新的技术信息等。[1] 国内学者对知识贡献有代表性的定义，如徐小龙、王方华总结归纳认为网络社区知识共享行为大多发生在社区成员内部，主要体现在知识内化和知识外化两个阶段。刘芳、曹兴等指出知识贡献是指通过各种方式共享各种知识，包含隐性知识和显性知识，也或许是建议、观点、信息、经验或专长等。[2] 关培兰等将知识贡献定义为提供新知识，他指出知识共享与知识贡献紧密相连，知识共享为新知识的产生创造了条件，而知识贡献又是知识共享的前提。[3] 综上所述，对于知识贡献的理解，主要包含以下几个方面：

①知识贡献是知识互动和沟通的过程。知识贡献是人和人之间沟通与联系的过程，包含知识拥有者内化与外化知识的过程。

②知识贡献是一种交易行为。好比服务和商品，知识贡献的过程就是知识市场的交易，买方与卖方为了无形或有形的回报进行交易，如取得期望与名誉、金钱回报的社会交换。

③知识贡献是创造和转化知识。知识贡献是指显性知识与隐性知识内化、综合化、外化、社会化等相互转化的过程，其贡献结果就是新的知识的创造。

④知识贡献是学习和转移知识。知识贡献不仅要实现从一方到另一方的信息传递，还应帮助知识接受者吸收消化知识，并推动新的行为能力发展。

根据上述学者的观点，本书提出社交问答平台知识贡献是指社交问答平台用户通过各类途径（如个人微博、博客、问答平台等）提供或表述各种知识（如经验、观点、专业知识等隐性知识与显性知识），从而实现知识的互

---

① Kumar S, Thondikulam G. Knowledge management in a collaborative business framework [J]. Information Knowledge Systems Management, 2006, 5 (3)：171-187.

② 曹兴，刘芳，邹陈锋. 知识共享理论的研究述评 [J]. 软科学，2010 (9)：133-137.

③ 关培兰，顾巍. 研发人员知识贡献的影响因素及评价模型研究 [J]. 武汉大学学报（哲学社会科学版），2007，60 (5)：652-656.

动交流。用户能吸收消化社交问答平台所提供的知识，实现转化知识，甚至是再创造知识，从而最终实现社交问答平台知识财富的积累。

3.1.2 知识贡献与知识共享

知识贡献和知识共享是十分类似的两个概念。知识共享是指组织中知识个体的知识（包含隐性知识与显性知识），通过各类手段（如类比、图表、比喻、语言）和各种方式（如面谈、网络、电话）被组织中其他的知识个体所分享，并通过知识共享过程，将个体知识转化为组织知识的过程。① 网络社区的知识共享一般含有两层释义，第一是指社区成员贡献知识给社区，网络社区作为知识主体提供知识给成员，同时，成员和社区之间互相分享知识，具体表现为社区整合成员交流互动过程中留下的知识记录，以及用户在社区查询某一主题的知识。第二是指网络社区的个体用户之间互相交流与传递知识、信息，比如某用户提出问题，其他用户给出解决问题的知识，或者是个体用户在社区发帖子主动介绍自己的经验和技能知识。②

知识贡献和知识共享均是知识管理的重要环节，它们都是为了知识在时间和空间上移动，来进一步扩大知识的作用范围，进而实现群体知识水平的提升。但知识贡献与知识共享之间也存在区别，且昭然若揭：第一，知识提供者将本身知识外化的过程可看做知识贡献，而知识共享既包含知识接受者对知识内化的过程，也包括知识提供者对要共享知识外化的过程。即知识贡献是知识共享不可或缺的一个环节，没有知识的贡献过程，用户就无从进行知识的共享。第二，运动方式不同。知识贡献是单向的，而知识共享一般是双向的。

由此可见，知识共享涉及知识的接收和提供，而知识贡献主要强调知识的提供，知识共享的一方面是知识贡献。存在知识贡献，就会相应地产

---

① 杨艳. 虚拟社区中的知识交流和共享行为研究［D］. 杭州：浙江大学，2006.

② 孔德超. 虚拟社区的知识共享模式研究［J］. 图书馆学研究，2009（10）：95-97.

生知识的接收，也即会有对于所贡献知识的接收和利用。对于本书来说，严格区分知识贡献和知识共享概念之间的差别并没有太大意义。知识共享的研究范畴比知识贡献更大。大部分研究知识共享的文献撇开独立的知识接受者一方的影响因素，基本上可直接应用在知识贡献中。而本书旨在探究社交问答平台中用户向所在社区及其他用户提供自身信息知识这一行为的机理及其影响因素，力争推动社交问答平台进行有效的知识管理，为用户的知识贡献行为提供有针对性的建议，故选取强调单方向的知识流动一词——知识贡献。该行为的衡量标准有：第一，所流动的是否是经过人为思考、对其他人有意义的内容；第二，对这些有意义的内容进行的活动，是否涉及个体向外贡献知识的行为。

3.2　知识贡献行为的相关理论基础

在深入分析调查的基础上，本书拟采用理论与实证相结合的方法，探讨用户知识贡献行为的影响因素及其机理。综合行为动机理论的现有研究成果，分析用户知识贡献行为的形成和转变机理，整理归纳出用户行为形成的阶段转化过程；从整体、局部以及统一的角度，从网站社区角度和用户个人角度，综合利用社会影响理论、社会认知理论、社会交换理论等理论，来探究用户知识贡献行为的影响因素；系统地了解用户知识贡献情况，进而有针对性地提出提升用户知识贡献的策略及建议。

3.2.1　社会影响理论

Kelman 的社会影响理论认为顺从、认同以及内化三个社会影响过程塑造了个人行为。顺从过程指个人接受影响从而获得群体或者他人的授权或者支持；内化过程是指社会或社会群体中，个人因为自己的目标与其他成员类似，从而接受影响；认同过程指人们因希望与某群体或者他人保持或建立一种满意的自定义关系，从而接受某人或者某群体的影响。①

内化指个人因自己与其他成员的价值观或者目标类似，从而受到影响，认同表示个人受到影响从而维持或者建立和团体或他人的满意关系，顺从表示个人受到社会影响从而获得群体或者他人的授权或支持。已有文献较少考虑其他两个过程，而侧重于顺从的过程，② 因涉及团体行为，对如 SNS 这样的协同环境，内化与认同过程的作用表现得十分重要。③

通过社会认可能够反映认同过程，社会认可意味着个体将自己看成是社区的一员，而不是分离的个体，表明个人对团体的认可。社会认可包括认知维度、情感维度和评价维度。④ 认知维度是指个人对成员感的认识，涉及与非成员的不同之处和与团队其他成员的相似之处，这里也包括对自己知识贡献能力的认知。情感维度表现在对所在团队的情感投入，包括承诺、满意感、依附感等。评价维度指的是个人由于属于社区而产生的自我价值的评价。由于认同需要个人维持与社区其他成员的积极关系，所以人际信任和社区成员的影响会加强成员积极参加社区活动的动力。

内化是指接受共同规范以实现共同的目标理想，通过团队规范来表现。⑤ 团队规范对于虚拟社区来说特别重要，因为它可以规范成员之间的交互。当成员通过长期的重复参与来发现社区的规范，不断地参加社区活动，就会形成使用社区的习惯，这种习惯也影响着团队成员参与社区活动的行为。内化过程表现在个人与其他团队成员目标或价值的一致，假如虚拟社区

---

① Kelman H C. Processes of opinion change [J]. Public Opinion Quarterly, 1961, 25 (1): 57-78.

② Venkatesh V, Davis F D. A theoretical extension of the technology acceptance model: four longitudinal field studies [J]. Management Science, 2000, 46 (2): 186-204.

③ 周涛, 鲁耀斌. 基于社会影响理论的虚拟社区用户知识共享行为研究 [J]. 研究与发展管理, 2009, 21 (4): 78-83.

④ Ellemers N, Kortekaas P, Ouwerkerk J W. Self-categorization, commitment to the group and group self-esteem as related but distinct aspects of social identity [J]. European Journal of Social Psychology, 1999, 29 (2-3): 371-389.

⑤ Pentina J, Prybutok V R, Zhang X. The role of virtual communities as shopping reference groups [J]. Journal of Electronic Commerce Research, 2008, 9 (2): 114-136.

成员与其他成员的目标和价值观是相同的，他们将产生知识贡献的动机。

当前，学者已经在知识共享行为和信息技术的接受研究中引入社会影响理论。社会影响是用主观规则在计划行为理论和理性行为理论里表示的，它也包含在创新扩散理论和技术采纳与利用整合理论之中。虽然在不同的理论模型中社会影响其命名不同，但每个模型都隐示或显示地表示这样的含义——人们使用 IT 应用时的行为，会受到自身认为其他人将如何评判自己想法的影响。Venkatesh 与 Lewis 主要研究了社会影响在工作环境下的顺从过程，他们认为个人想要顺应组织中有影响力者的观点是人们接受社会影响的原因。周涛等从团体规范、主观规范与社会认可三个维度开展实证研究，基于社会影响理论研究了虚拟社区中用户知识共享行为，证实了团体规范与社会认可对用户知识共享行为的显著影响。Ardichvili 等指出，组织文化特征，如担心犯错误、权力距离、对于谦虚行为的理解差异以及团体间与团体内的定位等会对组织成员知识贡献的形式产生影响。① Fahey 与 Delong② 以及 Prasarnphanich 与 Jan 等③通过研究均发现有效的知识贡献和支持性的组织文化有直接联系。又如 Hackett④ 指出，该组织文化在鼓励知识保护的组织环境中是知识贡献的第二大障碍。

3.2.2 社会认知理论

1995 年，Bandura 提出的社会认知理论引起了学术界的轰动，学者们纷纷基于该理论展开相关研究。这使得社会认知理论在探究个体行为方面做出

---

① Ardichvili A, Maurer M, Li W, Wentling T, Stuedemann R. Cultural influences on knowledge sharing through online communities of practice [J]. Journal of Knowledge Management, 2006, 10 (1): 94-107.

② Delong D, Fahey L. Diagnosing cultural barriers to knowledge management [J]. Academy of Management Executive, 2000, 14 (4): 113-127.

③ Prasarnphanich, Jan Z, Vestal W. CoPs in progress: AQPC and Texas Medical Association [J]. Knowledge Management Review, 2006, 9 (1): 8-9.

④ Hackett B. Beyond knowledge management: new ways to work and learn [J]. Research-Technology Management, 2000, 43 (4): 62-63.

了巨大贡献，同时个体行为方面的研究也取得了突破性进展。社会认知理论强调社会环境与主体认知对个体行为的影响，并指出个体行为、主体认知和社会环境是相互影响相互作用的，并且是动态的。① 其中主体认知由两部分组成：自我效能和结果预期。其中，自我效能是指个体对自身是否能实现某种行为能力的主观判断；结果预期是指个体对某种行为可能带来的结果的判断。许多学者运用社会认知理论来分析网络社区用户行为。Wasko 和 Faraj认为，自我效能感是知识贡献十分重要的推动因素，能给用户带来参与知识贡献的满足感和愉悦感。② Chen 等指出环境因素与个人因素会影响用户知识贡献，其中环境因素涉及用户间的互惠规则与信任，个人因素涉及知识贡献的感知的关系优势、感知的适应性和自我效能感等。③ Fan-Chuan 等提出，对知识贡献行为产生直接积极影响的包括社会成员间连带作用的强度、网络社区成员的效果期望以及个人自我效能感。④ Ardichvili 等研究指出，当个人认为自身具备的信息或知识不完备时，会因为害怕误导社区成员、遭受批评而回避知识的贡献和分享。⑤ 尚永辉等通过实证研究证实，在虚拟社区中成员的自我效能对知识共享行为与结果预期有显著的积极影响。⑥ Kankanhalli等探究了电子知识库中外在利益与内在利益对用户知识贡献的影响，证实了

---

① 尚永辉，艾时钟，王凤艳. 基于社会认知理论的虚拟社区成员知识共享行为实证研究 [J]. 科技进步与对策，2012, 29 (7)：127-132.

② Wasko M, Faraj S. Why should I share? Examining social capital and knowledge contribution in electronic networks of practice [J]. MIS Quarterly, 2005, 29 (1)：35-57.

③ Chen C J, Hung S W. To give or receive? Factors Influencing members' knowledge sharing and community promotion in professional virtual communities [J]. Information & Management, 2010, 47 (4)：222-236.

④ Fan-Chuan Tseng, Feng-Yuan Kuo. A Social Cognitive Framework of Knowledge Contribution in the Online Community [C]. 2011 IEEE International Conference on Fuzzy Systems. Taipei, 2011：677-682.

⑤ Ardichvili A, Page V, Wentling T. Motivation and barriers to participation in virtual knowledge sharing teams [J]. Journal of Knowledge Management, 2003, 7 (1)：64-77.

⑥ 尚永辉，艾时钟，王凤艳. 基于社会认知理论的虚拟社区成员知识共享行为实证研究 [J]. 科技进步与对策，2012, 29 (7)：127-132.

内在利益涉及感知乐趣与自我知识效能，外在利益涉及组织奖励和成员互惠。①

3.2.3 社会交换理论

社会交换理论是 20 世纪 60 年代在美国兴起的一种社会学理论，它以互惠互利为核心，主张人类的一切行为都是某种能够带来奖励与报酬的交换活动。基于社会交换理论，社会是个人行为与行动交换的结果，从本质上来说人与人之间的互动关系就是一种交换关系。② 以个人为研究主体的社会交换理论，提出"人与人之间所有的接触都应以回报和给予等值这一图式为基础"，人类社会的交往就是一种相互交换的过程，并以此为基础建立一个以公平和正义、价值、代价、投资、最优原则、奖励等基本研究概念与范畴为核心的理论体系。③ Kankanhalli 等人基于社会交换理论分析指出，进行知识贡献的个人动机涉及互帮互助、社区成员的信任和尊重。同样地，Jang 等指出用户在虚拟社区中，如果能够得到管理员的积极鼓励与支持，会更乐意参与到社区活动中，产生对社区更正面的承诺感。④ 张兮等在虚拟科研团队中，通过实证研究发现成员交换意识越强，在知识贡献行为中社会利益与经济利益的正面影响越微弱，并指出应加强成员激励因素和个人因素的相互作用。⑤ 王长河在基于社会交换理论的知识分享行为研究的一文中指出，在个

---

① Kankanhalli A, Tan B, Wei K K. Contributing knowledge to electronic knowledge repositories: an empirical investigation [J]. MIS Quarterly, 2005, 29 (1): 113-143.

② Homans G C. Social behavior as exchange [J]. American Journal of Sociology, 1958, 63 (6): 597-606.

③ 解丹琪. 用社会交换理论完善企业激励机制 [J]. 现代经济探讨, 2004 (5): 32-34.

④ Jang H, Olfman L, Ko I, Koh J, Kim K. The influence of on-line brand community characteristics on community commitment and brand loyalty [J]. International Journal of Electronic Commerce, 2008, 12 (3): 57-80.

⑤ 张兮, 陈振娇, 郭传杰. 虚拟科研团队中成员个性与知识贡献关系的实证研究 [J]. 中国管理科学, 2008, 16 (S1): 377-380.

体的行为意愿中，个体对于交换关系中各方利益的关注度对其有极大影响，预期的互惠关系对知识分享行为影响显著。①

随着社交网络服务的进一步发展，需要将经济学、社会学以及心理学等理论整合成更完善的理论框架，创建完备的知识贡献模型，研究网络社区文化与人际氛围、用户对技术的接受程度、用户个体之间的关联关系等对知识贡献的影响，从而推进网络社区知识贡献实践的发展。根据上述研究现状与不足，本书拟在深入调查分析的基础上，采用理论与实证相结合的方法，探讨用户知识贡献行为的影响因素及其机理。综合行为动机理论的成果，研究用户知识贡献行为的形成机理，整理归纳出用户行为形成的阶段转化过程；从整体、局部以及统一的角度，从网站社区角度和用户个人角度，综合利用社会影响理论、社会认知理论、社会交换理论等理论，来探究用户知识贡献行为的影响因素。在完整地分析用户知识贡献现状后，全面系统地提出促进用户知识贡献的策略及建议。

3.2.4　信息需求与信息搜寻行为

以往的研究认为，信息需求是用户信息搜寻的触发点（trigger），即用户根据相应的信息需求产生相关联信息搜寻行为，而情境的外在和其他因素也会对用户的信息搜寻行为产生不同程度的影响。用户的信息需求是一种复杂的心理概念，它与各种内在动机有关，尤其是和许多学习理论有着千丝万缕的联系。② 之前的信息行为研究对信息需求这一概念的理解侧重于从理论分析层面去诠释其内涵，学者们从不同角度解释了信息需求表达的意义。表3.1列举了目前关于信息需求的几个比较有影响力的观点。从用户内在的心

---

① 王长河. 基于社会交换理论的知识分享行为研究［J］. 淮南师范学院学报，2010，60（12）：44-46.

② Krikelas J. Information-seeking behavior：patterns and concepts［J］. Drexel Library Quarterly，1983，19（2）：5-20.

理动机来看，信息需求可以理解为"知识空缺"（knowledge gap），① 是用户解决自身某种知识空白和无知的需求和渴望。信息需求也可以理解为用户由于某方面的信息掌握得不足而产生的"不确定感"（sense of uncertainty），② 用户为了消除这种不确定性，会进行相关的信息搜寻。信息需求还可以看做是帮助决策或解决问题方面的需求（decision-making or problem-solving need），③ 这是因为用户在信息方面的需求很多是用来帮助解决某些方面的难题或者提供某些决策方面的内容知识。

表 3.1　　　　　　　　　　信息需求动机、层次和理论基础

信息需求动机	信息需求层次	理论基础
疑问（confusion）	本能层（visceral）	内部能动状态 （inner motivational state）
好奇（curiosity）	本能层（visceral）	知识异常状态（anomalous state of knowledge，ASK）
知识空缺 （knowledge-gap）	意识层（conscious）	知识异常状态（anomalous state of knowledge，ASK）
解决问题 （problem-solving）	表述层 （formal）	自我决定理论 （self-decision theory）
观点和意见 （idea/decision）	受限层 （compromise）	不确定性理论 （uncertainty theory）

另一方面，用户信息需求的动机也受到用户所处的情境的影响，因此研

---

①　Case D O. Looking for information: a survey of research on information seeking, needs and behavior [M]. Brodford: Emerald Group Publishing, 2012.

②　Belkin N J, Oddy R N, Brooks H M. ASK for information retrieval: part Ⅰ. background and theory [J]. Journal of Documentation, 1982, 38 (2): 61-71.

③　Atkin C. Instrumental utilities and information seeking [M] // Clarke P (ed.). New Models for Mass Communication Research. Beverly Hills, CA: Sage Publications, 1973.

究用户的信息需求既要考虑用户自身的内在动机，同时也要兼顾用户所处的信息情境。① 在不同的信息情境中，用户信息行为的特征和模式会有所不同。在社交问答平台中，用户搜寻信息的对象是平台中的信息，包括问题、答案、讨论等方面的内容，而用户信息需求的种类也主要集中于满足自我的求知欲望、满足自我的好奇心、寻求他人的帮助解决某个特定的问题、咨询建议或意见等。②③④⑤ 问答平台通过问题、答案、评论等信息将不同用户联结在一个组织中，用户与信息之间的交互过程既会影响用户采取何种模式的行为，也会影响信息的生成、传播和交流。如果将社交问答平台看做一个以用户为结点的社会网络，用户依靠信息产生联系，同时信息也会影响用户间的联系和互动。外在环境和社会因素也会影响社交问答平台中用户的信息需求，而这些影响最终反映的是用户自身对于社交问答平台的情感态度。⑥⑦因此可以说，对于社交问答平台的情感态度是会影响平台用户的信息需求的。

结合以往研究信息需求的理论和社交问答平台用户信息行为的特征，本书认为社交问答平台用户的信息需求主要由四类具体的动机构成：以弥补用户某些方面知识不足、满足个人求知欲为信息需求的，可以理解为"知识空

① Mishra J, Allen D, Pearman A. Information seeking, use, and decision making [J]. Journal of the Association for Information Science and Technology, 2015, 66 (4): 662-673.

② Savolainen R. The structure of argument patterns on a social Q&A site [J]. Journal of the American Society for Information Science and Technology, 2012, 63 (12): 2536-2548.

③ Savolainen R. Strategies for justifying counter-arguments in Q&A discussion [J]. Journal of Information Science, 2013, 39 (4): 544-556.

④ 牛春华, 沙勇忠. 知乎应急管理相关话题论证模式分析 [J]. 情报资料工作, 2014, 35 (6): 12-16.

⑤ Savolainen R. The use of rhetorical strategies in Q&A discussion [J]. Journal of Documentation, 2014, 70 (1): 93-118.

⑥ 刘佩, 林如鹏. 网络问答社区知乎的知识分享与传播行为研究 [J]. 图书情报知识, 2015, 33 (6): 109-119.

⑦ Zhang Y, Deng S, Yang L. A tale of social Q&As in the United States and China: a tale of Social Q&As in the United States and China [J]. Proceedings of the American Society for Information Science and Technology, 2014, 51 (1): 1-4.

缺"动机；以满足个人好奇心为信息需求的，可以理解为"好奇心"动机；以寻求他人帮助为主要信息需求的，可以理解为"解决问题"动机；以咨询意见或建议为主要信息需求的，可以理解为"决策"动机。由于用户信息需求是多元且复杂的，因此对于用户来说，信息需求的动机并不是单一且可以严格划分的，这四类动机也会存在一定的意义重叠（overlap），比如对于某个问答社区用户来说，他/她的信息需求动机既可能是为了满足好奇心，同时也可能是为了弥补自己某一方面的知识空缺。

3.2.5 精细加工可能性与信息采纳

精细加工可能性模型（elaboration likelihood model，ELM），是 Cacioppo 与 Petty 等（1983）① 提出的，它是心理学、传播学和行为科学领域中十分重要的理论之一。该理论阐释了信息是如何影响人们接受及其态度的形成，继而如何影响其行为。该理论认为，可以用两种路径来解释信息如何影响个人的行为变化及其行为态度，包括"边缘路径"和"中枢路径"。其中，中枢路径是人们处理信息和接受信息影响的主要路径，它是指人们对任务相关的信息进行深入细致的思考而做出相应的行为；边缘路径是指人们把信息外在特征或其他相关因素作为主要判断依据并依此而做出相应行为，它并不涉及深入的认知思考。② 在中枢路径上，人们对相关信息使用信息质量等标准进行精细加工，并做出理性反应。然而在边缘路径上，仅使用信息源质量等方面进行判断。通过边缘路径处理信息比中枢路径需要较少的认知努力，所以，边缘路径上发生的态度变化容易受到各种因素影响而显得不稳定，而在

---

① Petty R E, Cacioppo J T, Schumann D. Central and peripheral routes to advertising effectiveness: the moderating role of involvement [J]. Journal of Consumer Research, 1983, 10 (2): 135-146.

② Tam K Y, Ho S Y. Web personalization as a persuasion strategy: an elaboration likelihood model perspective [J]. Information Systems Research, 2005, 16 (3): 271-291.

中枢路径上形成的态度变化更持久和更稳定。①

　　精细加工可能性模型还涉及一个重要的因素——"精细加工的连续性"，个人思考论据的认真程度便指精细加工。Cacioppo 和 Petty（1986）指出，边缘路径、中枢路径对用户态度变化的影响，会随着专业知识和卷入度等信息接受者精细加工水平的差异而产生不同程度的变化。也就是说当个体具有较高的精细加工程度（如具备较高水平的专业知识或高度卷入）的时候，主要经由中枢路径来进行信息方面的判断；反之，当个体具备较低的精细加工程度（如专业知识较少或卷入度较低）时，会更多地依靠边缘路径来判断信息。而对于同一个人来说，在面对不同类型的信息时，选择的信息判断路径也会有所区别，当人们处理自己熟悉或者擅长的信息时，主要依靠中枢路径，而在处理自己陌生或者不擅长的领域的信息时，则更多地依靠边缘路径进行判断。②

　　Sussman 和 Siegal（2003）两位学者将精细加工可能性模型引入到信息行为领域的研究中，他们研究了网络社区中信息是如何对用户产生影响以及用户信息采纳的影响过程。③ 他们结合信息系统领域技术接受模型，提出了用户信息采纳的影响因素模型，即影响用户采纳信息的主要因素是信息有用性，而信息有用性的前置因素可以概括为信息质量和信息源质量。Sussman和 Siegal 认为，用户在网络社区的卷入程度和自身的相关专业水平在这两个前置因素对信息有用性的影响关系中起到调节作用，卷入程度越高或者专业水平越高的用户会更多地依靠信息质量来判断信息有用性，进而影响他们的信息采纳；而卷入程度低和专业水平低的用户则依靠信息源质量来判断信息有用性，进而做出信息采纳。

────────────────

　　① Petty R E, Cacioppo J T. The elaboration likelihood model of persuasion［M］. New York：Springer, 1986.

　　② 查先进，张晋朝，严亚兰. 微博环境下用户学术信息搜寻行为影响因素研究［J］. 中国图书馆学报，2015, 41（3）：71-86.

　　③ Sussman S W, Siegal W S. Informational influence in organizations：an integrated approach to knowledge adoption［J］. Information Systems Research, 2003, 14（1）：47-65.

信息采纳是一个重要的研究变量，它是用户信息搜寻行为和持续信息搜寻行为之间的一个重要节点，信息采纳表明网络社区用户搜寻到相应信息后受到该信息的影响，被"说服"（persuasion）后采取的一种行为方式；同时信息采纳可以理解为用户对该信息的一种正面反馈，表明用户对该信息的态度是认可和接受的，因此接下来用户很可能会不断在社交问答平台中进行信息的搜寻。

3.2.6 期望确认理论与信息系统持续使用

关于持续性行为的研究一直有两种不同的主要学术观点，其中一种以创新扩散理论为基础，认为持续性行为是行为的延伸，比如用户对某一项技术持续不断地接受而使其成为日常活动的一部分，从而导致了用户的持续使用行为。在这种观点中，使用和持续使用有相同的动机和缘由。目前，这种理论被认为过度重视用户的认知与行为意向之间的关系，而忽略了如社会、心理以及经济等因素的影响。①

另一种观点以信息系统持续使用理论为基础。该理论来自于由 Oliver（1980）提出的期待确认理论（expectation confirmation theory，ECT）。② 作为消费者满意度研究中的基本理论，期待确认理论曾被用来解释和预测消费者的满意度和重复购买意向。该理论认为消费者再次购买一个产品或使用一项服务的意向主要受消费者之前使用该项服务的满意度水平、期望值和确认效果等因素的影响。具体说来，用户基于上次购买体验而产生了相应的期望水平和该次购买后的满意度水平，这两个因素会对下一次购买行为起到正向的影响，同时该次购买后的确认效果也会对该次购买的满意度和下一次购买行为起到正向的影响。

信息系统持续使用理论与期待确认理论一致，认为持续使用行为与一般

---

① Bhattacherjee A. An empirical analysis of the antecedents of electronic commerce service continuance [J]. Decision Support Systems, 2001, 32（1）：201-214.

② Oliver R L. A cognitive model of the antecedents and consequences of satisfaction decisions [J]. Journal of Marketing Research, 1980, 17（4）：460-469.

的采纳行为是两种完全不同的行为。在信息系统领域，Karahanna 等 (1999)① 对这两种行为进行了区分，表示接受和持续使用是由不同的经历所影响的。比如用户是否持续使用一个信息系统是由其直接真实体验所决定的。Bhattacherjee（2001）② 在期望确认理论的基础上，对影响信息系统持续使用的认知感受或信念进行理论验证后，提出了信息系统持续使用模型。其验证结果显示：用户满意度和感知有用性是对信息系统持续使用意愿产生直接决定性影响的两个因素，对用户满意度产生直接决定性影响的两个因素则是感知有用性和期望确认，对感知有用性具有直接影响效果的是期望确认。

目前的一系列关于持续性行为的相关研究说明，期望确认理论和信息系统持续使用理论是用于研究用户的持续性行为的一种广泛而合适的理论基础。实际上，该理论已经被大范围使用来检验如知识管理系统、e-learning 和虚拟社区等信息系统应用的持续使用。在传统的信息行为研究领域中，也有一些学者研究了用户持续性贡献知识的行为和持续性搜寻信息的行为（以下简称"持续性信息行为"），但是这些研究侧重于从虚拟社区的角度或者信息系统的角度研究用户的持续性信息行为，而忽视了从用户对信息的感知和用户对信息的批判性吸收的角度来分析用户持续性信息行为的动因和转化机理。为了弥补过去由于一贯的研究视角而带来的局限性，本书将结合用户对信息和问答社区的感知以及用户的批判思维能力，来考察社交问答平台用户持续性信息行为。这一研究将从人与信息交互的角度来理解和深化用户持续性信息行为的机理，有助于扩充和完善用户信息行为研究的相关理论。

---

① Karahanna E, Chervany N L. Information technology adoption across time：a cross-sectional comparison of pre-adoption and post-adoption beliefs [J]. MIS Quarterly, 1999, 23 (2)：183-213.

② Bhattacherjee A. Understanding information systems continuance：an expectation-confirmation model [J]. MIS Quarterly, 2001, 25 (3)：351-370.

4 基于社交问答平台的用户行为
与知识贡献机理

20世纪30年代初，梅奥进行的霍桑试验预示着行为科学的诞生。行为科学是一门由心理学、人类文化学、社会学等研究人类行为的学科相互交叉形成的综合性学科。从行为科学诞生至今，通过把握人的行为与心理发展变化的规律，行为科学的应用与研究能提高对组织、群体及个体的行为与心理控制、引导和预测的能力，从而及时协调组织、群体及个人间的相互关系，甚至协调其与外部环境的关系，进而充分调动人的创造性、主动性和积极性，为提高科学管理水平和推动社会发展与进步做出了巨大的贡献。目前，行为科学在管理上已得到极为广泛的应用，取得了显著的成效，受到人们的重视。

4.1 社交问答用户特征识别与行为动机分析

社交问答服务允许用户通过自然语言提问，并从其他用户处获得问题的答案，从而实现信息需求的满足。① 提问与回答是问答社区内用户交流的主

---

① Choi E, Shah C. Asking for more than an answer: what do askers expect in online Q&A services? [J]. Journal of Information Science, 2016, 67 (5): 1182-1197.

要方式。有信息需求的用户可以在社区提问寻求帮助,拥有知识的用户则可以针对感兴趣的问题进行回答、讨论或者给予评论。① 社交问答平台提供的提问、回答、写文章、点赞、收藏、关注、用户编辑等功能,在实现用户信息需求的同时,也为用户提供更多交互的可能,满足用户的社交需求。

4.1.1 社交问答用户行为动机的研究现状

目前,已有研究在虚拟社区的用户分类与社交问答用户的行为动机方面,取得了一些有益的成果。

在用户分类方面,Mathwick 将虚拟社区用户分为交换型、信息型、社交型和自我型。其中信息型偏重于参与社区搜寻相关的信息,但较少和他人接触;在社交需求和信息交换方面自我型都不突出,其可能是出于某种自我需要参与社区。② 在 Mathwick 的理论基础上,Ridings 等将用户分为灌水者和潜水者两类。灌水者是积极参与社区互动的参与者,对社交有高需求;潜水者是那些不太积极参与社区互动的参与者,以搜寻信息为主。③

国内外研究者在对社交问答用户行为动机的研究中,重点关注了百度百科、百度知道、Knowledge-iN、Yahoo! Answers 等平台。在研究方法上以问卷调查和用户访谈为主,通过获取用户行为的主观数据进行分析。研究结果表明,享受帮助、兴趣动机、胜任性动机、求知动机、帮助他人(利他主义)、互惠、社交动机等是用户使用并参与社交问答活动的主要动机,详见表4.1 所示。

---

① Kim Y, Choi T Y, Yan T, et al. Structural investigation of supply networks: a social network analysis approach [J]. Journal of Operation Management, 2011, 29 (3): 194-211.

② Mathwick C. Understanding the online consumer: a typology of online relational norms and behavior [J]. Journal of Interactive Marketing, 2002, 16 (1): 40-55.

③ Ridings C, Gefen D, Arinze B. Psychological barriers: lurker and poster motivation and behavior in online communities [J]. Communications of the Association for Information Systems, 2006, 18 (16): 329-354.

表 4-1 社交问答用户动机研究现状

作者	调查对象	动机	研究方法与数据
Nam, Ackerman & Adamic（2009）①	Knowledge-iN	帮助他人（利他主义）、业务推广、学习和复习、兴趣、开发个人能力、挣得积分和升级	抓取问题/回答组、访谈 26 名用户
常静，杨建梅（2009）②	百度百科	兴趣动机、胜任性动机和求知动机等	问卷调查
Oh（2012）③	Yahoo! Answers	享受、功效、学习、个人利益、帮助他人、社区利益、社会参与、同感、名誉和互惠	在线问卷调查
Lou, et al.（2013）④	百度知道	享受帮助、知识的自我效能、自我价值、学习以及信用体系的奖励	问卷调查
樊彩锋，查先进（2013）⑤	问答平台	互惠、共同愿景	问卷调查、结构方程建模
Choi, Kitzie & Shah（2014）⑥	Yahoo! Answers	满足基于不同任务类型的认知与社会情感需求	调查 75 个 Yahoo! Answers 用户

① Nam K, Ackerman M S, Adamic L A. Questions in, knowledge in? A study of Naver's question answering community[C]// Proceedings of the SIGCHI Conference on Human Factors in Computing Systems. Boston, MA,2009:779-788.

② 常静，杨建梅. 百度百科用户参与行为与参与动机关系的实证研究[J].科学学研究, 2009, 27(8):1213-1219.

③ Oh S. The Characteristics and motivation of health answers in social Q&A[J].Journal of the American Society for Information Science and Technology, 2012,63(3): 543-557.

④ Lou J, Fang Y, Lim K H, et al. Contributing high quality and quality knowledge to online Q&A communities[J]. Journal of the American Society for Information Science and Technoloty, 2013,64(2):356-371.

⑤ 樊彩锋,查先进. 互动问答平台用户贡献意愿影响因素实证研究[J].信息资源管理学报,2013(3):29-39.

⑥ Choi E, Kitzie V, Shah C. Investigating motivations and expectations of asking a question in social Q&A[J].First Monday, 2014, 19(3).

续表

作者	调查对象	动机	研究方法与数据
Jin, Li & Zhong, et al.（2015）①	知乎	自我表达（self-presentation）、同行认可（peer recognition）、社会学习（social learning）影响知识共享意愿	运用网络爬虫采集1 500个用户数据
包咏菲（2015）②	知乎	答疑解惑、知乎氛围、汲取知识、获得认同、交友	访谈 20 位用户
Choi & Shah（2016）③	在线问答社区	寻求快速回应，寻求附加的或可选择的信息，寻找准确的或完整的信息	针对 226 名用户，采用网络调查、日志与访谈相结合的混合方法分析（mixed method analysis）

通过对文献梳理，我们可以发现社交问答平台是虚拟社区的一种，关于虚拟社区用户分类的研究成果固然可以部分适用于对社交问答平台用户的分类，但由于各社交问答平台自身功能与定位的不同，研究结论对于解释社交问答平台知乎用户的参与动机具有明显局限性。

Shah 等认为，社交问答用户的问答行为是由不同动机驱动的。④ 由于在线用户行为复杂，对行为数据的采集难度较大，因此，已有研究更多侧重于

---

① Jin J, Li Y, Zhong X, et al. Why users contribute knowledge to online communities: an empirical study of an online social Q&A community[J].Information & Management, 2015, 52（7）: 840-849.

② 包咏菲. 虚拟社区成员知识共享行为研究——以知乎社区为例[D].南京:南京大学,2015.

③ Choi E, Shah C. Asking for more than an answer: what do askers expect in online Q&A services? [J].Journal of Information Science, 2016, 67(5):1182-1197.

④ Shah C, Kitzie V, Choi E. Modalities, motivations, and materials-investigating traditional and social online Q&A services[J]. Journal of Information Science, 2014, 40（5）: 669-687.

研究用户动机，在研究方法上以问卷调查和访谈为主，通过获取用户行为的主观数据进行分析。即便有少量文献涉及对采集器获取的客观数据的分析，但大多不是以知乎为调查对象。偶有针对知乎进行数据采集的研究，在数据的采集量、研究的侧重点等方面均与本书有较大差异，例如，Jin 等（2015）① 的研究仅采集了 1 500 个用户数据，针对知乎用户的知识共享意愿开展研究。本书采用火车头采集器对用户个人特征与行为数据进行采集，并运用大数据分析工具 R 语言，通过实际可观测变量加以反推知乎用户的行为动机，在研究设计、数据来源上以用户的客观行为数据为研究对象，以检验前人在社交问答用户动机方面的成果是否适用于对社交问答平台用户行为的分析与解释。

4.1.2 社交问答用户行为的数据来源与方法

火车头采集器是一款目前最受欢迎的网页数据采集软件，可以灵活地抓取网页中散乱分布的数据信息，并通过一系列的分析处理，准确挖掘出所需的数据。② 目前，已有学者运用火车头采集器采集数据进行舆情评估③、微博热点主题识别④等研究。

知乎作为目前国内最热门的社交问答平台之一，截至 2015 年 3 月，已拥有 1 700 万注册用户，月独立用户约 8 000 万，全站累计产生十万多个话题领域，包含 350 万个问题。⑤ 目前，国内社交问答平台上活跃用户与"僵

① Jin J, Li Y, Zhong X, et al. Why users contribute knowledge to online communities: an empirical study of an online social Q&A community [J]. Information & Management, 2015, 52 (7): 840-849.

② 火车头采集器 [EB/OL]. [2016-05-31]. http://www.locoy.com.

③ 张庆民，王海燕，吴春梅，等. 基于熵权-离差聚类法的城市公共安全舆情评估 [J]. 中国安全科学学报，2012，22 (9): 147-152.

④ 毕凌燕，王腾宇，左文明. 基于概率模型的微博热点主题识别实证研究 [J]. 情报理论与实践，2014，37 (2): 112-116.

⑤ 周勤燕. 知乎 CEO 周源：用户数达 1 700 万将试水商业化 [EB/OL]. [2015-12-06]. http://www.donews.com/net/201503/2885050.shtm.

尸"用户数量比例严重失衡。以知乎为例,在注册用户中,83.76%的用户从未回答过问题,写过答案的用户仅占16.24%。一半左右的答案从来没得到过赞同,1/3左右的答案从未得到关注。① 李翔宇等认为,回答者的复杂动机,会导致主观性信息传播,也会增加虚假、冗余、失真信息的成分,影响答案质量。② 为了了解用户的行为动机差异,提升社交问答平台信息质量,对以知乎为代表的社交问答平台用户群体进行细分、特征识别与行为分析尤为必要。研究结论对于服务提供商锁定目标用户,并有针对性地进行功能调整、服务改善,增加用户的可持续使用和用户忠诚度也具有重要意义。

本书运用火车头采集器对知乎中的数据进行抓取,通过设置网址采集规则、内容采集规则(包括循环和关联多页的采集规则)、内容发布规则,采集知乎多级网址和列表上下页的分页网址中的用户个人信息与行为数据。然后在此基础上进行数据清洗,并构建两个回归模型进行统计分析。

(1) 数据采集思路

由于知乎囊括的话题多、模块多,所涉及的问题及回答数量庞大,为了实现数据采集效率与分析过程客观性之间的平衡,在采集时我们进行了相应的数据筛选。具体思路如下:

①采集话题的确定。知乎下设33个话题,为了选出有代表性的话题进行分析,本书设定5个规则对话题进行排名,最终选定依据各规则进行排名后出现的第一名与最后一名,具体情况见表4.2。

---

① 虎嗅. 第一次民间版知乎用户分析报告 [EB/OL]. [2015-12-6]. http://www.huxiu.com/article/41317/1.html.

② 李翔宇,陈琨,罗琳. FWG1法在社会化问答平台答案质量评测体系构建中的应用研究 [J]. 图书情报工作,2016,60 (1):74-82.

表 4.2   排名规则与话题排名首尾结果

排名规则	第一名	最后一名
①关注话题的总用户数	电影	艺术
②话题中的总问题数	文化	足球
③话题中的总热门问题数	文化	足球
④热门问题数占总问题数的比例	摄影	足球
⑤话题中的精华问题获赞总数	文化	化学

由于文化和足球在几次排名中重复出现，删除重复值后，最终确定的拟抓取数据的话题数量从 10 个减少为 6 个，即电影、艺术、文化、足球、摄影和化学。

②采集区域的确定。知乎在每个话题下面设置了动态、精华问题区和等待回答问题区三个版块。每个话题下的精华问题区会固定展示 50 页。等待回答问题区分为热门问题和全部问题两类进行展示，其中，热门问题会占据 2 000 页左右页面，大多数问题获得的回答数在 2~9 个；全部问题大致占 5 000 页左右，且许多问题没有得到回答。考虑到热门问题和全部问题下用户的个人信息数量过于庞大并且有效信息少，因此本书决定只对精华区的数据进行采集。

（2）数据基本信息

根据上述思路，对 6 大话题下设精华区的问题，采用采集奇数页（即 25 页）的方案进行数据抓取。数据主要包括两个部分：①用户个人信息。数据项包含用户 ID、性别、受教育程度；②用户行为信息，包括用户提问数、回答数、撰写文章数、收藏数、公共编辑数、获赞数、获感谢数、关注用户数、粉丝数、关注话题数、关注专栏数、提问数和回答数等多个标签信息。具体如图 4.1 所示。

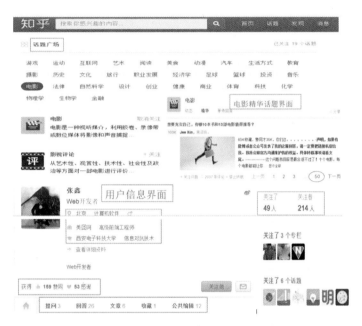

图 4.1 知乎的界面与采集数据来源示意图

（3）数据清洗与编码

将从 6 个话题下采集到的全部数据进行数据清洗。根据采集到的信息，对用户的受教育程度以 1~6 进行编码，分别对应博士、硕士、大专/本科、高中/中专/职高、初中和小学，在数据处理时，均转化为 0、1 变量，以小学为参照组进行回归分析。采集到的用户性别信息为男和女，在编码时将男性设为 1，女性设为 2，数据处理时以女性为参照组。

剔除数据中包含空白数据、无效信息较多的数据，共得到有效样本 33 974 个，乘以每个样本的有效数据项 14 个（13 个直接采集到的数据项和一个计算得到的数据项"回答质量"），总数据项共计 475 636 个。删除与本书研究无关的数据项，最终提取如下变量，如表 4.3 所示。

表4.3   研究定义的变量与含义

变量	含义
question_num	提问数
answer_num	回答数
article_num	文章数
collection_num	收藏数
public_edit_num	公共编辑数
being_liked	获赞数
thanks	获感谢数
followed_people	关注用户数
fans	粉丝数
followed_topic	关注话题数
followed_column	关注专栏数
answer_quality	回答质量=回答数/获赞数
Male/Female	男性/女性
Doctor，master，college，senior，junior	博士，硕士，本科/专科，高中，初中

4.1.3 社交问答用户行为的数据分析与结果

（1）样本分组

在知乎问答平台上，用户提问与回答是最基本的互动行为，在此基础上，吸引更多用户参与对某些问题的讨论，进而进行编辑，才会产生后续的收藏、关注等行为。所以，用户的提问数和回答数可以大致反映一个用户在知乎平台上的活跃程度和参与互动的程度。据此，我们构建了基于用户提问数和回答数的散点图，以便对知乎平台上用户整体行为情况有一个基本的了解与判断。

以提问数为 X 轴，回答数为 Y 轴，所有观察样本在图中的坐落位置如图

4.2 所示。散点图表明，大部分的点集中在左下方靠近 0 点的位置，也有少部分点分别靠近横坐标和纵坐标两个方向。根据散点图内的点群分布，我们大致可以将所有用户分成三个组：第一组为靠近横坐标的点群，特点为提问数量很多，回答问题数量很少，代表着喜欢提问却很少回答甚至不回答问题的用户群体，标记为 Question_lover。第二组为靠近纵坐标的点群，特点为回答问题数量很多，提问数量很少，代表喜欢回答但很少提问甚至不提问题的用户群体，标记为 Answer_lover。第三组为中间部分点群，回答问题数量和提问数量相对较多，这部分人群也较多，标记为 Majority。

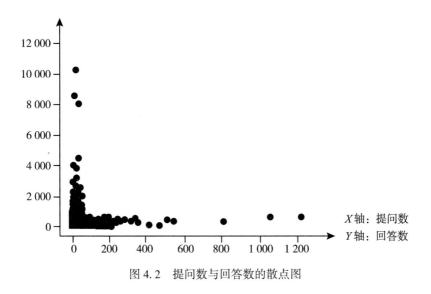

图 4.2　提问数与回答数的散点图

运用大数据分析工具 R 语言将三个组的样本分离，最终得到 Question_lover 组内样本 282 份，Answer_lover 组内样本 279 份，Majority 组内样本 33 413份。为了进一步检验三组分组样本具有显著差异，我们对三组分组样本的关键指标（回答数与提问数）分别进行了两两比对的 ANOVA 分析，Kruskal-Walls 检验结果表明，三组样本的提问数的平均秩差异、平均秩差异是显著的，总体分布存在显著差异，结果详见表 4.4 所示。

表4.4　　　　　三组样本在提问数上的 Kruskal_Walls 检验结果

项目	组间比较结果			组间比较结果		
	回答数的样本平均秩	Answer_lover	Majority	提问数的样本平均秩	Answer_lover 组	Majority 组
		标准检验统计量	标准检验统计量		标准检验统计量	标准检验统计量
Question_lover 组	33833.50	29.795***	−16.634***	29930.09	22.499***	−29.005***
Answer_lover 组	26345.83		9.258***	33835.00		−4.716***
Majority 组	16767.18			16737.59		

注：*** 表示 $P<0.001$。

（2）社交问答用户的特征描述

为了方便对三组样本进行特征描述，我们对三组样本进行了描述性统计分析，计算了各样本的部分指标的百分比分配及指标均值，并根据关键指标值绘制了三组样本的特征示意图，如表4.5和图4.3所示。

表4.5　　　　　　　　　三组用户的特征描述

指标	Answer_lover 组	Majority 组	Question_lover 组	大样本
男性	93.9%	73.2%	90.8%	73.4%
博士	0.4%	0.2%	0.4%	0.2%
硕士	0.4%	1.6%	0.4%	1.6%
大学	0.7%	0%	0.4%	0.6%
高中	93.9%	95.8%	96.1%	95.1%
初中	4.7%	1.7%	1.4%	1.7%
小学	0.7%	0%	1.4%	0.7%
提问数	13.1	3.29	106.36	4.71

续表

指标	Answer_lover 组	Majority 组	Question_lover 组	大样本
回答数	1 161. 32	44. 12	209. 98	56. 96
文章数	11. 15	0. 51	6. 1	0. 71
收藏数	4. 49	4. 46	7. 1	4. 49
公共编辑数	215. 46	18. 18	1 055. 2	32. 95
获赞数	30 634. 19	1247. 2	11 447. 69	1 657. 80
获感谢数	6 028. 8	289. 47	2 482. 09	377. 16
关注用户数	398. 47	93. 22	360. 5	99. 03
粉丝数	19 572. 99	596. 07	10 295. 6	969. 60
关注话题数	64. 65	40. 19	121. 21	41. 19
关注专栏数	22. 63	7. 53	27. 93	7. 90
回答质量	2. 37	1. 39	2. 42	1. 41

注：＊表示 $P<0.05$；＊＊表示 $P<0.01$；＊＊＊表示 $P<0.001$。

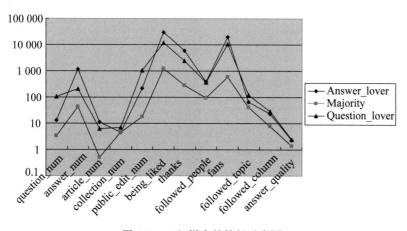

图 4.3　三组样本的特征示意图

从表 4.5 的结果可以看出：

①就提问数量来看，Question_lover 组所提问题数最多，平均数量达
106.36 个，是 Majority 组的 32.32 倍，是 Answer_lover 组的 8.12 倍。就问题
回答数量来看，Answer_lover 组所回答问题最多，平均数量达 1 161.32 个，
是 Majority 组的 26.32 倍，是 Answer_lover 组的 5.53 倍。

②就样本性别构成来看，男性是社交问答平台知乎上的主要用户，在各
组均占据绝对优势。在 Question_lover 组，男性用户占 90.8%；在 Answer_
lover 组，男性用户占 93.9%；在 Majority 组，男性用户也占到了 73.2%。由
于我们在数据采集时采集的都是精华区的数据，对问题区其他没有得到回应
的问题进行了筛选，因此，有可能这次筛选导致了性别在样本中的本身的不
均衡。但是，这也从侧面反映出，男性用户在社交问答平台上的参与程度会
更高一些。

③从学历上看，高中生用户在各个组所占据的比例很大，均在 93% 以
上。Qustion_lover 组与 Answer_lover 组的博士用户所占比例相等，高于
Majority 组；而硕士用户正好与之相反，他们在 Majority 组所占比例远高于
Question_lover 组和 Answer_lover 组。Answer_lover 组的大学生用户所占比例
最高，Qustion_lover 组次之，Majority 组所占比例最低。由于 Majority 组在提
问数与回答数两项指标上都远低于大样本均值，因此，我们可以初步认为，
博士、大学（包括本科、专科）用户比硕士用户更愿意参与回答和提问。由
于具有初中学历的用户在 Answer_lover 组最多，可以推测，与提问相比，初
中生用户更愿意回答问题。

（3）社交问答用户行为分析

为了进一步揭示三组用户在提问、回答行为上的差异，我们分别以提问
数/回答数为因变量，以回答数/提问数、文章数、收藏数、公共编辑数、获
赞数、获感谢数、关注用户数、粉丝数、关注话题、关注栏目、回答质量等
为自变量，以性别和学历为控制变量，进行回归分析。回归结果详见表 4.6
所示。

表 4.6　　　　　　　　　三组用户的回归分析结果

模型	Majority 组 标准系数		Answer_lover 组 标准系数		Question_lover 组 标准系数	
	Question_num	Answer_num	Question_num	Answer_num	Question_num	Answer_num
R^2	.283	.230	.115	.064	.351	.201
（常量）	−.020	−.080	.875	.055	.094	−.370
question_num	\	.289 ***	\	.064	\	.280 ***
answer_num	.269 ***	\	.060	\	.228 ***	\
article_num	.021 ***	.061 ***	.109	−.049	.013	.222 ***
collection_num	.064 ***	−.002	.115	.014	.105	−.053
public_edit_num	.360 ***	.004	.042	.047	.254 ***	−.038
being_liked	.024 *	.029 ***	−.060	.643 *	−.011	.323
thanks	−.053 ***	.098 ***	−.224	−.505	−.196	−.033
followed_people	.011 *	.127 ***	.172 *	.073	.344 ***	−.026
fans	.032 **	.031 ***	.202 ***	.079	.211 *	−.192
followed_topic	.032 ***	.022 ***	.004	−.017	.016	.046
followed_column	.044 ***	.042 ***	−.047	.047	.009	−.001
answer_quality	−.002	.120 ***	.115	−.239 ***	−.117	.085
male	.063 ***	.066 ***	−.080	.079	−.054	.049
doctor	−.012 *	.003	−.010	.034	−.023	.068
master	−.017 *	−.006	−.075	−.046	−.011	−.009
college	−.003	.003	\	\	.011	−.047
senior	−.016	−.006	−.133	−.088	.014	.044
junior	−.007	.009	−.094	−.122	.030	−.037

注：* 表示 $P<0.05$；** 表示 $P<0.01$；*** 表示 $P<0.001$。

表 4.6 中的结果表明：

①对于 Majority 组而言，回答数、文章数、收藏数、公共编辑数、获赞数、关注用户数、粉丝数、关注话题、关注栏目、性别（男性）与用户提问数有显著正相关关系；用户学历（博士、硕士）、获感谢数与提问数有显著负相关关系。其中，公共编辑数与回答数对该组用户的提问数影响最大，回归系数分别为 0.360 和 0.269。显著影响该组用户回答数的因素包括：提问数、文章数、获赞数、获感谢数、关注用户数、粉丝数、关注话题、关注栏目、回答质量、性别（男性）。其中，提问数（0.289）、关注用户数（0.127）、回答质量（0.120）与回答数间的正相关系数最大。

②对于 Answer_lover 组而言，粉丝数、关注用户数对该组用户的提问数有显著影响，回归系数分别为 0.202 和 0.172；显著影响该组用户回答数的因素包括获赞数和回答质量，且获赞数、回答质量与回答数之间的系数分别达到 0.643 和 -0.239。数据表明，回答问题质量越高的用户，其获赞数越多，回答数量反而偏低，说明该组用户具有很强的责任担当，回答问题时态度认真、严谨。

③对于 Question_lover 组而言，显著影响该组用户提问数的因素包括回答数、公共编辑数、关注用户数、粉丝数，回归系数分别为 0.228、0.254、0.344、0.211；显著影响该组用户回答数的因素包括提问数、文章数，回归系数分别为 0.280 和 0.222。

4.1.4 基于行为数据的社交问答用户动机分析

本书通过火车头采集器，采集了 475 636 万个用户个人与行为数据，运用大数据分析工具 R 语言，对用户进行了分类与行为识别。结合 Shah 等①的论断，认为在线问答行为是由不同的动机所驱动的，我们借鉴已有的在线用户动机成果，通过观测到的用户行为对其动机进行推测，初步得出结

---

① Shah C, Kitzie V, Choi E. Modalities, motivations, and materials-investigating traditional and social online Q&A services［J］. Journal of Information Science, 2014, 40（5）: 669-687.

论如下：

①Question_lover 组用户的行为动机以提升个人能力为目标的求知动机与利他动机为主，其问答行为表现为爱提问、爱回答，具有很强的信息交换特点，具有明显的专业精英特征。结合表 4.6 中的部分结果，我们可以发现，公共编辑数、文章数两项指标可以用于反映用户自身能力，它们分别与提问数和回答数显著相关。可以理解为，Question_lover 组的用户能力越强，越喜欢提问与回答，且他们愿意通过撰写文章分享知识让他人受益。可能的解释是，这部分用户在某个领域的知识量丰富，他们回答问题的能力很强，回答数量多，撰写文章的数量多，对于知识分享的意愿很强；此外，他们的求知欲也很强，在钻研的过程中，他们关注一些特定用户，随着他们对该领域研究得越深入，他们的问题也就越多，就越爱提问。

②Majority 组的用户，在行为表现上具有很强的享受帮助、兴趣动机和社交动机。首先，由于回答质量、获赞数、获感谢数、粉丝数显著影响该组用户的回答行为，所以可以推测，该组用户比较乐于享受回答别人问题后，通过获得感谢、被粉丝关注所带来的成就感和愉悦感，其享受帮助动机明显。此外，表征用户兴趣的收藏数、关注主题、栏目数对其提问数有显著影响，以及表征社交的关注用户数、粉丝数对其提问数与回答数都有显著影响，因此可以推测，该类用户在知乎上的问答行为中兴趣动机与社交动机明显。其次，表征用户能力的公共编辑数、文章数对该类用户的提问数量影响显著，结合该组用户提问数和回答数远低于其他两组用户的特点，可能的解释是，该组用户在知乎上提问起初是为了实现自己的信息需要，当自己的提问得到解答后，通过公共编辑和撰写文章，以增加个人在专业领域的能见度来维持并扩大社交圈子，同时提升个人等级。最后，我们发现，该组男性用户比女性用户在提问与回答上显著活跃，这可能与男性兴趣爱好广泛有关。男性用户收藏和关注的话题、栏目的范围越大，了解的信息、知识越多，解答问题的能力越强，就越爱回答，他们在深入探究的过程中，对未知事物的探究欲望越强，就越爱提问。具有博士、硕士学历用户不喜欢提问，可能的

原因在于，高学历用户习惯于通过自我学习来寻求问题的解答，因为研究的严谨性要求，他们更倾向于在专业且权威的信息源处获得知识，因此，在知乎上的提问数量反倒很少。

③Answer_lover 组用户表现比较符合社交型用户特点。表征社交圈的关注用户数与粉丝数会对他们的提问数造成显著影响；并且其回答数又受到获赞数和回答质量的影响。可能的解释是，该组用户热衷于社交，在回答问题时态度认真负责，期望通过一些高质量回答获得赞赏，提升自己的能见度；在提问时，非常关注自己在网络社交圈的形象，也乐于通过高质量的提问来炫耀自己，引发更多关注与互动。

上述研究结论进一步验证了包咏菲（2015）① 对知乎用户知识共享行为研究的部分结论，证明虚拟社区用户的使用动机和使用行为并非简单对应，往往会有多种动机同时影响行为的发生。

当然，本书也存在以下不足：

首先，由于在数据采集时，我们没有采集到用户的注册时间，因此无法推算用户使用社交问答平台的年限，所以，当我们发现三组用户在问答动机及行为表现上的差异时，无法很好地判断三组用户之间是否具有随着使用时间的推移而表现出来的动态演变性。这也是我们需要在后续研究中，通过填补数据采集空缺而不断完善的。

其次，按照本书的数据采集规则，我们只采集了精华区下设的部分话题中的用户数据，由于男女本身在兴趣范围上存在差异，因此，在最终得到的大数据样本中，男、女样本存在着性别及兴趣范围上的不均衡，可能会对本书的研究结论造成一定的影响。虽然我们只是在 Majority 组发现了男性用户比女性用户显著活跃的现象，在其他两组并未发现明显的性别差异，但为了保证研究的严谨性，这也是我们需要在后续研究中反复求证的问题。

---

① 包咏菲. 虚拟社区成员知识共享行为研究——以知乎社区为例 [D]. 南京：南京大学，2015.

4.2 用户知识贡献行为形成机理

本节综合用户及其 SNS 的特点，结合行为学中的理论成果（个体行为产生机理），从行为贡献与意向行为、内在动机与需求、外在刺激角度出发，分析用户知识贡献行为在社交问答平台的形成机理。

4.2.1 个体行为形成机理

人的行为及其产生的原因是行为科学的研究对象。具体来说，它主要是从人的目的、欲望、需要、动机等心理因素角度来研究人的行为规律，特别是探究个人与集体之间、人与人之间的关系，并借助于对这种规律的认识来控制与预测人的行为，以实现达到目的和提高效率的目标。[①] 行为科学研究的主要内容之一是个体行为，也是其核心，通过对其进行仔细观察来开展研究。主要站在个体层次的角度来分析人的行为的心理影响因素，主要包含人的动机、能力、情感、态度、个性、价值观、思维方法、归因过程等方面，这和人们在现实活动中的行为和需求等有着十分密切的联系。主要有以下三种理论涉及个体行为形成的影响因素：

①外因决定论。代表外因决定论的理论包括 Skinner B F 的"刺激-反应"论（R＝f（S））、Watson J B 的"刺激-反应"论（S-R）等，其相同特点是均认为随着外部环境的变化，个体为了适应环境的改变也会相应改变自己的行为。

②内因决定论。代表内因决定论的理论包含 Cattle R B 的心理特质论、Singmund Freud 的心理动力学等，其共同特点是都指出个体的行为主要是由个体的心理因素，如态度、动机、认知等决定的，也就是由个人的内在因素

---

① 刘继云，孙绍荣. 行为科学理论研究综述［J］. 金融教学与研究，2005（5）：36-37.

决定的。

③内、外因综合论。代表内、外因综合论的理论有 Albert Bandura 的三方互惠理论、Kurt Lewin 的心理力场论（B＝f（P，E））等，其相同特点是均指出个体的行为选择由个体心理因素与外部环境等共同决定。

内、外因综合论修正了外因决定论否定个体主观能动性的缺陷，弥补了内因决定论忽视环境对个体行为的影响，而只关注个体内在心理因素的缺陷。行为科学中个体行为理论指出，人在长期的社会实践中发展与形成了个体的心理与思想，并支配着人的行为。在受到一定刺激的基础上，个体形成了个体心理动机，从而产生各类行为。个体行为是在外界的刺激基础上，加上某种内在需求未能得到满足时，此时个体产生了有关动机，从而再由个体动机促使个体为满足其所追求的需求、达成某一目标，而产生的行为过程。因此，个体的需求是个体行为形成的根本原因，而个体行为产生的直接原因是个体动机；而且外界刺激与环境对个体行为产生过程中的反馈、心理、行为的每个阶段都产生影响。人的行为产生机理如图 4.4 所示。①

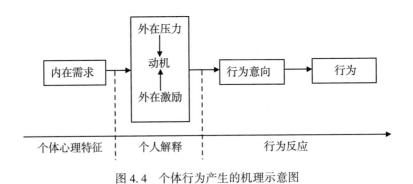

图 4.4 个体行为产生的机理示意图

与此同时，行为科学相关研究指出群体行为影响着个体行为，因为在各种社会生活中，个体会通过多种多样的形式互相交流与联系，从而影响群体

① 吴帆. 集体理性下的个体社会行为［M］. 北京：经济科学出版社，2007：86-87.

成员。主要表现在以下四个方面：①公众。在群体压力之下，个体转变原来的态度，并放弃本身的意见和看法，从而采用和群体内大多数人相同的观点。②标准化倾向。个体在单独的场合下，对事物的判断与直觉或其工作的成绩和态度存在较大的个人差别，但是个体在集中于同一群体后，差别会趋向相同标准并逐渐缩小。① ③助长和致弱作用。助长作用是指若人以群体的形式一起工作与活动，可以提高和促进个体活动的效率。相反，致弱作用就会体现。④顾虑倾向。顾虑倾向表现为在群体面前个人因感到不自在，从而表现出与普通情况下迥异的行为。

4.2.2 用户知识贡献行为形成

本节以个体行为产生机理为基础，并结合社交问答平台用户的知识贡献行为的具体情况，对社交问答平台用户知识贡献行为形成机理加以分析。

（1）内在动机与需求

因为学习、生活与工作的需求，用户自身需要由其他成员在社交问答平台贡献的信息和知识，因此在访问社交问答平台和查询知识、信息的过程中，不知不觉地接受别人的帮助，例如查询到能解决自己工作中难题的信息等，基于回报并出于互惠，此用户会主动积极地回答、分享或提问对自己有帮助的信息，在无形之中产生了自身知识贡献的动机。给用户带来趣味与快乐是社交问答平台的作用之一，许多用户在社交问答平台交流、分享知识和信息，是为了与他人进行交流沟通，从而获得乐趣并放松身心。对于自身在社交问答平台贡献知识的能力判断，用户相信自身知识可以帮助其他用户解决生活、工作有关的问题或者提高其生活和工作质量，用户会积极参与到知识贡献活动中去。与此同时，在社交问答平台进行知识互动交流的过程中，用户会不断获取自身所需知识，从而提升自我效能自身知识，这样也能持续地为后续知识贡献创造信息、知识条件。除此之外，用户对于社交问答平台

---

① 冯林安 . 个体行为对决策的影响［J］. 统计与决策，2006（14）：67-68.

价值、信息质量与组织机制等产生信赖。越认可其信息价值与质量，用户会越认可网络社区内部成员的能力，用户基于信任从平台获取知识和信息的可能性就越大，而其本身参与知识贡献的可能性也越大，并且积极参与互动交流。

从中可以看出，用户的社交、乐趣与信息知识等方面的需求，借助于整合娱乐、信息推荐、社交、自媒体等方面功能于一体的社交问答平台被满足，从而产生了进行社交问答平台知识贡献的动机。

（2）外在刺激

外在刺激涉及外界的压力与激励。用户在社交问答平台中知识贡献的外在激励通常包含：在贡献过程中取得地位与名声，在社交问答平台中可能含有各类奖励，例如积分和加分、提供更高职位与提升等级等。社区职务更高显示着优越感。社交问答平台越满足用户的某些需要，用户就越为社区做出贡献并参加到社区中来；与此同时，在社交问答平台中的信息交流互动等因素能够满足用户社交动机，并帮助其与在不同地点的朋友进行交流沟通。在社交问答平台中，如果某成员在社交圈中邀请其他成员进行有关信息和知识的互动与交流，通常人们都希望同他人保持或建立某种满意的自定义关系，从而接受邀约，进而加强个体的知识和信息共享。除此以外，用户在社交问答平台中时常表达知识、观点和感受等，在社区成员中的地位会显著提升，主要体现在有影响力、被高度关注和更受尊敬等。并且往往用户在有影响力、被关注度高时，更加积极地与其他用户增强互动和交流。

用户在社交问答平台中知识贡献的动机外在压力包括：在社交问答平台上所处的社区地位、建立的关系网以及花费的精力和时间等。用户会因为这些无形压力，从而增大知识贡献的强度。好比用户在同一社交圈的社会影响一定会关联到其他相关用户对于该网站的使用情况与接受程度，如果用户在社交问答平台中，认为有密切关系的同学、好友希望其使用社交问答平台分享信息、互动交流，那么在使用社交问答平台过程中用户进行知识贡献的动力会增加。

（3）知识贡献行为与行为意向

在社交、乐趣和信息知识等动机和需求的推进下，加上朋友同学、社区奖励或者对关系和地位的追求等相关的外部因素的影响，用户会产生知识贡献意向。Davis 等指出实际使用和行为意向具有显著的相关关系，行为意向也是影响用户行为的最主要的决定因素。周涛、鲁耀斌等进行的大量研究都显示，动机是影响行为的极其重要的一个因素。虽然还会有其他因素影响实际行为，但大量研究均指出行为的一个关键解释变量是动机。用户动力在知识贡献这一行为中，影响着用户贡献行为，个人的行为动力影响着用户表现出的特定的知识贡献行为。

在社交问答平台中，通过各类途径（如微博、问答平台、个人博客等）表述或展现各种知识（如经验、专业知识、观点等隐性知识与显性知识），用户达到知识的互动交流。提取的知识经过用户的消化吸收，完成知识的转化以及知识的再创造，从而最终实现网络社区中知识财富的积累。贡献动力表达的是个体在分享知识中的内在驱动力。

4.3 社交问答用户知识贡献过程

在社交问答平台知识贡献过程中，用户行为包含在网站社区、知识接受者、知识共享者等有关事物中，是批量化的行为过程。通过分析研究，王方华、徐小龙总结得到用户知识共享行为在网络社区中的转化过程,[1] 如图4.5 所示。

通过总结归纳，王方华、徐小龙指出网络社区知识共享行为主要发生在

---

① 徐小龙，王方华. 虚拟社区的知识共享机制研究 ［J］. 自然辩证法研究，2007，23（8）：83-86.

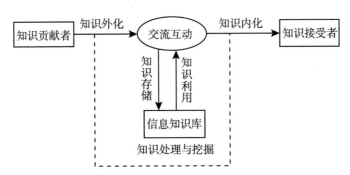

图 4.5　王方华、徐小龙的用户知识共享行为阶段转化图

社区成员内部，主要体现在知识内化和知识外化两个过程。知识外化就是指隐性知识的显性化，具体来说，指将知识贡献者拥有的信息和知识，以文字、图形、语言等符号形式体现出来，并传递到知识接受者；或者是直接将他人没有的而个人所拥有的显性知识传送给接受者。知识内化是指知识接受者接收显性知识，并进行吸收、消化，从而使接收到的知识转变成为本身知识系统中的一部分，并为今后所用。在社区成员的交流、互动过程中，网络社区主要充当交流媒介。

此项目结合社交问答平台的具体情况，在王方华、徐小龙的相关研究基础上，得出了用户在社交问答平台中的知识贡献行为过程图，如图 4.6 所示。

在搜索引擎的搜索界面内，某网络用户输入某个主题或者网页名称，进入到搜索结果所涉及的网页，进而达成浏览社交问答平台的目的。除此之外，用户中黏性较高的，会将平台快捷访问链接存放在桌面上，从而快速地访问登录相关的社交问答平台。

①如果在社交问答平台中该用户充当的角色是知识贡献者，通过在社交问答平台中的最新博文、日志以及状态等模块发布知识和信息，自主地进行知识贡献（过程 A）。

②在登录社交问答平台后，用户很可能会在相应的模块看到其他用户的

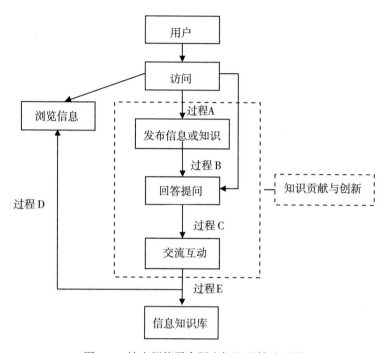

图 4.6 社交问答平台用户知识贡献过程图

留言、最新状态等形式的提问等，通过回答其他用户提问这一方式贡献拥有
的知识和信息（过程 B）。这个过程很可能会包含知识的创新和再创造的过
程，因为在回答相关用户提问时，知识贡献者需要外化和利用自身知识系统
内的知识，也就是利用自身掌握的知识，来解决具体的实际问题，并且通过
图片、文字将方案或者答案显性化体现出来。

③与此同时，因为社交问答平台具有实时交互性这一特点，同时在线的
客户能够实时交流、沟通，使综合平台能满足社交问答平台用户的知识信息
交流需求。因此，通过即时消息等方式用户能取得互动交流，知识拥有者将
掌握的信息或知识传达给知识接受者，抑或及时直接地提供解决方案、回答
提问，以贡献知识于社交问答平台中的用户（过程 C）。

同时，在这之前充当知识贡献者的用户，也可以通过访问社交问答平台

中的知识社区、公共主页、其他用户发布的信息等，接收并且学习到新的知识或者信息，进而提升自身的知识存储量，为后面进一步的知识贡献完成知识补给，也能够满足自身今后所需知识（过程 D）。基于互惠等因素，这一过程能为后续的知识贡献提供知识的基础，也可提升知识贡献者贡献的动力，是影响平台信息知识互动交流的关键因素。

通常情况下，尤其是创建之初的社交问答平台，主要是提供一个交流的平台给用户，自身往往只是提供较少的知识、信息。与此同时，对于用户的各类知识需求，其所能展现的知识是相当有限的。并且，通常用户之间在社交问答平台的互动交流，所包含的许多知识都处于无序和分散的状态。通过建立信息知识库，社交问答平台将处于无序、分散状态的知识、信息集中起来，提供给用户多次重复使用与查询的机会，从而完成信息知识的高效利用（过程 E）。并且十分关键的一点是，降低重复提供相似知识的可能性，可减少知识贡献者展现知识的机会成本，也能够让知识贡献者拥有更多的精力、时间去贡献更深层次、更多的知识。

4.4　社交问答用户知识贡献机理模型

由上可知，在社交问答平台中，用户的知识贡献行为过程表现出交互性、多样性和动态性等特点。借鉴影响知识贡献因素等方面已有成果，同时结合知识贡献的具体过程，本书从社交问答平台运行机制、知识贡献行为所含有的主体等角度，分析归纳出社交问答平台知识贡献行为机理模型，如图4.7 所示。

从个人角度来分析，知识贡献用户的个人动机、需求是十分关键的部分。用户贡献知识的动机之一包括乐于助人的优良传统美德、能感受到帮助他人的快乐；与此同时，由于学习、工作和生活的需要，用户有从社交问答平台获取由其他成员贡献的信息和知识的需要，在浏览知识、信息和访问社

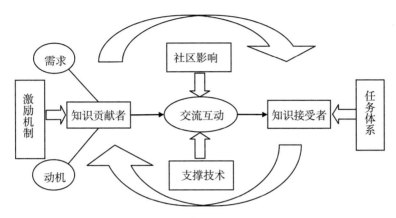

图 4.7　社交问答平台用户知识贡献机理模型

交问答平台的过程中，用户在不知不觉地接受他人的帮助，如查询到对解决自身工作难题有帮助的信息等。出于回报同时基于互惠，该用户会分享自身有价值的信息或者主动积极地回答相关提问，这还能满足在网络社区中用户的地位动机，让其拥有较高的声誉、职位等。除此之外，用户的关系动机能够因为社交问答平台的信息交流互动等因素，实现在不同地理位置的朋友与用户进行交流、沟通并得到满足。如果没有这些动机、需求，用户参与的积极性会不高，抑或无需参与平台的知识贡献。可见，用户的社交、乐趣与信息知识等动机、需求，形成了社交问答平台用户知识贡献机理。

从网站社区来看，社交问答平台的社区用户之间的相互影响、服务体系以及知识贡献机制都是十分关键的部分。

①在知识贡献中社区对于用户的影响越来越大。社交问答平台的用户是由各种关系联系的用户个体所构建的有机体，他们的知识贡献行为不仅会因为自身动力等因素受到影响，并且受到社区以及相关社区成员的影响。如担心犯错误、团体内和团体间的定位、权力距离以及对于谦虚行为的理解差异等组织文化特征，会对组织成员知识贡献形式产生影响。

②社交问答平台不仅为知识贡献者提供了服务，如智能化和多样化的知

识贡献途径，也为知识接受者提供着服务。社交问答平台所建立的管理制度和服务流程、所设置的服务功能，都会对用户黏性、用户体验产生影响。因此，影响知识贡献的重要因素之一便是社交问答平台的服务体系。

③知识贡献机制包括网站的技术支撑与社交问答平台的奖励机制。切实有效的奖励机制能够在很大程度上激励用户不断提供知识，提高用户间的交流互动程度，激发用户参与激情。所运用到的激励手段常常包含等级提升、拥有更高职位、加分、积分等，有的平台甚至会提供物质、资金激励。网络社区正常发展和运营的关键是支撑技术，其也是实现社区各种功能的核心。用户进行贡献知识的最大阻碍之一，便是缺乏良好的技术来支撑用户的各种行为、活动。切实可靠的信息技术不仅能对社区用户沟通交流中的知识进行挖掘、处理，转化为平台的知识财富，并且有助于以后为其他社区用户学习与使用，主要包括多样化的在线交流和知识组织工具、人工智能系统、信息知识仓库和知识地图等，① 同时也能提供沟通便捷的技术功能模块。除此以外，用户对于网站的信任程度也会受到网站支撑技术可靠性的影响。

---

① 徐小龙，王方华. 虚拟社区的知识共享机制研究 [J]. 自然辩证法研究，2007，23（8）：83-86.

5 基于社交问答平台的用户知识贡献行为影响因素

通过对国内外相关文献的梳理和总结，本章提出影响社交问答平台中用户知识贡献的直接和间接因素。同时，建立相关假设和理论模型，通过问卷调查和数据分析对假设进行验证。

5.1 社交问答平台用户知识贡献行为影响机制

当前，有些学者①将影响虚拟社区中知识共享行为的因素分为环境因素和个人因素。环境因素包括物理环境和社会环境，个人因素包括动机、个人特征和人口统计学特征。有些学者②将影响虚拟社区的因素归纳为社区是否在技术上让用户感受到信赖感的技术因素，用户是否有足够驱动力的动机因素，社区内容是否丰富的任务因素，文化政策是否具有鼓励性的环境因素。有些学者③将影响因素分为平台技术相关的技术因素，心理、能力和关系

---

① 赵玲. 虚拟社区中的知识共享行为研究［D］. 武汉：华中科技大学，2007.

② 范晓屏. 非交易类虚拟社区成员参与动机：实证研究与管理启示［J］. 管理工程学报，2009，23（1）：1-6.

③ 金辉. 内外生激励、知识属性与组织内知识共享治理研究［D］. 南京：南京大学，2013：17.

相关的主体因素，知识属性相关的客体因素，组织激励、制度和结构等相关的组织因素，集体主义、面子文化等民族文化相关的文化因素。影响用户知识贡献行为的因素众多，但行为均是由主体所完成的，用户作为知识贡献的主体，是知识贡献中最主要的影响因素，而动机是人类行为的直接原因，其他因素大部分通过激发用户知识贡献动机来影响知识贡献行为。

根据马斯洛需求层次理论，人的需要包括五个层次，它们由低到高进行排列，最底层是指个人生存基本需要的生理需要，第二层是指心理和物质上安全保障的安全需要，第三层是指人际互动的社交需要，第四层是包括他人尊重和内在自尊心的尊重需要，最高一层是实现自我价值的自我实现需要。人的需求一般按照由低层次到高层次的顺序发展，在不同情境下激励和引导个体行为。社交问答平台作为虚拟社区虽然和现实世界存在差别，但需求层次理论依然可以应用。当人的需求不断加强，在一定外界条件的刺激下便可能形成为满足这种需求的动机。人的行为大部分是有动机的，只有极少数行为是在无动机情况下发生的。动机是推动人类行动的根本原因。

个体内在心理以及需求对行为的作用不可忽视，但不代表外部环境对个体行为不存在影响，个人行为是在外在刺激和内在需要的共同作用下形成的。在社交问答平台中，在平台激励措施以及平台氛围等外界因素的影响下，用户内在需求所产生的动机被激发出来，这些个体动机驱使个体为了满足某些需求，从而进行知识贡献行为。在完成知识贡献行为后，需求可能会暂时得到满足，也有可能需求未能完全满足或是被激发新的动机，用户便会不断调整，最后形成一个较为固定的知识贡献行为模式，如图5.1所示。

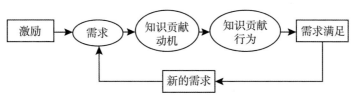

图 5.1　知识贡献行为产生机理

5.2　社交问答平台用户知识贡献行为的动机

通过对社交问答平台用户知识贡献行为影响因素机制的分析，认为个体动机是知识贡献行为重要的影响因素。关于人们为何会在问答平台上贡献知识引起了不少网民的关注，作为第一代问答平台和第二代问答平台的代表，百度知道和知乎中均有人对此提出疑问。比如百度知道有人提问"百度知道为什么这么多人愿意帮人回答"，知乎中关于"你为什么在知乎上回答问题"的问题也引起了不少网友的参与。本节采集百度知道中相关问题的 20 个回答以及知乎中相关问题排名前 20 的回答，通过对其中的文字进行提取分析，得出人们在网上回答问题的普遍动机。

通过对第一代问答平台代表百度知道参与者行为调查与分析，本书对用户贡献知识的动机进行了提取。如表 5.1 所示，百度知道用户的动机主要包含自我提升、物质奖励、互惠期望、利他愉悦、声誉提升和社会交往。

表 5.1　　　　　　　百度知道知识贡献行为影响因素提取

贡献知识原因	指标提取
回答问题本来就是思维的一种锻炼，也是生活机遇的体现 回答问题确实能增加自己的知识储备，有些问题本来自己也不会，因为想帮助别人，所以自己考试学习，开始网上查资料，所以无形之中也能学点东西	自我提升

续表

贡献知识原因	指标提取
百度的确能够给你一些好处：得积分、获人气 我想要经验值和财富值，商城的东西要 3 级才可换，我想要快点升到这个等级。得积分可以换话费或者礼品，可以在商城里找到	物质奖励
互相帮助 推己及人，希望自己问的问题回答的人多	互惠期望
没什么回报，纯粹助人为乐，偶尔获得采纳可获得 20 财富值，仅此而已 因为人心中有善念，总愿意帮助那些需要帮助的人 助人为乐一直是中华民族的传统美德，送人玫瑰手留余香 因为帮助别人是自己最大的快乐	利他愉悦
财富值很多就会受到网友关注	声誉提升
我觉得是一个用于人与人交流问题的平台	社会交往

通过对第二代问答平台代表知乎参与者行为调查与分析，本书对用户贡献知识的动机进行了提取。如表 5.2 所示，第二代问答平台用户的动机包含自我提升、声誉提升、物质奖励、互惠期望、社会交往和利他愉悦。

表 5.2　　　　　　　　知乎知识贡献行为影响因素提取

贡献知识原因	指标提取
因为教授给他人的学习内容存留度是学习方式里最高的。在知乎上回答问题有助于我理清对某些问题的看法 即使我认为我的回答已经逻辑严密、表述清晰、有理有据，但是不代表我就一定是正确的。大家可以通过评论表述自己的意见，指出我的不足 学习更优秀人的思考逻辑，并通过输出的方式内化为自己思维体系的一部分 有些答案是写给自己看的，让自己能把"这个自己也有疑惑的问题"理清楚	自我提升

续表

贡献知识原因	指标提取
因为在知乎被陌生人点赞可以一次满足三个最高级人类需求：自我实现、尊重、社交 知乎对我来说是一个很重要的平台。虽然我获得的赞同比起大 V 来说少很多，但是依然能够让我得到一些满足，这代表着一种认可	声誉提升
因为知乎账号是低成本创业 MVP（最小可行产品）的一种极好形式，也是公关运营的良好渠道	物质奖励
希望有一天我遇到困惑的时候，也会有个人，像我曾经安慰开解别人那样安慰开解我	互惠期望
我觉得知乎是比互联网上任何一个地方都更有可能找到知己的地方。我发出去的答案，是在呼唤着那些注定与我灵魂和思想会有各种交汇的人们的出现 找到和自己的思想和兴趣有共鸣的朋友	社会交往
我回答的不多，然后质量也不好，但是帮助到了一些人，这够了 期待答案对题主或同道中人有帮助	利他愉悦

调查发现，第一代问答平台和第二代问答平台用户贡献知识的原因较为相似，大多数用户表示回答问题的动机为物质奖励、声誉提升、互助期望、社会交往、自我提升、利他愉悦中的一个或多个。在百度知道中用户回答的动机比较分散，而知乎中用户较多表示是出于学习目的而进行知识贡献。

5.3 社交问答平台用户知识贡献行为影响因素分析模型构建

5.3.1 研究假设

根据百度知道与知乎的网上调研，确定大部分用户在这两类社交问答平台中贡献知识的动机包括物质奖励、声誉提升、互惠期望、利他愉悦、自我实现。根据动机相关理论，知识自我效能也是动机之一，本书认为在网络调研中没有体现知识自我效能的原因是知识自我效能容易被人忽视且较难直观表达，于是本书将知识自我效能和物质奖励、声誉提升、互惠期望、利他愉悦、社会交往、自我提升一同作为问答平台知识贡献动机，将这些动机划分为外在动机和内在动机，并对其与用户知识贡献行为的关系进行假设和验证。

（1）外在动机与知识贡献行为关系

外在动机来源于环境和任务特点的吸引，参与者不是出于对活动本身的兴趣而选择参与，行动的原因来自外界，比如外部的奖赏和惩罚。根据外在动机的定义，本书认为在问答平台贡献知识的外在动机包括物质奖励、声誉提升和互惠期望三个方面。

①物质奖励。根据动机理论，外部的刺激可以强化人们的参与行为，而外部刺激中比较明显的就是物质报酬。在第一代问答平台中，提问者在进行提问时，为获得他人更快更好的回答，会为问题设立一定的"悬赏"，比如百度知道中的财富币，被提问者选为最佳答案的回答者将会获得这些财富值，当积累到一定数目后，财富值可以在"知道商场"上进行物品兑换。在第二代问答平台中虽然没有这样的设置，但是网络调研发现有些用户通过在第二代问答平台上增加名气从而间接获取经济利益。之前已有很多研究探究过有形物质回报与知识贡献行为之间的关系。比如 Lee 等 ①在对讨论版进行网上访谈时发现，奖励是讨论版中的用户知识贡献的显著原因之一。金晓玲②研究也发现外部奖励能增进回答者对其之前的行为的满意度，从而促使用户持续地贡献知识。由此，本书认为物质奖励对用户知识贡献行为有正向

① Lee Cheung, Lim K H. Understanding customer knowledge sharing in web-based discussion boards: an exploratory study [J]. Internet Research, 2006, 16 (3): 289-303.

② 金晓玲. 探讨网上问答社区的可持续发展："雅虎知识堂"案例分析 [D]. 合肥：中国科学技术大学, 2009.

作用，并提出如下假设：

H1a：在问答平台中，用户获得物质奖励越高，回答数量越多。

H1b：在问答平台中，用户获得物质奖励越高，回答质量越高。

②声誉提升。有学者认为用户可以通过在虚拟社区贡献知识来提高自身的声誉和社会地位。同样，在社交问答平台中，用户希望通过贡献知识获得认可和受到尊敬，在平台成员中的地位有所提升。在第一代问答平台中，用户通过不断地回答问题并被采纳为最佳答案来获得积分，不仅可以提升等级和头衔，以此表明自己知识渊博而且乐于助人，从而得到其他用户的尊重，而且拥有大量积分的用户会被平台列入贡献榜中，从而被更多人所知。在第二代问答平台中，贡献的知识更是个人形象的直接体现，用户通过优质的回答得到他人对平台中身份的尊重和认可，并且由于第二代问答平台采用准实名制的方式，这种网络声誉可以提升用户现实世界中的声誉，为了得到这种社会奖励，用户会贡献更多更优质的知识。由此，本书认为声誉提升对用户知识贡献行为有正向作用，并提出如下假设：

H2a：在问答平台中，用户声誉提升越快，回答数量越多。

H2b：在问答平台中，用户声誉提升越快，回答质量越高。

③互惠期望。问答平台是一个将世界上的人们联系起来互相帮助的平台。每个人都有无法依靠自己解决，需要他人帮助的时候。互惠期待表明用户认同在平台贡献知识是公平的，即在用户贡献自身知识的同时也可以获得其他成员贡献知识的帮助。百度知道通过悬赏分的流通来达成互惠，这里所提供的悬赏并不是现实意义中的货币，而是平台中的财富值。回答者可以通过贡献知识获取悬赏分，提问者可以通过提供悬赏来吸引更多更好的答案，用户为了在未来有困难时能够有足够的财富值来提供悬赏，就必须通过回答他人的问题来赚取。一些如知乎这类的社交问答网站，虽然没有完整的积分系统让人们通过积分的流通来达到互惠的目的，但其中存在着人际互惠，由于每个 ID 等同于个人身份，如果用户通过贡献自己的知识和智慧帮助他人解决问题，使他人受益，那么作为回报，其他人也会在他需要时给予帮助。由

此，本书认为互惠期望对用户知识贡献行为有正向作用，并提出如下假设：

H3a：在问答平台中，用户互惠期望越高，回答数量越多。

H3b：在问答平台中，用户互惠期望越高，回答质量越高。

（2）内在动机与知识贡献行为关系

内在动机是指人们从事某项活动主要受与个人相关的内在因素的影响。在社交问答平台中，用户贡献知识的内在动机为知识贡献这件事本身带来的乐趣。根据内在动机的定义，本书认为问答平台知识贡献的主要内在动机为利他愉悦、自我提升、社会交往和自我效能。

①利他愉悦。物质奖励、声誉和互惠都属于回答者所感知到的外在好处，但问答平台中有许多用户纯粹是出于想要帮助他人解决问题的目的而将自己的知识贡献出来。即使贡献知识只对他人有好处，而对自己没有任何明显益处，依然有部分用户会自觉自愿做这件事情，这是一种个人出于自愿而不计较外部利益去帮助他人的利他主义。个人的利他主义能给个体带来愉悦的情绪，对个体具有相对正面的精神反馈。在问答平台中，用户通过贡献知识帮助他人而获得快乐的感觉，可以得到贡献知识这个行为本身带来的精神奖励，用户在这种愉悦感的推动下在问答平台回答问题。Cheung 和 Lee[①] 对成员职业为教师的网上社区进行研究，证实在这个社区中帮助他人所带来的快乐是促使用户继续贡献知识的主要因素之一。由此，本书认为利他愉悦对用户知识贡献行为有正向作用，并提出如下假设：

H4a：在问答平台中，用户利他愉悦越高，回答数量越多。

H4b：在问答平台中，用户利他愉悦越高，回答质量越高。

②自我提升。自我提升动机也可以称为学习动机。自我决定理论的基本心理需要理论曾表示能力需要的满足是与生俱来的，所有个体都为了满足这

---

① Cheung, Matthew Lee. What drives members to continue sharing knowledge in a virtual professional community? The role of knowledge self-efficacy and satisfaction ［C］//Knowledge Science, Engineering and Management：Second International Conference KSEM 2007 Proceedings. Germany：Springer Berlin Heidelberg, 2007：472-484.

些需要而努力，并且倾向于满足这些需要的环境。人们与生俱来的对知识的渴求是人的一种内在的精神需要，是人的一种本能。① 在社交问答平台中，学习动机是指在贡献知识的过程中通过使用已有的知识探索未知领域，从而能够自我学习的信念。②

在问答平台中，除了提问者和浏览者可以通过查看他人的回答来获取知识外，知识贡献者在回答的过程中进行思考和查阅资料也是学习的一种。正如网络调研中网友所说，作为老师来教授别人是学习较快的一种途径。通过回答问题，用户可以发现以前没察觉但值得思考的问题，可以在回答过程中对自己未成体系的知识进行整理，发现自己所欠缺的知识并进行填补，还可以通过他人的反馈了解不同的观点，对自己的知识进行修正和扩充，知识贡献过程也是自我提升过程。由此，本书认为学习动机对用户知识贡献行为有正向作用，并提出如下假设：

H5a：在问答平台中，用户自我提升越多，回答数量越多。

H5b：在问答平台中，用户自我提升越多，回答质量越高。

③社会交往。人作为社会中的一员，需要友谊和群体的归属感，渴望与他人进行交流。在经典马斯洛五层需求中，在基本的生理和安全的需求之上，紧接着就是社交需求。Yang 等③研究认为发帖和评论有助于创建和维持虚拟社区用户间的交互关系，而这种交互关系又有助于激励用户的在线知识共享行为，社会交往与在线知识共享之间具有正向关系。这在问答平台中也同样成立，第二代问答平台将问答服务与社交网络融合起来，用户可以通过输出知识、展现自我来结交志同道合的朋友，通过关注、评论或私信等方式

---

① Maslow A H, Frager R, Cox R. Motivation and personality [M]. New York: Harper & Row, 1970.

② Yu J, Jiang Z J, Chan H C. The influence of social technological mechanisms on individual motivation toward knowledge contribution in problem-solving virtual communities [C] // IEEE Transactions on Professional Communication. 2011, 54 (2): 152-167.

③ Yang J, Mai E. Experiential goods with network externalities effects: an empirical study of online rating system [J]. Journal of Business Research, 2010, 63 (9-10): 1050-1057.

进行交流并建立长期联系，有少量关系甚至会从线上延伸到线下。第一代问答平台中提供的社交渠道较少，但用户依然可以在问和答之间与其他用户进行交际往来。当用户感受到贡献知识能促进与其他用户的相互往来和交流，从而与他人建立并保持关系时，用户将更有可能去贡献优质知识。

由此，本书认为社会交往对用户知识贡献行为有正向作用，并提出如下假设：

H6a：在问答平台中，用户社会交往越密切，回答数量越多。

H6b：在问答平台中，用户社会交往越密切，回答质量越高。

④自我效能。在知识贡献中的知识自我效能是指用户对自身是否能够完成知识贡献行为的信念，即用户利用他们的知识所能创造的价值的个人感受。用户在采取行动之前通常会对产生的结果进行预期，从而判断在既定的环境下是否可以执行该行为。自我决定理论认为人们都存在着能力需求，人们完成一个行为的动机可能不是来自于目标本身，而是来自于对是否能够很好完成这件事的自我评估。因为人们更加喜欢和享受完成他们认为能够很好完成的行为，高自我效能个体往往对自己所提供知识的价值充满信心，并且更倾向于参与知识贡献。而当用户认为自身所具备的知识不足以完成任务时，会由于害怕遭受批评或是对其他人造成误导而选择回避知识贡献。由此，本书认为自我效能对用户知识贡献行为有正向作用，并提出如下假设：

H7a：在问答平台中，用户自我效能越高，回答数量越多。

H7b：在问答平台中，用户自我效能越高，回答质量越高。

5.3.2 研究模型与变量定义

（1）研究模型

根据影响因素相关理论，用户进行某项行为背后有着对行为本身的享受和对结果的期待。本章结合相关理论和网络调研的影响因素指标提取做出研究假设，设计出社交问答平台知识贡献行为影响因素研究模型，如图5.2所示。

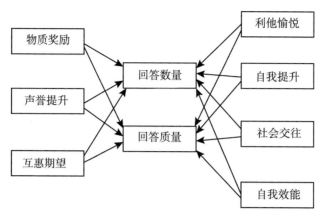

图 5.2　研究模型

（2）变量定义

为了保证调查研究的有效性，本节在参考大量文献资料的基础上，对研究模型中涉及的各个变量予以说明，如表 5.3 所示。在之前的相关研究中，大部分将积分和等级的获取作为物质奖励或有形回报指标进行调查，本书认为积分和等级作为平台采取的激励手段，除了给用户带来少量经济回报外，更多的是对用户贡献知识的一种反馈，增加用户对自我价值的感知。用户除了通过积分和等级获利外，还能通过在平台贡献知识建立良好的个人形象，凭借良好个人形象来获取正当利益。因而本书将物质奖励定义为经过知识贡献所获取的实际物质回报，与积分区分开来。

表 5.3　　　　　　　　　　　**变 量 定 义**

变量	含　义
物质奖励	在社交问答平台中知识贡献这个行为给予个体的一系列物质回报
声誉提升	通过在社交问答平台贡献知识，知名度、受他人尊重程度和在平台成员中影响力的提升
互惠期望	用户在社交问答平台贡献知识后，对于以后他人也能满足自己知识需求的期待

续表

变量	含　义
社会交往	用户通过在社交问答平台贡献知识，与他人建立联系
利他愉悦	在社交问答平台中，个体通过知识贡献帮助他人后感受到的愉悦心情
自我提升	在社交问答平台中，个体通过知识贡献进行自我学习，从而产生能力提高的感知
自我效能	在社交问答平台中，个体对自身知识贡献能力的判断
回答数量	用户在社交问答平台贡献知识的频率
回答质量	用户在社交问答平台贡献的知识的相关性、可靠性和有用性

5.3.3　问卷设计与数据收集

(1) 问卷设计

作为获得研究数据最常用的方法之一，本次研究拟选用调查问卷的方式收集数据。问卷分为四个部分。

第一部分为问卷的指导语，对研究背景和研究目的进行说明，并明确社交问答平台的概念。除此之外，由于个体会受到社会主流规范的影响，为了能够符合社会所提倡的态度，其会在问卷作答中出现"亲社会"行为，造成作答过程中出现社会称许性偏差。为了避免这种情况，指导语会说明本次调查的问卷仅用于纯学术研究，绝不外传，并且问卷填写具有匿名性，被调查者可以不用有所顾虑地按实际情况作答。

第二部分为调查对象的基本统计特征描述，此部分共有 3 个问项，包括性别、年龄、受教育程度。

第三部分为调查研究对象在社交问答平台的使用情况。本书的研究对象是社交问答平台的知识贡献行为，而问答平台分为第一代问答平台和第二代问答平台两种，其中百度知道属于国内规模最大、知名度最广的第一代问答平台，知乎属于国内发展最好的第二代问答平台，本书选取百度知道和知乎分别作为这两种问答平台的代表进行调查研究，研究对象为在这两个平台中贡献过知识的用户。这一部分首先通过询问调查对象是否在社交问答平台回答过问题来筛选出曾有过知识贡献行为的研究对象，接着通过对常用社交问答平台的选择将其进行归类，最后对其在常用社交问答平台的使用时间和发现想要回答的问题的途径进行调查。

第四部分是调查研究对象对观测变量测量问题的感知判断。量表质量的高低将直接影响本研究的有效性，因此本研究在大量阅读外文文献的基础上，参考国内外相关成熟量表，结合社交问答平台本身的特点和实际情况，不断讨论和修改后确定本研究量表的题项。为了增加变量之间的连续性，一般研究采用李克特量表5点计分设计问卷，本研究也采用这种方法对变量进行测量，数值越大代表用户越同意测量问题的表述。在翻译和进行修改以贴合本书研究实际情况的过程中，为了避免由于表述不清出现多重含义或歧义的情况，以及避免题项中出现带有明显主观态度的具有引导性的语句，本次研究邀请学生对量表进行检查以及修改，以确保量表题项符合被调查者的知识背景和答题习惯，能得到真实准确的回答。最终量表如表5.4所示。

表5.4　　　　　　　　　　　　　**变量的测量问项**

指标	题项	内　　容
物质奖励	ER1	通过在该问答平台回答问题，我可以得到一定的物质报酬
	ER2	通过在该问答平台回答问题，可以将知识变现，获得经济利益
互惠期望	REC1	我认为当我需要帮助时，该问答平台的其他成员会帮助我
	REC2	问答平台中的其他成员帮助了我，所以我也应该帮助他们
	REC3	如果我在该问答平台回答问题，将来我的询问也会得到回答
声誉提升	REP1	回答问题提升了我在该问答平台的名声
	REP2	在该问答平台回答问题提高了其他成员对我的认同
	REP3	在该问答平台中回答问题的成员比不回答问题的成员有更高的声望

续表

指标	题项	内　　容
利他愉悦	EHO1	我的回答帮助他人解决了问题，对此我感到很高兴
	EHO2	在该问答平台上回答帮助其他用户的过程我很享受
	EHO3	我希望通过在该问答平台回答问题将知识分享给他人
自我提升	LEA1	在该问答平台上回答问题有助于我对自己的知识进行整理
	LEA2	在该问答平台上回答问题有助于锻炼自己的表达
	LEA3	在该问答平台上回答问题有助于自己的学习与成长
自我效能	KSE1	我自信能够回答该问答平台上其他用户提出的问题
	KSE2	我有自信能够提供有价值的知识
	KSE3	我拥有为该问答平台其他用户提供有价值回答所需的知识和技能
社会交往	SC1	在该问答平台分享知识可以帮助我认识新朋友
	SC2	通过分享知识，我可以和该问答平台其他用户讨论、交流
	SC3	通过分享知识，我可以在该问答平台找到志同道合的朋友
回答数量	QUAN1	我经常在该问答平台回答问题
	QUAN2	我在该问答平台表现很积极
	QUAN3	我常常通过分享知识帮助其他用户
回答质量	QUA1	我在该问答平台上分享的知识是可靠的
	QUA2	我在该问答平台上分享的知识是与问题相关的
	QUA3	我在该问答平台上分享的知识是有用的
	QUA4	总的来说，我认为我分享的知识是高质量的

（2）数据收集

在初始问卷形成后，为了保证问卷的有效性和一致性，在形成最终问卷前需要先进行小范围的预调研。预调研的主要目的是检验相应问卷的信度和效度，及时发现问题，并通过对不合格题项进行补充和删除的方式修正初始问卷，使其能保证正式调研的有效性和准确性。为了增加回收率和减少回收时间，本书预调研采用线下发放的形式，调研对象为武汉大学师生。在预调研中，我们共收集了 96 份问卷，根据答题时间和人工审核方式去除答题时间过短和全部选择同一选项的问卷，最后得到有效问卷 90 份，有效率约为 93.7%，经过检测，问卷的信度和效度较好，确定最终的正式调研问卷并分发。

本次研究主要调查第一代问答平台和第二代问答平台知识贡献行为的影响因素，因而选择两类平台中规模较大且较具有代表性的百度知道和知乎分别作为第一代问答平台和第二代问答平台的代表。调查对象为这两个平台中曾经回答过问题、贡献知识的用户。

本次问卷调查采用在线问卷方式，通过在专业在线问卷调查网站问卷星中设计问卷并向他人发送问卷链接的方式来获取调查数据。本次研究问卷链接通过三种渠道进行发放，一是给两个平台中最近有过回答行为的较活跃用户发送私信，二是在较大的论坛上发帖寻求志愿者参与调查，三是通过身边的亲朋好友进行转发和扩散。

剔除没有在两类问答平台贡献知识的用户，以及回答选择完全一致的用户，最后得到有效问卷 289 份，其中百度知道用户 155 份，知乎用户 134 份，回答问卷者的性别、年龄等人口统计学特征和基本使用情况如表 5.5 所示。从数据可以看出，被调查用户男女比例中男性稍微多一点，但相差不大。社交问答平台用户的主要群体是 30 岁以下的年轻人，相比于百度知道，知乎用户更加年轻化，学历层次更高一些。由于百度知道成立较早，大部分用户使用百度知道年数超过 3 年，而参与知乎的年限较短。社交问答平台中大部分人在浏览时无意间找到想要回答的问题，除此之外，百度知道用户偏向于回答系统推荐的问题，知乎则更偏向于主动去寻找自己感兴趣的话题。

表 5.5 被调查者基本信息

分 类		百度知道		知乎	
		数量	百分比(%)	数量	百分比(%)
性别	男性	88	56.77	70	52.24
	女性	67	43.23	64	47.76
年龄	18 岁及以下	12	7.74	1	0.75
	19~30 岁	89	57.42	108	80.60
	31~40 岁	26	16.77	19	14.18
	41~50 岁	13	8.39	4	2.99
	50 及以上	15	9.68	2	1.49
教育程度	大专及以下	49	31.61	2	1.49
	大学本科	83	53.55	66	49.25
	硕士研究生	18	11.61	54	40.30
	博士研究生及以上	5	3.23	12	8.96
使用时间	小于 1 年	23	14.84	40	29.85
	1~2 年	24	15.48	53	39.55
	2~3 年	17	10.97	28	20.90
	3 年以上	91	58.71	13	9.70
查找问题途径	系统推荐	69	44.52	8	5.97
	他人邀请	19	12.26	39	29.10
	主动搜索	42	27.10	93	69.40
	浏览时无意间发现	91	58.71	81	60.45

5.3.4 数据分析

本次研究对所收集数据进行数据分析。首先是通过信度和效度分析来确认问卷在度量各个变量时的一致性和稳定性。在问卷通过信度和效度检验后，通过最小偏二乘法对路径系数和复测定系数进行计算，分别得出第一代问答平台和第二代问答平台中各个自变量与因变量之间的相关程度。最后，通过独立样本 t 检验发现第一代问答平台和第二代问答平台在知识贡献行为以及需求满足感知方面是否存在显著差异。

（1）信度效度检验

在本次研究中，我们采用结构方程模型技术来对数据进行分析处理。结构方程模型的数学分析方法一般有两种：线性结构关系分析（LISREL）和偏最小二乘法（PLS）。其中 LISREL 以协方差结构为基础，PLS 以方差结构为基础。LISREL 方法对数据存在着分布假设，要求观测变量相互独立且符合多元正态分布，而 PLS 对数据分布没有要求。LISREL 方法需要较大的样本量，有研究者认为 LISREL 方法最小理想样本数为 200~800，而 PLS 在较小的样本量的条件下便可以得出比较理想的结果。① 考虑到本次观测变量不符合 LISREL 方法的数据分布要求，且样本量较小，决定采用 PLS 方法进行分析。PLS 分析分为两步：第一步为对测量模型进行信度分析和效度分析，第二步为评估结构模型。

（2）信度分析

信度即测量内容的可靠性，也指采用同种方法对同一对象重复测试时所得结果的稳定性和一致性程度。信度指标可以分为三类：稳定系数、等值系数和内部一致性。由于客观条件限制，目前大多通过验证内部一致性来判断问卷的信度。当使用 PLS 分析时，一般使用复合信度（CR）来反映指标内部的一致性，复合信度越高则代表内部一致性越好。一般认为当信度低于0.3 时表示问卷不可信，随着数值的增高，问卷可信度逐渐增高，当信度高于 0.7 时表示问卷很可信，而高于 0.9 时表示问卷十分可信。本次研究使用 SPSS 20.0 来对回收问卷进行信度分析，以 0.7 作为标准，若信度低于 0.7，

---

① 李晓鸿. LISREL 与 PLS 建模方法的分析与比较［J］. 科技管理研究，2012，32（20）：230-233.

则重新对问卷进行研究编制。初步分析结果如表 5.6 所示，所有建构的复合信度都高于 0.7，表明问卷中各个建构的内部一致性均较好。

表 5.6　　　　　　　　　描述性统计分析

建构	指标	指标负荷	t 值	平均值	标准差
物质奖励（ER） CR = 0.956 AVE = 0.737	ER1	0.852	23.089	2.38	1.008
	ER2	0.851	22.461	2.55	1.113
互惠期望（REC） CR = 0.883 AVE = 0.717	REC1	0.756	43.324	3.81	0.862
	REC2	0.848	46.275	3.92	0.829
	REC3	0.927	35.983	3.72	1.013
声誉提升（REP） CR = 0.911 AVE = 0.774	REP1	0.793	40.526	3.77	0.912
	REP2	0.882	37.048	3.67	0.970
	REP3	0.957	39.836	3.82	0.940
利他愉悦（EHO） CR = 0.884 AVE = 0.719	EHO1	0.842	41.134	3.73	0.888
	EHO2	0.778	40.890	3.67	0.879
	EHO3	0.918	43.660	3.78	0.849
自我提升（LEA） CR = 0.902 AVE = 0.756	LEA1	0.916	45.083	3.89	0.844
	LEA2	0.841	45.065	3.94	0.856
	LEA3	0.938	48.513	4.00	0.808
自我效能（KSE） CR = 0.896 AVE = 0.744	KSE1	0.842	35.273	3.18	0.883
	KSE2	0.972	42.211	3.48	0.808
	KSE3	0.761	38.856	3.35	0.846
社会交往（SC） CR = 0.872 AVE = 0.697	SC1	0.833	33.572	3.39	0.988
	SC2	0.941	37.657	3.56	0.927
	SC3	0.716	35.543	3.39	0.933

续表

建构	指标	指标负荷	t 值	平均值	标准差
回答数量（QUAN） CR = 0.923 AVE = 0.801	QUAN1	0.831	27.380	2.75	0.984
	QUAN2	0.943	25.936	2.66	1.003
	QUAN3	0.906	29.984	2.86	0.936
回答质量（QUA） CR = 0.884 AVE = 0.655	QUA1	0.825	52.377	3.74	0.700
	QUA2	0.755	53.210	3.83	0.706
	QUA3	0.843	52.112	3.76	0.707
	QUA4	0.812	45.689	3.44	0.737

（3）效度分析

效度即测量内容的有效性，也指测量工具或手段检测出所需测量的事务的准确程度。需要先明确测量的目的，检测测量内容是否与目的相符，从而判断测量结果是否能够准确反映所要测量事务的性质。效度分析方法有很多，其中有一些不能用量化的标准来衡量，在本次研究中通过对问卷的聚合效度和区别效度进行分析来衡量其有效性。

聚合效度测量的是同一建构中的多个指标彼此之间的聚合或关联。聚合效度一般以每个建构的平均方差抽取量（AVE）进行衡量。当某个建构的AVE 大于 0.5 时，代表该建构的每个指标平均都至少解释了其含义的 50%。如表 5.6 所示，所有建构的 AVE 均高于 0.5，说明问卷具有较强的聚合效度。

区别效度与聚合效度相反，是衡量不同建构之间的相互区分程度。在本次研究中，我们使用两种方式来衡量区别效度。一种方法是比较建构中指标的因子负荷和交叉负荷，具有良好区分效度的指标的因子负荷应大于交叉负荷。如表 5.7 所示为因子分析结果，可以看出各个指标均满足因子负荷大于交叉负荷这个条件，说明问卷具有较好的区分效度。

表5.7   **建构相关系数矩阵**

建构	指标	ER	REC	REP	EHO	LEA	KSE	SC	QUAN	QUA
物质奖励	ER1	.852	.435	.321	.52	.307	.237	.27	.191	.211
（ER）	ER2	.851	.493	.443	.551	.318	.278	.16	.159	.217
互惠期望	REC1	.302	.756	.616	.46	.417	.327	.499	.433	.445
（REC）	REC2	.209	.848	.579	.516	.44	.337	.532	.487	.463
	REC3	.384	.927	.34	.453	.61	.483	.393	.428	.431
声誉提升	REP1	.361	.457	.793	.47	.675	.488	.522	.523	.512
（REP）	REP2	.46	.48	.882	.517	.573	.279	.56	.57	.687
	REP3	.519	.498	.957	.668	.63	.842	.643	.59	.704
利他愉悦	EHO1	.565	.379	.459	.842	.544	.376	.63	.61	.664
（EHO）	EHO2	.456	.474	.665	.778	.683	.603	.644	.546	.592
	EHO3	.474	.546	.528	.918	.533	.647	.621	.618	.518
自我提升	LEA1	.498	.492	.61	.361	.916	.655	.627	.559	.527
（LEA）	LEA2	.283	.72	.588	.389	.841	.423	.531	.433	.539
	LEA3	.3	.606	.617	.418	.938	.378	.458	.524	.514
自我效能	KSE1	.452	.709	.54	.669	.527	.842	.582	.52	.558
（KSE）	KSE2	.293	.559	.358	.684	.553	.972	.382	.583	.482
	KSE3	.308	.638	.415	.733	.591	.761	.45	.667	.545
社会交往	SC1	.167	.638	.41	.699	.561	.468	.833	.639	.481
（SC）	SC2	.116	.549	.653	.715	.573	.445	.941	.701	.641
	SC3	.158	.556	.695	.743	.601	.478	.716	.753	.672
回答数量	QUAN1	.166	.628	.672	.708	.468	.356	.612	.831	.442
（QUAN）	QUAN2	.179	.548	.648	.603	.356	.42	.545	.943	.581
	QUAN3	.149	.527	.552	.521	.348	.59	.489	.906	.553

建构	指标	ER	REC	REP	EHO	LEA	KSE	SC	QUAN	QUA
回答质量（QUA）	QUA1	.183	.326	.644	.545	.391	.685	.391	.503	.825
	QUA2	.116	.539	.621	.464	.307	.54	.429	.544	.755
	QUA3	.158	.501	.655	.527	.44	.584	.484	.426	.843
	QUA4	.183	.302	.577	.477	.346	.459	.491	.505	.812

区别效度的另一种方法是将建构的 AVE 的平方根与该建构和其他建构的相关系数进行比较。如表 5.8 所示，矩阵中对角线上的元素为该建构的 AVE 的平方根，其他数据为建构之间的相关系数，可以明显看出，AVE 的平方根大于与其他建构的相关系数，说明问卷具有较好的区分效度。

表 5.8　　　　　　　　　　验证性因子分析结果

指标	ER	REC	REP	EHO	LEA	SC	LSE	QUAN	QUA
ER	**0.858**								
REC	0.158	**0.847**							
REP	0.343	0.442	**0.879**						
RHO	0.174	0.449	0.257	**0.848**					
LEA	0.232	0.492	0.482	0.531	**0.869**				
SC	0.141	0.393	0.356	0.589	0.651	**0.835**			
LSE	0.183	0.458	0.345	0.516	0.478	0.526	**0.863**		
QUAN	0.219	0.312	0.187	0.371	0.358	0.406	0.565	**0.895**	
QUA	0.252	0.434	0.382	0.462	0.441	0.437	0.565	0.441	**0.809**

（4）研究模型验证

在本次研究中使用软件 SmartPLS 进行分析，计算出了路径系数以及 R^2

值，并用 Bootstrapping 对路径的显著性水平进行了检测。其中路径系数代表了自变量与因变量之间关系的强弱程度，R^2 代表总体解释程度。显著的路径用星号表示，其中"*"代表在5%的显著水平上显著，"**"代表在1%的显著水平上显著，"***"代表在0.1%的显著水平上显著。如表5.9所示为百度知道和知乎两个平台用户数据应用于模型后分析得出的路径系数。一般来说，R^2 值越大，说明自变量对因变量的解释程度越大，模型拟合效果越好，当值大于0.66时则说明内部模型具有重要的拟合效果，当值小于0.66而大于0.35时则说明模型的拟合效果较好。在百度知道模型中，回答数量58.9%的方差和回答质量51.5%的方差得到了解释，在知乎模型中回答数量50.9%的方差和回答质量41.3%的方差得到了解释，说明对于这两类问答平台，模型拟合度均较好。

表5.9　　　　　　　　　　　**PLS 检验结果**

自变量	百度知道		知乎	
	回答数量	回答质量	回答数量	回答质量
物质奖励	0.227**	ns	ns	ns
声誉提升	ns	ns	0.161**	0.263***
互惠期望	0.148**	0.284***	ns	ns
利他愉悦	ns	0.368***	0.39***	ns
自我提升	ns	ns	0.234**	0.36***
社会交往	0.162**	0.206**	0.335***	0.195**
自我效能	0.512***	0.448***	0.179**	0.407***

（5）独立样本 t 检验

用户对百度知道和知乎知识贡献所感知的回报如表5.10所示，分数越小代表该问答平台用户所感知的相应回报越少。从表中可以看出，物质奖励和回答数量这两个变量的评分在百度知道和知乎中都较低，说明大部分用户并不认为在社交问答平台上贡献知识能带来物质奖励，另外，在这两个问答平台中普通用户的知识贡献积极性不是很高。在一些变量上第一代问答平台代表百度知道和第二代问答平台代表知乎之间存在差异，但这种差异可能是由于抽样误差造成的，为了探究差异是否显著存在，本书使用独立样本 t 检验进行分析。

表 5.10 调查对象的统计特征描述

变量	百度知道			知乎			总计		
	平均数	n	标准偏差	平均数	n	标准偏差	平均数	n	标准偏差
物质奖励	2.63	155	1.138	2.45	134	1.088	2.55	289	1.113
互助期望	3.73	155	1.031	3.70	134	1.002	3.72	289	1.013
声誉提升	3.75	155	0.905	3.80	134	0.930	3.77	289	0.912
利他愉悦	3.54	155	0.851	4.07	134	0.759	3.78	289	0.849
自我提升	3.73	155	0.888	4.07	134	0.759	3.89	289	0.844
社会交往	3.12	155	0.963	3.70	134	0.795	3.39	289	0.933
自我效能	3.35	155	0.861	3.36	134	0.838	3.35	289	0.846
回答数量	2.94	155	0.978	2.77	134	0.886	2.86	289	0.936
回答质量	3.69	155	0.729	3.80	134	0.668	3.74	289	0.700

独立样本 t 检验是用来检验两个样本平均数与其各自所代表的总体的差异是否显著。本研究通过独立样本 t 检验来检验百度知道和知乎用户在平台中知识贡献的动机感受以及知识贡献数量和质量是否存在差异。在独立样本 t 检验中存在方差齐性和方差不齐这两种情况，在这两种不同情况下采取的方法有所不同，测量出来的值也会有所不同，因此首先要检查样本是否具有方差齐性。在方差齐性检验中，当 Sig. >0.05 时表示方差相等，则需要查看方差相等情况下的 Sig.（双侧）值，当 Sig. <0.05 时表示方差不相等，则需要查看方差不相等情况下的 Sig.（双侧）值。在得到 Sig.（双侧）值后，需要与显著性水平 0.05 进行比较，若 Sig.（双侧）值>0.05 则代表 P 值大于显著性

水平，两个独立样本之间的差异没有显著性，若Sig.（双侧）值<0.05则代表
P 值大于显著性水平，两个独立样本之间的差异具有显著性。表5.11即为
百度知道和知乎用户在各变量上的 t 检验。

本次研究通过独立样本 t 检验来判断百度知道和知乎的用户通过贡献知
识产生的物质奖励、声誉提升、互惠期望、利他愉悦、自我提升、社会交
往、自我效能的感知以及回答数量和回答质量方面是否存在显著差异性。从
表5.11可以看出，本次检验满足方差相等的情况，在方差相等的条件下，
除了利他愉悦、自我提升以及社会交往外，各个变量的 t 统计量的相伴概率
均大于显著性水平0.05，说明百度知道用户与知乎用户仅在利他愉悦、自我
提升和社会交往感知中存在显著差异。通过表5.11的平均数比较可知，用
户在知乎贡献知识所感知的利他愉悦和自我提升及社会交往的目的要高于百
度知道。

表5.11　　　　　　　　　不同问答平台在各变量上的 t 检验

建构	假　　设	Levene 检验		均值方程的 t 检验		
		F	Sig.	t	df	Sig.（双侧）
物质奖励	假设方差相等	0.261	0.610	1.325	289	0.188
	假设方差不相等			1.334	93.217	0.186
互惠期望	假设方差相等	0.692	0.408	−0.024	289	0.981
	假设方差不相等			−0.024	93.716	0.981
声誉提升	假设方差相等	0.001	0.969	−0.280	289	0.780
	假设方差不相等			−0.280	91.312	0.780
利他愉悦	假设方差相等	2.022	0.158	−3.205	289	0.002
	假设方差不相等			−3.257	93.937	0.002
自我提升	假设方差相等	3.579	0.062	−1.980	289	0.050
	假设方差不相等			−2.007	93.986	0.048

续表

建构	假　设	Levene 检验		均值方程的 t 检验		
		F	Sig.	t	df	Sig.(双侧)
社会交往	假设方差相等	0.350	0.556	-3.232	289	0.002
	假设方差不相等			-3.284	93.949	0.001
自我效能	假设方差相等	0.005	0.944	-0.048	289	0.962
	假设方差不相等			-0.048	91.992	0.962
回答数量	假设方差相等	0.008	0.927	0.596	289	0.553
	假设方差不相等			0.599	92.793	0.551
回答质量	假设方差相等	0.538	0.465	-0.732	289	0.466
	假设方差不相等			-0.742	93.999	0.460

5.3.5　研究结论

（1）模型检验结果

通过对数据进行分析，我们对研究假设进行了检验，具体的检验结果如表 5.12 所示。

表 5.12　　　　假设检验结果

假　设	百度知道	知乎
H1a：在问答平台中，用户获得物质奖励越高，回答数量越多	成立	不成立
H1b：在问答平台中，用户获得物质奖励越高，回答质量越高	不成立	不成立
H2a：在问答平台中，用户声誉提升越快，回答数量越多	不成立	成立
H2b：在问答平台中，用户声誉提升越快，回答质量越高	不成立	成立
H3a：在问答平台中，用户互惠期望越高，回答数量越多	成立	不成立
H3b：在问答平台中，用户互惠期望越高，回答质量越高	成立	不成立

121

假　　设	百度知道	知乎
H4a：在问答平台中，用户利他愉悦越高，回答数量越多	不成立	成立
H4b：在问答平台中，用户利他愉悦越高，回答质量越高	成立	不成立
H5a：在问答平台中，用户自我效能越高，回答数量越多	成立	成立
H5b：在问答平台中，用户自我效能越高，回答质量越高	成立	成立
H6a：在问答平台中，用户自我提升越多，回答数量越多	不成立	成立
H6b：在问答平台中，用户自我提升越多，回答质量越高	不成立	成立
H7a：在问答平台中，用户社会交往越频繁，回答数量越多	成立	成立
H7b：在问答平台中，用户社会交往越频繁，回答质量越高	成立	成立

从检验结果可以看出，百度知道用户知识贡献行为受物质奖励、互惠期望、利他愉悦、自我效能和社会交往的影响，其中物质奖励仅对回答数量有正向作用，利他愉悦仅对回答质量有正向作用。知乎用户知识贡献行为受声誉提升、利他愉悦、自我效能和社会交往的影响，其中利他愉悦仅对回答数量产生影响。这表明不仅百度知道和知乎用户的知识贡献行为的影响因素有共同点的同时有所差异，影响回答数量和回答质量的因素也不尽相同。

本书认为百度知道和知乎用户的知识贡献行为影响因素的差异与第一代问答平台和第二代问答平台的定位和特点有关。比如互惠期待在百度知道中会对用户知识贡献行为产生影响，而在知乎中与用户回答数量和回答质量没有显著相关性，原因在于百度知道中用户主要是进行事实性问题的解答，知乎侧重于用户对一些有价值的话题相互之间进行深入探讨，用户与他人对等交换信息的愿望并不强烈。因而相比于知乎，百度知道的回答更多的是为提问者服务，用户选择百度知道的原因也更偏向于得到他人对自己的帮助，行为也会受到互惠期待的影响。而在声誉方面，因为百度知道以问题为中心，提问者和浏览者往往只在意回答本身，没有关注回答背后的知识贡献者，因而个人的声誉及其作用往往被用户忽视。知乎看重人的位置，知识贡献行为所带来的个人声誉不仅影响平台中的用户形象，还可能对线下形象产生影响。在自我提升方面，百度知道中许多问题往往只需给出确切答案，而不需要进行过多论证和阐述。而知乎中许多问题比较具有开放性，用户可以根据问题进行思维延伸，相对而言更加具有挑战性和创造性，更能激发用户的自我提升动机。因此声誉和自我提升对百度知道知识贡献行为没有显著影响，但与知乎知识贡献行为有显著正向关系。值得注意的是，百度知道这类第一代问答平台中虽然供用户社交的功能较少，但社会交往仍然是促使用户在这类问答平台上增加回答数量以及提高回答质量的动机。

影响回答数量和回答质量因素的差异也与社交问答平台的激励方式、氛围和文化有关。百度知道的赏金模式虽然将回答质量考虑进来，用户回答若被采纳则可以得到更多的财富值，一定程度上对回答的质量有所促进，但是一方面用户会将回答问题原因更多地归于为了获取物质回报；另一方面由于百度知道中回答所需的知识量以及包含的信息量较少，回答问题数量增加不仅可以获取回答积分，还带来更高的被采纳和被推荐几率，用户更愿意通过增加数量而非提高质量来获取物质奖励，因而物质奖励对回答数量影响较为显著。

（2）对比分析结果

各个变量得分方面，百度知道和知乎用户在物质奖励变量和回答数量变量上的打分较低，说明用户并不赞同在问答平台中能获得物质回报，回答频率大多较低。通过独立样本 t 检验得出，知乎用户在利他愉悦、自我提升和社会交往方面要显著大于百度知道，说明知乎更能激发用户知识贡献的内部动机。另外，在物质奖励等其他方面的评分并没有明显差距，回答质量评分的相似与公众普遍认为知乎这类第二代问答平台的回答质量要高于百度知道的认知不符。另外，贾佳等[1]在百度知道和知乎答案质量的对比研究中发现，除了简洁性之外，知乎在信息量等方面的评分都要高于百度知道。本次

① 贾佳，宋恩梅，苏环. 社会化问答平台的答案质量评估——以知乎、百度知道为例［J］. 信息资源管理学报，2013，3（2）：19-28.

研究中知乎回答质量略高于百度知道，但差别并不显著，造成这一现象的原因一方面是本次研究是从回答者的角度对他们的自我行为进行评分，更多的是反映知识贡献者对待每一个问题的态度，并不代表其答案客观的真实质量；另一方面是本次的回答质量主要侧重于知识贡献者回答中相关、可靠和有用这三个方面。

基于研究结论所揭示的现象，将对我国问答平台中的知识贡献提供一定的借鉴作用。综合考虑本书的研究发现，主要的实践启示体现在以下几个方面：

①第一代问答平台与第二代问答平台差异化发展，互相补充。

百度知道和知乎分别代表着国内发展态势良好的第一代问答平台和第二代问答平台，这两类网站有各自的优势和特点。比如百度知道的优势是用户庞大和内容广，各种类型的问题都可以在其中找到答案，内容和回答都偏向于实用方面，但由于用户群体庞大以及鱼龙混杂，导致问题冗余，平台中充斥着大量广告和灌水现象。而知乎中精英用户较多，鼓励大家对一个问题进行深入探讨，许多用户也是抱着通过参与来进行学习的动机贡献知识，但有些实用性问题较难得到大家的关注和解答。

由于这两类平台的特点，平台中用户贡献知识行为影响因素有所不同。本次研究发现在外在动机方面，百度知道用户看重声誉，而知乎用户看重互助。这是由于百度知道采用赏金模式，回答优质答案可以获得积分奖赏，在提问时可以使用累积的积分获取更多的帮助。而知乎强调人的地位，并且采用的是准实名制，因而用户比较在意在平台中的行为对个人形象的影响。这两类平台可以在保留原有特色，分别着重于用户互助期望和声誉的同时，适当地相互借鉴。

百度知道和知乎一个重在广度一个重在精度，各有侧重。当用户遇到事实性难题时可以在百度知道这类第一代问答平台中求助，遇到需要探讨的问题时则可以在知乎这类第二代问答平台提问，第一代问答平台和第二代问答平台共同发展可以为用户带来更加全面的用户服务。

②用好激励措施，将外部动机转化为内部动机。

从研究结果可以看出，在百度知道中物质奖励仅对用户回答数量有一定影响，知乎中物质奖励与用户回答数量和回答质量都没有显著关联度。一方面是由于成本限制导致平台所提供的物质奖励有限，即使百度知道可以通过在"百度商城"兑换财富值来获取一定的礼品，但礼品与用户贡献知识所花费的时间精力以及机会成本不成正比。本次研究结果也显示百度知道和知乎用户感知通过回答问题所获得的经济收益都较低。另一方面根据自我决定理论以及相关研究发现，当物质奖励是控制型时，不仅会使用户感觉自己的行为受到了平台或平台管理层的操控，还有可能将内在动机"挤出"，使用户忽视内在价值和需要，甚至会由此用外部报酬来对自己的行为进行外部归因，从而失去对贡献知识这件事本身的兴趣。

尽管物质奖励对知识贡献数量和质量影响不大，但并不代表积分等激励系统没有作用，积分等激励系统的主要作用是对用户行为的一个反馈。如果激励系统只是将积分定义为兑换某些实物奖励，则这种激励会刺激外部动机，但可能会压制用户的内部动机，从而抑制用户在问答平台的知识贡献行为，甚至可能会导致小部分用户采取灌水等不良手段来获取积分，扰乱问答平台内部秩序。激励系统如果侧重于对用户贡献知识价值的肯定，强调回答问题的精神价值，将积分或者赞同作为满足用户成就感的方式，便可以刺激内部动机，让用户感受到贡献知识这件事本身的乐趣。

③对提问质量进行有效控制。

对于社交问答平台而言，有问才有答，相关研究也发现知识贡献者的回答质量与提问者的问题质量有着密切的关系。提问者将问题描述得越具体、清晰，知识贡献者才能更正确地理解问题，从而做出更准确的回答。目前的问答平台大多对提问者没有进行限制，特别是百度知道这类第一代问答平台，本着开放的态度，对于提问者几乎没有要求。但实际上一些与所在话题不相关或是提问模糊的问题，不仅仅可能会埋没在问题集里，甚至会影响问答平台的形象，而一些好的问题可以引起用户的兴趣，从而让更多的人贡献出好的答案。Stack Exchange 作为全球最大的全球问答平台之一，在把握平台氛围方面做得非常严格，同样对提问者也有较为严格的规定。比如提问前须对已有问答进行过搜索，避免简单的重复问题，同时要避免与社区主题无关的问题以及范围模糊的问题；此外问题描述要翔实具体，不能词不达意。这样的规定不仅没有使提问者离开，反而由于真正有需要帮助的提问者的认真对待，使平台中的知识交流氛围更加浓厚，提问者更容易收获满意的回答，从而吸引更多的人参与到这个平台。

除此之外，提问者和浏览者对回答的反馈也会对回答者知识贡献行为造成影响。提问者和浏览者对用户贡献的知识的反馈，一方面可以让回答者直观地感受到贡献知识的意义所在，从而增加继续贡献知识的动力；另一方面也可以让回答者了解自己所贡献的知识带来的影响力，从而更加重视自己回答的质量。但目前的问答平台中，提问者和浏览者对回答的反馈较少。特别是对于提问者，由于提问成本较低，往往在平台中提出一个问题后便离开，使得知识贡献者在回答后感受不到回答这件事所带来的价值。

④鼓励用户进行交流。

从研究结果中可以看到，对于百度知道这类第一代问答平台和知乎这类第二代问答平台，社交对知识贡献者的回答数量和质量都有较大的影响。尽管第一代问答平台中并没有提供太多社交的渠道，在本书研究中也发现在通过贡献知识来进行社交的感知方面百度知道显著低于知乎，但第一代问答平台一方面可以通过提供更多空间让用户展示自己等方式来让用户有更多的途径进行交流，另一方面需要营造良好的讨论氛围，让用户愿意在互相平等、互相尊重的氛围中互相交流沟通。

⑤优化问题推荐机制。

问题推荐服务可以分为两个方面，一方面是针对提问者而言，通过对用户提出的问题进行分析，根据问题中的关键词对已有知识库进行搜索，找到相关问题已有的答案给提问者进行参考，从而减少平台中信息的冗余并提高用户获取信息的效率。另一方面是针对回答者而言，当提问者正式提出问题，将问题发布在平台上后，平台通过自动匹配或是人工邀请等方式将问题推送给适合回答该问题的用户。为回答者提供的推荐服务可以减少信息噪音对用户的干扰，让用户更加有效率地贡献自己的知识，同时好的推荐服务通过良好的匹配能够提升用户的自我效能。所谓三人行必有我师，每个人脑海中都有独一无二并值得传授给他人的隐性知识，但这需要有合适的问题对其进行激发。本书研究发现在第一代问答平台和第二代问答平台中，自我效能均是影响用户贡献知识数量和质量的重要因素。合适的问题推荐机制可以有效地提升用户对于回答平台中问题的自我效能，从而促使用户贡献更多优质的回答。

本研究以影响不同类型问答平台因素为研究焦点，将知识贡献行为分为知识贡献数量和知识贡献质量这两个方面，探讨物质奖励、声誉、互助等外在动机和利他愉悦、自我提升、社会交往、自我效能等内在动机，分别对知识贡献数量和知识共享质量这两方面的影响。研究对象为第一代问答平台代表百度知道和第二代问答平台代表知乎。通过问卷数据分析和对比，本书发现不同平台中知识共享数量和知识共享质量受不同因素影响，并根据分析结果进行实践建议。本书尽量保证研究过程的科学性、严谨性，研究在达到预定的研究目标及内容的情况下，获得具有一定意义的研究结论，但由于人力、财力及时间上的限制，本书仍然存在一定的研究局限，有待在未来研究中完善。知识贡献行为的影响因素包含众多，本书对较为重要的几个因素进行了研究，但尚有遗漏之处。比如赫茨伯格等①提出的双因素理论将影响行为满意和不满意的因素分为激励和保健两种。他们认为满意的对立面是没有满意，不满意的对立面则是没有不满意。激励因子会对人们的正面情绪和反应产生影响，而保健因子则对人们的负面情绪产生影响。良好的激励因子可以增加用户的满意度，促使行为发生，而良好的保健因子只能将不满意感消

---

① Herzberg F, Mathapo J, Wiener Y, et al. Motivation-hygiene correlates of mental health: an examination of motivational inversion in a clinical population. [J]. Journal of Consulting & Clinical Psychology, 1974, 42 (3): 411-419.

除。本书仅探讨了激励因子对问答平台用户知识贡献行为的正向影响，而没有考虑保健因子的缺少对问答平台用户知识贡献行为的负面影响，在未来的研究中可以对其进行深入探索。

6 社交问答用户知识贡献动机与回答策略的关系

社交问答用户出于某种动机，产生知识贡献的意向，进而访问社交问答网站、浏览问题，然后根据自身的知识、经验、技能或其他信息针对问题生成答案，用户做出回答需要花费大量的时间和精力，回答问题的过程会采取多种策略。根据用户参与知识贡献的五个动机以及回答问题的五个步骤和具体策略，建立基于知识贡献动机的用户回答策略模型，假设动机与回答策略之间具有相关性，通过实证研究，分析用户知识贡献动机和回答策略的相关关系，探讨基于知识贡献动机的用户回答策略选择，研究对促进社交问答服务用户知识贡献具有指导作用。

6.1 基于知识贡献动机的用户回答策略

6.1.1 社交问答用户知识贡献动机

学者对社交问答平台用户知识贡献的研究表明，在社交问答平台中，知识贡献者和其他用户分享自身的知识、经验、意见和信息，其中动机是影响知识贡献的关键，Wasko 等①指出声誉、利他主义、互惠及参与兴趣是激励用户进行知识贡献的关键因素，Kankanhalli 等②研究成员互惠和知识自我效能对知识贡献的影响。本书对社交问答平台用户知识贡献动机进行相关实证研究，总结影响用户在社交问答平台贡献知识比较重要的动机因素。

梳理已有社交问答用户知识贡献动机的研究成果，本书在研究中将考虑以下五个对用户知识贡献影响作用较大，学者探讨研究较多的动机因素，即感知有趣性、自我效能、利他、名誉和互惠。

6.1.2　社交问答用户回答策略

本书对社交问答平台用户回答策略进行探索性研究。Lankes 等（1998）③ 建立的数字参考咨询服务的一般模型解释了参考咨询服务的五个一般过程，主要有：问题接收，分类，答案生成，问题跟踪，创造资源。问题接收是指从用户获取信息（问题）的过程咨询服务涉及的所有问题，包括问题本身以及与用户相关的信息，以便用户能够理解用户的需求。分类是指服务将被分配到的顾问或某一领域的专家。答案生成则包括专家对问题做出回答的过程所采取的所有策略。问题跟踪是对问题的数量和质量的控制。创造资源是对问题进行分类存档。该模型具有数字参考咨询服务的普遍适用性，但具体的服务过程在实践中有所不同。Oh 等（2011）④ 基于该模型，根据社交问答平台用户回答健康信息类问题的一般行为，在此模型基础上

① Wasko M M, Faraj S. Why should I share? Examining social capital and knowledge contribution in electronic networks of practice [J]. MIS Quarterly, 2005, 29（1）：35-57.

② Kankanhalli A, Tan B, Wei K K. Contributing knowledge to electronic knowledge repositories：an empirical investigation [J]. MIS Quarterly, 2005, 29（1）：113-143.

③ Lankes R D. Building and maintaining internet information service：K-12 digital reference services [M]. Syracuse, NY：ERIC Chearinghouse on Information & Technology, 1998：227.

④ Oh S. The relationships between motivations and answering strategies：an exploratory review of health answerers' behaviors in Yahoo! Answers [J]. Proceedings of the American Society for Information Science and Technology, 2011, 48（1）：1-9.

通过修正，首次提出社交问答用户健康知识贡献过程，分别是：问题选择，问题解释，信息搜寻，答案生成，答案评价。针对每一个过程，提出用户回答健康类问题时可能采取的策略。

本研究结合 Oh 等人对健康类信息相关的用户知识贡献的研究，将其更一般化到社交问答用户知识贡献行为，分析社交问答用户的回答策略，认为社交问答用户知识贡献包括以下五个过程：问题选择，问题解释，信息搜寻，答案生成，答案评价。针对每一个过程，提出用户回答健康类问题时可能采取的策略，分别涵盖用户在进行问题的阅读和选择时采取的策略，在理解提问者信息需求时贡献者采取的策略，用户进行知识贡献时采取的信息搜寻策略，用户创建答案时所采取的策略以及与答案评价相关的策略。

①问题选择。知识贡献者在回答问题的第一步首先需要从网站上每天发布的数以万计的问题中做出选择。可能采取的策略有选择非常自信的问题领域，如用户经常关注的领域或自身的专业领域；选择简单或困难甚至具有挑战性的问题；用户也会选择还没有人回答或是最新才发布的问题。

②问题解释。知识贡献者需要阅读并理解提问者的问题，问答网站用户并不是面对面的交流，因而知识贡献者需要采取一定策略以便掌握提问者的信息需求。为了提供合适的答案，用户会去查看一些其他相关问题，或者他们本身对这一领域的热点问题有关注和研究，了解提问者此类需求。此外，用户可能自信地认为他们一直对问题都十分理解。还有一些用户在回答问题时，不论是否了解提问者的需求，直接做出回答。用户也有可能进行追问，以了解更多需求。

③信息搜寻。在掌握提问者的信息需求后，知识贡献者就会搜索信息和知识以组织答案。这一步用户可能采取的策略是搜索他们自身掌握的知识、经验或专业技能，或在互联网上搜索相关信息，也有用户可能直接在社交问答平台搜索其他知识贡献者所发布的答案并直接利用。

④答案生成。在掌握提问者需求，进行足够的信息储备以后，知识贡

献过程进入答案组织和生成的步骤。此时知识贡献者认为优质答案的标准将会影响他们在答案生成时所采取的策略，这可能包括了答案的准确度、完整度、回答问题时采取的态度。有些用户比较看重在回答问题的时候产生全新的答案和知识，也有用户遇到同样的问题，会采取他们曾经创造的答案和知识直接做出回答。

⑤答案评价。知识贡献者的答案生成并提交以后，知识贡献者会关注他们所发布答案得到怎样的评价。用户可能关注来自其他知识贡献者、知识获取者或者是社区对他们的答案做出的评价。

6.1.3 基于知识贡献动机的用户回答策略模型构建

根据以上对用户在社交问答知识贡献中的动机和回答策略的分析，本书建立基于知识贡献动机的用户回答策略模型，认为用户在进行知识贡献时，采取何种策略在一定程度上受其知识贡献动机的影响，并且假设用户知识贡献动机与其在知识贡献中所采取的回答策略具有相关性，如图 6.1 所示。

该模型包括两个部分，首先是社交问答用户知识贡献动机。问答平台用户可能对服务感兴趣，或者是感觉自身有能力而进行知识贡献（自我效能），另外，知识贡献者希望能够通过其行为帮助到其他用户（利他），用户想通过回答问题提高自己的等级或身份（名誉），或者用户想回报他人的帮助（互惠），这些都是用户在社交问答平台贡献知识可能的动机因素。

其次是用户在动机驱使下产生的知识贡献行为过程。通过分解，我们认为用户知识贡献在动机的促使下，会经过"问题选择→问题解释→信息搜寻→答案生成→答案评价"这一行为过程，并且在每一个过程知识贡献者都采取相应的回答策略。社交问答用户知识贡献行为比较复杂，其动机可能是动态变化的，因而在图中显示了从答案评价到知识贡献动机的循环过程。

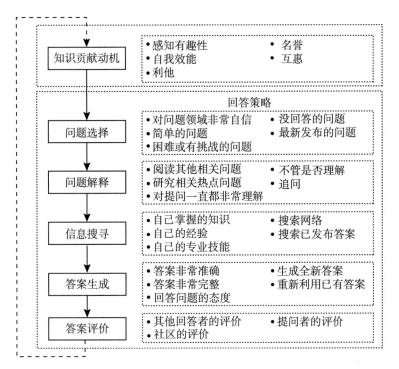

图 6.1 基于知识贡献动机的用户回答策略模型

6.2 基于知识贡献动机的用户回答策略模型实证

6.2.1 问卷设计

针对本研究提出的模型和假设，本书采用问卷调查方式获取用户数据并进行实证分析。问卷设计包括以下三个部分：

①人口统计的基本信息，以及用户是否具有在社交问答平台回答问题的经历。对于没有在社交问答平台回答过问题的用户，设计跳转题项，调查其不回答问题的具体原因。

②知识贡献的动机。这部分问卷题项包括研究中涉及的 5 个动机因素，共有 16 个具体问题，测量变量均改编自相关文献，如表 6.1 所示。

表6.1 知识贡献动机测量变量及问题

变量	具体问题	改编自文献
感知有趣性 （enjoyment）	ENJ1 在社交问答网站回答问题对我来说感觉非常舒适	（Kankanhalli et al.，2005；Jin，2013）①②
	ENJ2 在社交问答网站回答问题让我很享受	
	ENJ3 在社交问答网站回答问题让我感到非常愉快	
自我效能 （self-efficacy）	SEL1 我自信能够为其他用户提供有价值的答案	（Kankanhalli et al.，2005；Jin，2013）①②
	SEL2 我拥有提供有价值的答案所需要的专业知识和技能	
	SEL3 对我来说，回答其他用户的提问是容易的	
利他 （altruism）	ALT1 我愿意在社交问答网站帮助其他用户	（Wasko & Faraj，2005）③
	ALT2 我喜欢在社交问答网站帮助其他用户	
	ALT3 在社交问答网站帮助其他用户解决问题让我感到快乐	
名誉 （reputation）	REP1 能够获得更多用户的赞同和感谢	（Wasko & Faraj，2005；Oh，2011）③④
	REP2 我想成为回答问题较多的用户	
	REP3 回答问题能够提高我在社交问答网站的身份和地位	

① Kankanhalli A, Tan B, Wei K K. Contributing knowledge to electronic knowledge repositories: an empirical investigation [J]. MIS Quarterly, 2005, 29 (1): 113-143.

② Jin X L, Zhou Z Y, Lee M K O, Cheung C M K. Why users keep answering questions in online questions answering communities: a theoretical and empirical investigation [J]. International Journal of Information Management, 2013 (33): 93-104.

③ Wasko M M, Faraj S. Why should I share? Examining social capital and knowledge contribution in electronic networks of practice [J]. MIS Quarterly, 2005, 29 (1): 35-57.

④ Oh S. The relationships between motivations and answering strategies: an exploratory review of health answerers' behaviors in Yahoo! Answers [J]. Proceedings of the American Society for Information Science and Technology, 2011, 48 (1): 1-9.

续表

变量	具体问题	改编自文献
互惠 （reciprocity）	REC1 我回答问题以后会有某个提问者在今后帮助我	（Kankanhalli et al., 2005; Oh, 2011）①②
	REC2 我回答问题以后会有其他用户在今后帮助我	
	REC3 曾经有其他用户回答过我的提问，我现在通过回答问题来报答	
	REC4 我回答问题能够促使提问者去回答其他用户的问题	

③知识贡献的回答策略。这部分问卷题项包括 5 个回答过程，共有 23 个回答策略，每一个具体策略对应一个变量（如图 6.1 所示），变量称述均改编自 Oh（2011）等③对健康信息用户知识贡献的研究。

问卷中第二、三部分涉及的问题答案，都采用李克特 5 级量表来测量计分。从 1~5 分别表示"非常不同意、不同意、一般、同意、非常同意"。参与调查者被要求根据其在社交问答网站回答问题的目的（动机）和过程（回答策略）的真实情况，对问题陈述做出判断。

6.2.2 数据收集

将问卷发布在问卷星平台进行网上问卷调查。调查通过知乎网站的私信工具，随机邀请关注"知识管理""信息技术""教育""科学"话题的知乎用户参与调查。选择知乎网站这些类目用户进行调查的原因是，社交问答平

---

① Kankanhalli A, Tan B, Wei K K. Contributing knowledge to electronic knowledge repositories: an empirical investigation [J]. MIS Quarterly, 2005, 29 (1): 113-143.

② Oh S. The relationships between motivations and answering strategies: an exploratory review of health answerers' behaviors in Yahoo! Answers [J]. Proceedings of the American Society for Information Science and Technology, 2011, 48 (1): 1-9.

③ Oh S. The relationships between motivations and answering strategies: an exploratory review of health answerers' behaviors in Yahoo! Answers [J]. Proceedings of the American Society for Information Science and Technology, 2011, 48 (1): 1-9.

台中知乎具有良好的声誉，其答案的质量和用户的层次都较百度知道更高，用户在知乎贡献的内容往往非常丰富，所以用户知识贡献的过程比较复杂，在知识贡献中采取的回答策略也更多。

问卷发放时间是 2015 年 4 月 1 日至 24 日，去除重复邀请，共随机私信邀请知乎用户 2 600 位，收到有效答卷 389 份，反馈率是 14.9%，样本特征如表 6.2 所示。

从表 6.2 可以看出，样本的男女比例适中，年龄以 18~25 岁为主，受教育水平有 96.9% 在大学本科及以上。其中有 231 位被调查者（59.4%）在知乎回答过问题，这些调查者进一步对其回答问题的目的和过程做出判断，而 158 位没有回答过问题的调查者则对其不回答问题的主要原因做出反馈。

表 6.2   被调查者基本情况

项目	分类	频数（$n=389$）	占总人数比例
性别	男	181	46.5%
	女	208	53.5%
年龄	18 岁以下	8	2.1%
	18~25 岁	309	79.4%
	26~30 岁	57	14.7%
	31~40 岁	12	3.1%
	41 岁以上	3	0.8%
教育	大专及以下	12	3.1%
	大学本科	218	56.0%
	硕士研究生	144	37.0%
	博士研究生及以上	15	3.9%
是否在社交问答平台回答过问题	是	231	59.4%
	否	158	40.6%

信度是衡量量表质量的一个重要指标，信度高的量表说明获得的测验结

果比较准确、稳定。本研究采用常用的统计量——一致性 α 系数（Cronbach's alpha）作为测量标准，检验内部一致性进行信度分析。通常情况下，α 系数大于 0.7 表示量表具有良好的信度。本研究对用户知识贡献动机部分的各变量分别做信度分析，如表 6.3 所示，同时，对用户知识贡献回答策略的各变量做信度分析，如表 6.4 所示。

表 6.3　　　　　　　　　　用户知识贡献动机各变量的信度分析

变量	题项	校正的项总计相关性	项已删除的Cronbach's alpha 值	Cronbach's alpha
感知有趣性（ENJ）	ENJ1	.842	.915	.932
	ENJ2	.868	.895	
	ENJ3	.869	.894	
自我效能（SEL）	SEL1	.611	.542	.720
	SEL2	.551	.618	
	SEL3	.463	.725	
利他（ALT）	ALT1	.725	.811	.859
	ALT2	.769	.768	
	ALT3	.710	.823	
名誉（REP）	REP1	.560	.721	.764
	REP2	.594	.685	
	REP3	.635	.637	
互惠（REC）	REC1	.641	.645	.754
	REC2	.619	.660	
	REC3	.555	.694	
	REC 4	.401	.777	

从表 6.3 和表 6.4 可以看出，各项 α 系数均在 0.7 以上，所以所有项目均可以接受。因此，本问卷的内部一致性通过检验，问卷可靠性高。

表6.4 用户知识贡献回答策略各变量信度分析

题项	校正的项总计相关性	项已删除的 Cronbach's alpha 值
问题选择_对问题领域自信	.315	.832
问题选择_简单的问题	.217	.836
问题选择_困难或有挑战问题	.391	.829
问题选择_没有人回答的问题	.465	.826
问题选择_最新发布的问题	.537	.823
问题解释_阅读其他相关问题	.427	.827
问题解释_对其他热点问题有研究	.472	.826
问题解释_一直都非常理解	.290	.833
问题解释_不论是否理解	.104	.841
问题解释_向提问者发问	.313	.833
信息搜寻_自己掌握的知识	.481	.826
信息搜寻_自己的经验	.401	.829
信息搜寻_自己的专业技能	.437	.827
信息搜寻_从网络上搜索	.460	.826
信息搜寻_直接利用已发布答案	.303	.834
答案生成_答案准确	.377	.830
答案生成_答案完整	.457	.827
答案生成_回答问题的态度	.328	.832
答案生成_生成全新答案	.419	.828
答案生成_重新利用曾经的答案	.466	.826
答案评价_其他回答者的评价	.431	.827
答案评价_提问者的评价	.465	.826
答案评价_社区的评价	.480	.825

注：Cronbach's alpha = 0.835。

6.2.3 相关分析

在本研究中，我们假设用户进行知识贡献的动机与其知识贡献的回答策略具有相关性，因此，本书基于在知乎回答过问题的用户（$n=231$）自我报告的反馈数据，对感知有趣性、自我效能、利他、名誉、互惠5个方面的用户知识贡献动机与用户知识贡献具体的23个回答策略之间做相关分析，见表6.5。

表 6.5　　　　　　　　　　**知识贡献动机与回答策略的相关性**

回答策略	感知有趣性	自我效能	利他	名誉	互惠
问题选择_对问题领域自信	.190**	.338**	.415**	.129	.100
问题选择_简单的问题	.048	-.129	.164*	.167*	.251**
问题选择_困难或有挑战问题	.290**	.375**	.250**	.260**	.081
问题选择_没有人回答的问题	.182**	.212**	.154*	.201**	.258**
问题选择_最新发布的问题	.212**	.188**	.274**	.323**	.312**
问题解释_阅读其他相关问题	.273**	.180**	.279**	.228**	.181**
问题解释_对其他热点问题有研究	.254**	.288**	.388**	.286**	.245**
问题解释_一直都非常理解	.295**	.380**	.242**	.229**	.124
问题解释_不论是否理解	-.006	.029	-.091	.199**	.194**
问题解释_向提问者发问	.114	.208**	.086	.109	.170**
信息搜寻_自己掌握的知识	.259**	.352**	.452**	.115	.161*
信息搜寻_自己的经验	.219**	.285**	.414**	.125	.070
信息搜寻_自己的专业技能	.213**	.371**	.508**	.122	.223**
信息搜寻_从网络上搜索	.289**	.170**	.329**	.340**	.253**
信息搜寻_直接利用已发布答案	.218**	.070	.065	.302**	.298**
答案生成_答案非常准确	.177**	.280**	.264**	.129	.144*
答案生成_答案非常完整	.195**	.246**	.214**	.104	.191**

续表

回答策略	感知有趣性	自我效能	利他	名誉	互惠
答案生成_回答问题的态度	.244 **	.203 **	.365 **	.148 *	.167 *
答案生成_生成全新答案	.256 **	.262 **	.280 **	.324 **	.173 **
答案生成_重新利用曾经的答案	.202 **	.124	.146 *	.394 **	.296 **
答案评价_其他回答者的评价	.310 **	.148 *	.332 **	.409 **	.268 **
答案评价_提问者的评价	.240 **	.162 *	.274 **	.185 **	.225 **
答案评价_社区的评价	.297 **	.183 **	.260 **	.479 **	.327 **

注：** 在 0.01 水平（双侧）上显著相关。

* 在 0.05 水平（双侧）上显著相关。

相关分析结果显示，用户知识贡献的动机与其采取的绝大部分策略之间具有显著相关性，在 0.01 水平上显著相关。其中，感知有趣性和其中 20 个策略均在 0.01 水平上显著相关，自我效能和其中 17 个策略在 0.01 水平上显著相关，利他和其中 17 个策略在 0.01 水平上显著相关，名誉和其中 14 个策略在 0.01 水平上显著相关，互惠和其中 16 个策略在 0.01 水平上显著相关。这说明用户知识贡献动机和回答策略具有一定程度的正向相关性，而其相关的具体程度将在下一节结合回归分析进行深入的探讨和研究。

分析其中不相关的动机和回答策略不难发现，在社交问答用户知识贡献行为中，知识贡献者在感知有趣性的动机驱使下，其贡献行为与选择简单的问题进行回答、向提问者追问了解其需求以及在回答问题时不管是否理解就做出回答这几个策略之间没有显著的相关关系。而在知识自我效能动机驱使下，用户知识贡献行为与选择简单的问题、不管是否理解就做出回答的策略之间没有显著关系，同时也和搜索已经发布的答案以及利用自己曾经产生的答案之间没有显著关系。用户利他的知识贡献动机与不管是否理解就做出回答的策略、追问提问者以及搜索已经发布的答案这几个策略之间没有显著相关性。在名誉动机驱使下，用户知识贡献行为和因自信而选择问题回答、追问提问者、在回答问题时搜索自身的专业知识技能经验以及创建答案的时候考虑回答的准确和完整性之间没有显著的相关关系。在互惠动机驱使下，用户知识贡献行为和因对领域自信而选择问题、选择困难或有挑战的问题、对用户提问一直非常理解以及根据自身经验回答问题的策略之间没有显著相关性。

6.2.4　回归分析

如果两个变量之间存在相关关系，那么借助回归分析，可以通过运算实现根据一个变量的变化对另一个变量变化趋势的预测。为了对用户知识贡献的动机和回答策略之间的关系做进一步的研究和探讨，本书在上节相关分析的基础上，分别以用户知识贡献的 5 个动机为自变量，以用户知识贡献的各个回答策略作为因变量，进行一系列一元线性回归分析，探讨每一个用户知识贡献动机与回答策略之间的具体相关关系，研究用户知识贡献的动机越强，则越会在知识贡献的过程中采取那些具体的回答策略。本书研究的线性相关关系其显著相关性水平均在 0.01 水平上，即 $P<0.01$。此外，为了便于比较，将动机和策略之间较强的影响关系用灰色特殊显示，其回归系数大于0.4，即 $\beta>0.4$。根据 Guilford（1978）[①] 的解释，$\beta>0.4$ 代表进行回归分析的自变量和因变量之间具有中度相关性，具有密切的关系。

（1）感知有趣性和回答策略

越是被感知有趣性驱动的用户，相比较少被感知有趣性驱动的用户，更多地会选择表 6.6 所示的回答策略，但是其中所有的关系都是低度相关（$\beta<0.4$），具有明确且较小的关系。

----

① Guilford 指出，回归系数对相关性的解释如下：$\beta<0.2$ 弱相关，可以忽略不计的关系；$0.2<\beta<0.4$ 低度相关，明确但较小的关系；$0.4<\beta<0.7$ 中度相关，密切的关系；$0.7<\beta<0.9$ 高度相关，显著的关系；$0.9<\beta<1.0$ 非常高度相关，非常可靠的关系。Guilford J P. Fundamental statistics in psychology and education ［M］. New York：Mcgraw Hill, 1978.

表6.6   **感知有趣性预测回答策略的回归系数**

过程	回答策略	非标准化系数		标准系数	t	Sig.
		β	标准误差	试用版		
问题选择	对问题领域自信	.186	.064	.190	2.926	.004
	困难或有挑战问题	.296	.065	.290	4.592	.000
	没有人回答的问题	.208	.074	.182	2.800	.006
	最新发布的问题	.227	.069	.212	3.283	.001
问题解释	阅读其他相关问题	.309	.072	.273	4.291	.000
	对其他热点问题有研究	.259	.065	.254	3.980	.000
	一直都非常理解	.299	.064	.295	4.674	.000
信息搜寻	自己掌握的知识	.236	.058	.259	4.061	.000
	自己的经验	.197	.058	.219	3.403	.001
	自己的专业技能	.203	.061	.213	3.304	.001
	从网络上搜索	.331	.073	.289	4.566	.000
	直接利用已发布答案	.284	.084	.218	3.376	.001
答案生成	答案非常准确	.170	.062	.177	2.722	.007
	答案非常完整	.188	.063	.195	3.013	.003
	回答问题的态度	.267	.070	.244	3.807	.000
	生成全新答案	.293	.073	.256	4.013	.000
	重新利用曾经的答案	.204	.065	.202	3.121	.002
答案评价	其他回答者的评价	.317	.064	.310	4.932	.000
	提问者的评价	.235	.063	.240	3.749	.000
	社区的评价	.322	.068	.297	4.700	.000

（2）自我效能和回答策略

越是被自我效能驱使的用户，相比较少被自我效能驱动的用户，更多地选择困难或有挑战的问题（$\beta=0.456$）进行回答，在理解问题的含义时，更多地认为其对问题一直都非常理解（$\beta = 0.459$），在搜集回答问题所需要的信息和知识时，更多地使用其自身的专业技能（$\beta = 0.422$）来组织和形成答案（见表6.7）。

表6.7 自我效能预测回答策略的回归系数

过程	回答策略	非标准化系数		标准系数	t	Sig.
		β	标准误差	试用版		
问题选择	对问题领域自信	.396	.073	.338	5.347	.000
	困难或有挑战问题	**.456**	.075	.375	6.115	.000
	没有人回答的问题	.289	.088	.212	3.284	.001
	最新发布的问题	.240	.083	.188	2.889	.004
问题解释	阅读其他相关问题	.244	.088	.180	2.776	.006
	对其他热点问题有研究	.350	.077	.288	4.559	.000
	一直都非常理解	**.459**	.074	.380	6.215	.000
	向提问者发问	.308	.096	.208	3.221	.001
信息搜寻	自己掌握的知识	.383	.067	.352	5.690	.000
	自己的经验	.305	.068	.285	4.507	.000
	自己的专业技能	**.422**	.070	.371	6.054	.000
	从网络上搜索	.232	.089	.170	2.606	.010
答案生成	答案非常准确	.320	.073	.280	4.409	.000
	答案非常完整	.283	.074	.246	3.845	.000
	回答问题的态度	.266	.085	.203	3.142	.002
	生成全新答案	.357	.087	.262	4.105	.000
答案评价	社区的评价	.238	.084	.183	2.824	.005

(3) 利他和回答策略

越是因帮助他人而回答问题的用户，相比较少被利他驱动的用户，更多地选择其对问题领域非常有自信的问题（$\beta = 0.464$）进行回答，在理解问题的含义时，更多地会对与问题相关的热点问题进行跟踪和研究（$\beta = 0.449$），在搜集回答问题所需要的信息和知识时，更多地使用其自身的知识（$\beta = 0.469$）、经验（$\beta = 0.422$）、专业技能（$\beta = 0.550$）以及从网络上搜索信息（$\beta = 0.428$）来组织和形成答案，在创建答案的时候，出于帮助人的目的，更在乎其回答问题的态度是否对提问者有所影响（$\beta = 0.455$）（见表6.8）。

表6.8　　　　　　　　　利他预测回答策略的回归系数

过程	回答策略	非标准化系数		标准系数	t	Sig.
		β	标准误差	试用版		
问题选择	对问题领域自信	**.464**	.067	.415	6.908	.000
	困难或有挑战问题	.290	.074	.250	3.906	.000
	最新发布的问题	.334	.077	.274	4.316	.000
问题解释	阅读其他相关问题	.360	.082	.279	4.402	.000
	对其他热点问题有研究	**.449**	.070	.388	6.376	.000
	一直都非常理解	.279	.074	.242	3.780	.000
信息搜寻	自己掌握的知识	**.469**	.061	.452	7.672	.000
	自己的经验	**.422**	.061	.414	6.880	.000
	自己的专业技能	**.550**	.062	.508	8.928	.000
	从网络上搜索	**.428**	.081	.329	5.265	.000
答案生成	答案非常准确	.288	.069	.264	4.138	.000
	答案非常完整	.235	.071	.214	3.313	.001
	回答问题的态度	**.455**	.077	.365	5.938	.000
	生成全新答案	.365	.082	.280	4.420	.000

过程	回答策略	非标准化系数		标准系数	t	Sig.
		β	标准误差	试用版		
答案评价	其他回答者的评价	.387	.073	.332	5.329	.000
	提问者的评价	.305	.071	.274	4.311	.000
	社区的评价	.321	.079	.260	4.075	.000

（4）名誉和回答策略

越是被名誉因素驱使的用户，相比较少被名誉驱动的用户，知识贡献过程中在搜集回答问题所需要的信息和知识时，更多地从网络上进行搜索（$\beta = 0.402$）以及搜索平台已经发布的内容（$\beta = 0.406$）来组织和形成答案，创建答案时会更多地重新利用其在问题平台已经产生的信息内容回答问题（$\beta = 0.410$），在其答案发布以后，更多地在乎其他知识贡献者（$\beta = 0.432$）以及问答社区（$\beta = 0.537$）对其的评价（见表6.9）。

表6.9　　　　　　　　**名誉预测回答策略的回归系数**

过程	回答策略	非标准化系数		标准系数	t	Sig.
		β	标准误差	试用版		
问题选择	困难或有挑战问题	.274	.067	.260	4.071	.000
	没有人回答的问题	.237	.076	.201	3.107	.002
	最新发布的问题	.357	.069	.323	5.156	.000
问题解释	阅读其他相关问题	.268	.075	.228	3.552	.000
	对其他热点问题有研究	.301	.067	.286	4.552	.000
	一直都非常理解	.240	.067	.229	3.557	.000
	不论是否理解	.235	.077	.199	3.071	.002

续表

过程	回答策略	非标准化系数		标准系数	t	Sig.
		β	标准误差	试用版		
信息搜寻	从网络上搜索	.402	.074	.340	5.463	.000
	直接利用已发布答案	.406	.085	.302	4.778	.000
答案生成	生成全新答案	.383	.074	.324	5.185	.000
	重新利用曾经的答案	.410	.063	.394	6.481	.000
答案评价	其他回答者的评价	.432	.064	.409	6.773	.000
	提问者的评价	.187	.066	.185	2.843	.005
	社区的评价	.537	.065	.479	8.257	.000

(5) 互惠和回答策略

越是被互惠因素驱使的用户和比较少被互惠驱动的用户,知识贡献过程中在选择问题时,更多地选择最新发布的问题($\beta = 0.401$)进行回答,进行信息搜索时,会更多地搜索在问答平台已经发布的信息回答问题($\beta = 0.466$),在其答案发布以后,更多地在乎问答社区($\beta = 0.426$)对其的评价(见表6.10)。

表 6.10　　　　　　**互惠预测回答策略的回归系数**

过程	回答策略	非标准化系数		标准系数	t	Sig.
		β	标准误差	试用版		
问题选择	简单的问题	.336	.086	.251	3.931	.000
	没有人回答的问题	.354	.088	.258	4.049	.000
	最新发布的问题	.401	.081	.312	4.964	.000

续表

过程	回答策略	非标准化系数		标准系数	t	Sig.
		β	标准误差	试用版		
问题解释	阅读其他相关问题	.247	.088	.181	2.792	.006
	对其他热点问题有研究	.299	.078	.245	3.823	.000
	不论是否理解	.266	.089	.194	2.986	.003
	向提问者发问	.253	.097	.170	2.616	.009
信息搜寻	自己的专业技能	.255	.074	.223	3.460	.001
	从网络上搜索	.349	.088	.253	3.963	.000
	直接利用已发布答案	.466	.099	.298	4.725	.000
答案生成	答案非常完整	.221	.075	.191	2.943	.004
	生成全新答案	.238	.089	.173	2.665	.008
	重新利用曾经的答案	.358	.076	.296	4.682	.000
答案评价	其他回答者的评价	.329	.078	.268	4.201	.000
	提问者的评价	.264	.076	.225	3.498	.001
	社区的评价	.426	.081	.327	5.238	.000

6.3 基于知识贡献动机的用户回答策略选择

总体而言，通过相关分析和回归分析的方法对研究提出的相关性假设，即用户知识贡献的动机和回答策略之间具有相关关系，进行实证研究。首先，通过相关分析，确定知识贡献动机和回答策略之间存在显著的依存关系；然后，通过回归分析，对知识贡献的动机在多大程度上能够预测其回答策略的关系进行探讨。实证研究结果表明，用户知识贡献的动机和其采取的大部分回答策略之间是正向相关的，即被这些动机强烈驱使的用户更多地采取这些策略去回答问题、贡献知识。并且，除了感知有趣性以外，用户知识贡献的自我效能、利他、名誉和互惠均和一些回答策略之间中度相关（0.4<β<0.7），具有密切的关系，越是被这些动机驱动的用户，则越有可能采取相应的回答策略，也就是说，可以根据用户知识贡献动机的强弱，预测其知识贡献可能采取的回答策略。

6.3.1 与知识贡献动机中度相关的回答策略

根据回归分析的结果，就与知识贡献动机中度相关（0.4<β<0.7）的回答策略进行探讨，对比不同知识贡献动机对回答策略的预测及其相互关系不难发现，用户知识贡献的动机与回答策略之间的关系根据动机的不同，具有一定的差异。也就是说，知识贡献者的行为即在回答问题时所采取的策略可能因为其动机的不同而有所区别，因知识贡献的动机而变化。

利他是本项目研究的所有动机中与回答策略之间中度相关关系最多的动机因素。利他因素和名誉因素与回答策略之间的关系有所不同。从回归分析的结果对比发现，在进行信息搜索时，被利他因素驱使的用户更多地利用其自身的信息以及网络搜索，而越是被名誉因素驱使的用户则选择重新搜索和利用问答平台已经发布的答案，这与 Oh（2011）[①] 的研究结果一致。在生成答案时，越是被利他因素驱使的用户更多地考虑回答问题时的态度，而被名誉因素驱使的用户更多地选择重新利用其以前在社交问答平台回答问题时产生的答案。

用户知识贡献的互惠动机和利他动机不同，区别在于互惠动机驱使的用户希望能够得到回报，可能是社区对其的奖励或者是他人对其的帮助。从回归分析的结果对比发现，在选择问题时，越是在利他动机驱使下的用户会选择对相关领域充满自信的问题，以确保能够帮助到他人，而越是在互惠动机驱使下的用户会选择最新发布的问题，可能原因是这些提问者的活跃度较高，他们获得回报（可能是奖励或赞同等）的机会也就会更大。在信息搜寻

---

① Oh S. The relationships between motivations and answering strategies: an exploratory review of health answerers' behaviors in Yahoo! Answers [J]. Proceedings of the American Society for Information Science and Technology, 2011, 48 (1): 1-9.

的过程中，越是在利他动机驱使下的用户会对自身的相关知识、经验和专业技能进行全面的搜索来进行知识贡献，必要时也会从网络上搜索其他信息，采取信息搜索策略较为全面，相比较而言，越是在互惠动机驱使下的用户会选择搜索在社交问答平台已经有的一些答案，去回答用户相关的提问，这种信息搜寻策略较为简单快捷，能够较快地得到用户的反馈。

以上分析了用户知识贡献的利他动机与名誉、互惠动机对回答策略的预测关系的不同点，同时本项目研究也发现一些相同点，即利他和自我效能都与问题解释中所采取的某些策略中度相关，名誉和互惠都与答案评价中所采取的某些策略中度相关。

在知识贡献的问题解释过程，用户采取一定的策略对问题进行深入的理解以便了解提问者的需求，越是被利他因素驱使的用户，更多地采取研究其他相关的热点问题，即他们对某类问题一直有所关注以便帮助需要的人，了解这类用户的信息需求；而越是被自我效能驱使的用户认为其有足够的自信，能够对用户的提问一直都非常理解，他们自信能够准确掌握用户的信息需求。

在知识贡献的答案评价过程，越是被名誉和互惠动机驱使的用户，更多地关注答案的评价，他们都会更多地关注社区的评价，而被名誉动机驱使的用户还会关注其他提问者的评价，可见，相比其他知识贡献者，想在社交问答平台获得较高的身份和地位的知识贡献者，要更多地在乎其他知识贡献者对答案的评价和看法，从而在知识贡献者中得到较高的身份和地位。

6.3.2 与知识贡献动机低度相关的回答策略

本研究的分析结果表明感知有趣性动机与所有的回答策略均是低度相关或弱相关（$\beta<0.4$），也就是说不能够确定社交问答平台越是被感知有趣性驱动的贡献者，越会更多地采取何种回答策略，这与 Oh（2011）① 的研究

---

① Oh S. The relationships between motivations and answering strategies：an exploratory review of health answerers' behaviors in Yahoo！Answers ［J］. Proceedings of the American Society for Information Science and Technology，2011，48（1）：1-9.

结果不一致，Oh 等研究认为健康信息知识贡献者中，越是被感知有趣性驱动的用户，会更多地采取选择困难问题、最新发布问题的回答策略。可能是健康信息类用户知识贡献和社交问答服务所有用户知识贡献行为有一定差异，也可能是调查样本的不同导致，有待今后研究进一步深入探讨。

研究发现，一些回答策略与本项目所探讨的用户知识贡献的所有五个动机之间都是明确且较小的低度相关（$0.2<\beta<0.4$，低度相关）或者是可以忽略不计的弱相关（$\beta<0.2$，弱相关）。这些回答策略包括在问题选择时选择简单的问题或者没有人回答的问题，在问题解释时阅读其他相关问题、不论是否理解就做出回答或者向提问者发问，在答案生成时注重答案的准确、完整以及全新的答案即创新性，在答案评价时关注提问者的评价。分析低度相关或弱相关的原因，我们认为这极有可能就是该社交问答服务平台有待优化的地方，也有一定可能是和用户知识贡献的其他动机有关，有待进一步探讨。

因此我们不难推测，社交问答服务平台简单的问题和没有人回答的问题都较少得到关注，这可能是极简或极难的问题。对于前者，用户认为提问者可以自己解决没必要回答，这与用户反馈的不回答问题的原因一致，其中有 19.6% 的用户认为不回答问题的原因是问题本身太简单提问者可以自己解决；而对于后者，用户则没有相关的能力和知识进行回答。此外，值得注意的是用户在生成答案时，较少采取考虑答案的准确性、完整性以及创新性的策略，这将可能导致社交问答服务平台知识的准确度、完整度不高。

6.3.3 用户不进行知识贡献的原因

对于没有在社交问答网站回答过问题的用户（$n = 158$），本书利用 Dearman 等（2010）[①] 对 Yahoo! Answers 用户不回答问题原因的研究结果作

---

① Dearman D, Truong K N. Why users of Yahoo! Answers do not answer questions [C] //Proceedings of the 28th International Conference on Human Factors in Computing System. Atlanta, Georgia, USA, 2010: 329-332.

为调查项目，设计多项选择，统计社交问答服务用户不回答问题的原因，如图 6.2 所示。

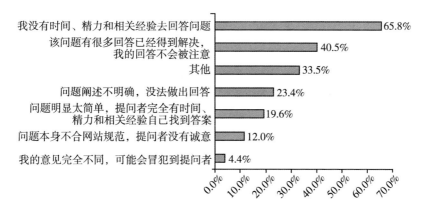

图 6.2 用户不在社交问答平台回答问题的原因占比

如图 6.2 所示，65.8%的用户表示不回答问题的原因是没有时间、精力和相关经验，40.5%的用户表示问题已经得到解决，回答不会被注意而不再做出回答，23.4%的用户表示问题阐述不明确，没办法做出回答，19.6%的用户表示问题比较简单，提问者可以自己解决，另外也有少量用户表示问题不合网站规范，提问者没有诚意（12.0%），或者意见不同担心冒犯其他用户（4.4%）而不去做出回答。

此外，问卷设置开放问题，被调查者就其在社交问答服务平台浏览了相关问题以后并没有做出回答的原因进行陈述。共有 53 位用户做出陈述反馈，对其反馈的有价值的内容进行筛选和简单的总结分析不难发现，用户反映不在社交问答服务平台回答问题进行知识贡献的原因主要有以下四种：

①能力不足。有绝大部分用户认为其自身能力不足（$n = 16$）是不在社交问答平台贡献知识的主要原因。用户认为自身的经验、专业知识不足以回答问题，如："不能保证问题回答的专业性、可靠性，故不作答"，"有的专业问题我缺乏能力回答"。也有用户认为社交问答服务平台的问题难度大，无法解决，如"难度高，不是我这个水平能解决的"。

②使用习惯、意识或兴趣不够。有一部分用户（$n=11$）反映他们没有在社交问答平台回答问题的习惯、意愿或者兴趣。如："习惯于只浏览不作答"，"不想回答，只想去找相关答案"，"没有回答问题的意愿"，"没有回答的意识"，"没有兴趣回答，看看别人的回答就好"。这部分用户的特点是使用习惯止于浏览和阅读，会在社交问答平台浏览已有的答案，认为自身的某些需求通过浏览已能够得到满足，其回答问题的意识、动机、兴趣不足。

③平台机制不完整。有部分用户（$n=6$）反映社交问答平台的机制不够完整而不在该平台贡献知识。如："个人隐私、网络空间的安全和规范性有待提高"，"没有看到合适我回答的问题，同时鼓励机制不够驱使我去回答问题"，"回答过完全相同的题目"。用户反映社交问答服务平台的机制不完整主要在隐私、安全性、激励机制和重复提问四个方面。

④没有信心，担心误导别人。有部分用户（$n=5$）不进行知识贡献的原因是出于为提问者考虑，担心自己的回答会对他人造成错误的引导，对自身回答问题的信心不足。如："担心回答错误，误导别人"，"无法给出准确的答案，对自己的答案没有信心"，"不确定是否能比较好地作答"，"自己不了解，不轻易回答"。这部分用户对于内容和提问有相当的把握才会贡献知识。

7 社交问答平台用户的信息采纳
与用户体验

　　"用户""内容""服务"三个方面是先前关于社交问答平台研究的重点,[1] 如图7.1所示。具体来说:"用户"主要是研究社交问答平台用户的信息行为特征;"内容"指的是社交问答平台知识获取成本、答案可信度和信息质量等问题;系统"服务"指的是研究社交问答平台的系统与服务建设。

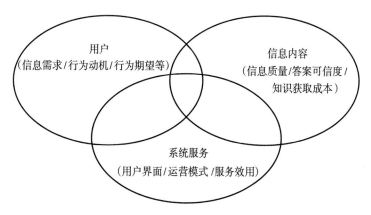

图7.1　社交问答平台的研究维度[2]

　　[1]　Shah C, Oh S, Oh J S. Research agenda for social Q&A [J]. Library & Information Science Research, 2009, 31 (4): 205-209.

　　[2]　Shah C, Oh S, Oh J S. Research agenda for social Q&A [J]. Library & Information Science Research, 2009, 31 (4): 205-209.

我们通过对当前的相关文献进行归纳分析发现，社交问答平台用户信息行为可以具体分为三种模式：信息搜寻行为、知识贡献行为和信息采纳行为。在社交问答平台中，因社区的特殊情境，用户的信息行为有其自身特点。因为社交问答平台是一种用户生成内容的网络平台，所以在本书中我们将社交问答平台用户的信息行为看做是以上三种知识行为模式的结合。

7.1 社交问答平台用户的信息采纳分析

本书以知乎为例，进行社交问答平台用户的信息采纳分析。知乎（www.zhihu.com）正式上线于 2011 年 1 月 26 日，截至 2015 年 3 月，知乎的用户注册量达到 1 700 万。① 作为新兴的社交问答平台，知乎是以社区、用户关系、内容运营为基础，这样的社交问答平台正被用户广泛采纳和接受。② 知乎具有很强的交互性，其问答平台中的答案是根据其他用户的赞同和感谢进行综合排名的。因此，知乎上的最佳答案并不是依靠提问者自身的主观判断，而是依靠该网站上的所有用户进行投票来选择的。知乎类似于一种 Wiki 模式，它可以提供较为高质量的信息，同时也可以为用户们提供较为自由和广泛的讨论空间。知乎的运营模式类似于国外的问答网站 Quora，强调问题搜寻者与答案贡献者之间的信息交流和互动。知乎的用户采用准实名制，用户的身份信息是判断其回答质量的一个重要参考依据；而百度知道更倾向于让用户使用昵称。在回答问题方面，知乎对于问题的回答没有时间限制，同时它鼓励更多的用户参与到问题的讨论中来，并且允许用户间相互

---

① 黄梦婷，张鹏翼. 社会化问答社区的协作方式与效果研究：以知乎为例 [J]. 图书情报工作，2015，59（12）：85-92.

② Chen X, Deng S. Influencing factors of answer adoption in social Q&A communities from users' perspective：taking Zhihu as an example [J]. Chinese Journal of Library and Information Science，2014，7（3）：81-95.

评论和交流。①

在知乎中，用户类型可以具体分为两类，一类是以提出问题或检索问题为主要目的的信息搜寻者，另一类是以回答问题、贡献知识为主的信息贡献者。② 而这两类用户又同时可以选择赞同或者反对其他人贡献的信息，并以此来表达他们是否愿意采纳该信息。由于在知乎中存在不同的信息行为模式，不同模式下产生的信息也存在差异和区别，因此，对不同行为模式下产生的信息进行分析可以帮助我们了解问答社区用户信息行为的规律。本研究首先从知乎中抽取相关网页内容，分析问答社区中信息的内容特点和用户信息行为模式的特征，通过描述社会问答社区用户信息行为的基本过程，来分析和探究不同信息行为模式之间的区别和联系。

7.1.1 数据收集与描述性统计分析

本研究中的数据样本来源于知乎，而知乎中包含大量的各类话题的问题和答案。本书选取"雾霾"话题作为研究对象，利用 Python 语言编写的网页爬取程序对该话题下的问题和答案进行内容抓取，将原始数据集保存在数据库软件 MySQL 中。在数据预处理过程中，本书将问题和答案分开保存，例如针对问题方面的数据，本书主要记录了问题名称（Name）和具体的问题描述内容、问题的网络链接地址（Question_URL）、问题的关注者数量（Followers）、问题对应的最佳回答的链接地址（Best_Answer_ID）；而针对答案方面的数据，主要记录了答案的回答者名称（Answerer）、答案的链接地址（Answer_URL）、答案所在的问题地址（Question_ID）、答案获得的评论数量（Comment_NO.）以及具体的答案内容信息。数据收集时间为 2015 年 4月 13 日，数据预处理和整理时间为 2015 年 4 月 20 日至 27 日。

---

① 刘高勇，邓胜利 . 社交问答服务的演变与发展研究［J］. 图书馆论坛，2013, 33（1）：17-21.

② 贾佳，宋恩梅，苏环 . 社会化问答平台的答案质量评估——以知乎、百度知道为例［J］. 信息资源管理学报，2013（2）：19-28.

整个数据集包含了 1 540 个问题和 2 863 个答案，本书根据每个问题和答案的链接地址赋予了相应的 ID 号。在知乎中，每个问题或答案的链接地址都包含有相应的数字，为了方便回溯和检索，我们将这些数字作为该问题或答案的 ID 号。例如问题"雾霾与风力发电有关吗？"的链接地址为 https：//www. zhihu. com/question/21756915，它的 ID 号即为 21756915。在这 1 540 个问题中，有 636 个问题是没有人回答的，同时还有 44 个问题没有任何关注，它们分别占整个数据集问题数量的 41.3% 和 28.6%。表 7.1 列出了该数据集的基本信息。

表 7.1　　　　　　　　　　　　**数据集基本信息概况**

数据收集时间	2015 年 4 月 13 日
问题总数	1 540 个
答案总数	2 863 个
关注数最多的问题 ID 号	22211349①
最大专注人数	2 781 人
获得最高赞同的答案所属的问题 ID 号	22854438②
最高赞同数	2 630 人
答案获得最高赞同的问题的关注人数	1 143 人
没有人关注的问题的数量	44 个
没有人回答的问题的数量	636 个

本书根据每个问题下答案数量的分布绘制了问题数量与答案数量的关系图，如图 7.2 所示。从图中可以看出，拥有较多答案的问题只占整个问题集的极小部分，而绝大部分问题得到的回答很少甚至没有人回答，答案和问题

---

① 知乎 . 为什么感觉雾霾是近几年突然爆发了？[EB/OL]. [2016-01-23]. http：// www. zhihu. com/question/22211349.

② 知乎 . 如何看待教委叫停北大附中初中部雾霾停课？[EB/OL]. [2016-01-23]. http：//www. zhihu. com/question/22854438.

之间的分布很不均匀，呈现典型的"马太效应"。这种现象说明，在知乎中仍然存在大量的问题未被处理和解决，而绝大部分高质量的答案只分布在少数几个问题中。

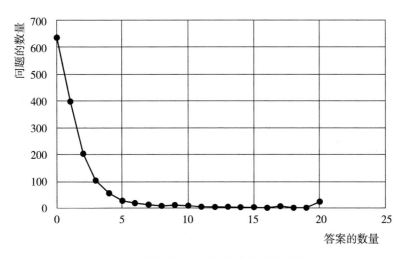

图 7.2　数据集中问题与答案的数量分布

通过对没有人回答的问题的信息描述进行进一步分析（636 个），本书发现这些未获得回答的问题有如下几点特征，分别是：①问题描述模糊不清；②问题描述过于复杂；③问题包含了若干个子问题；④缺乏必要的背景信息。这一结论与芬兰学者 Savolainen 对 Yahoo! Answer 进行研究得到的结论很相似，他认为，社会化问答社区中得不到反馈和响应的问题存在着信息表达不清，或者问题过于复杂，缺乏必要信息描述等劣势。① 因此，在社会化问答社区中提问，如果想让自己的问题获得关注或回答，需要针对上述四点对问题进行相应的改善和提高。

从问题的角度来看，用户在问答社区提出的具体问题可以代表用户想要

---

①　Savolainen R. Providing informational support in an online discussion group and a Q&A site：the case of travel planning［J］. Journal of the Association for Information Science and Technology，2015，66（3）：450-461.

搜寻的信息，而从问题的关注数来说，获得关注数越高的问题可以反映该问答社区用户群体的信息搜寻偏好。本书将"雾霾"话题下问题的关注度分为四个层次，分别是：高关注度（关注人数≥1 000）、中高关注度（100<关注人数<1 000）、中等关注度（10<关注人数<100）和低关注度（关注人数≤10）。表7.2列出了关注度在100以上的问题（共34个），即处于中高或高关注度的问题，从中我们可以看出社会化问答社区用户对于雾霾问题信息搜寻的偏好。根据表中的信息可知，知乎上的雾霾话题主要分为两类，一类是相关的理论知识普及和介绍，比如针对当前雾霾的形成原因、雾霾的危害、我国雾霾问题严重化的根源、解决措施、普通民众如何自我防护等；另一类是由雾霾引发的话题的讨论和辩论，如"APEC蓝"带来的讨论和辩论等。

表7.2 中高、高关注度问题信息概况

问题的ID号	关注数	问 题 名 称
22211349	2 781	为什么感觉雾霾是近几年突然爆发了？
22201366	1 923	2013年12月上旬江浙沪的严重空气污染是因为什么？与北京的空气污染有何不同？
26093366	1 367	2014年10月19日，在PM2.5值超过400的情况下参加北京马拉松是什么体验？
22853878	1 306	历史上曾经有哪些大城市遭遇过雾霾污染？他们是怎么治理的？
23360556	1 275	北漂们是怎么忍受雾霾的？为什么不去上海、深圳或广州呢？
22854438	1 143	如何看待教委叫停北大附中初中部雾霾停课？
22863429	1 017	雾霾真的解决不了么？
22857128	742	为什么美国没有雾霾？
22375822	697	汽车限号能对抑制雾霾做出大贡献吗？
28437244	631	拨打12369环保热线管用吗？
21943893	556	如何选购适合目前的雾霾天气的口罩？
23105466	471	雾霾会诱发哪些疾病？

续表

问题的 ID 号	关注数	问 题 名 称
21752895	458	雾霾天致癌吗？如何评估雾霾对人身健康的影响？
26489180	373	"APEC 蓝"是如何实现的？
28476627	373	面对雾霾，汽车工业应该做什么？
26472781	339	北京 2014 年 APEC 期间的雾霾是怎么降下去的？
22466087	332	雾霾首次被国家纳入"自然灾情"意味着什么？
22846068	329	长期生活在雾霾中对人的心理健康会产生什么威胁？
21767502	315	在雾霾天气长期覆盖地方生活的人，能采取哪些措施更好地保护自己的呼吸系统？
28450404	291	从多个角度进行比较，现有的空气指数 APP 哪个比较好？
22994153	251	"特高压治霾"可行吗？
26885159	241	这两天网上很火的所谓"抗霾神器"真的有用吗？
22229531	215	当年雾都伦敦和如今北京的雾霾一样吗？伦敦的居民后来是否有什么后遗症？二者哪个对人类危害更大？
23050825	207	城市中，一天中哪个时段 PM2.5 指数会最小，哪个时段会最大，为什么？
21814476	205	中央拿出 50 亿治理京津冀的雾霾，将会用在哪？
24132820	191	雾霾和燃烧秸秆之间是否有决定性关系？
26119876	154	你是否会因为雾霾换城市工作生活？
22456756	138	沙尘暴是否比雾霾好治理？
28458325	128	石油行业会不会开放市场？
22912782	118	雾霾实验室"烟雾箱"对雾霾研究的重要性如何？
27720788	116	为什么张家口在重污染包围之下 PM2.5 可以保持低的水平？
27131851	114	我国雾霾问题已有多年，对人民的健康产生了哪些实际影响？
22617116	109	是什么原因让你准备离开北京？
23181247	109	天空中的雾霾是什么东西，来自哪里？形成的原因是什么？

从答案的角度来看，用户对某答案表示赞同可以看做是用户对该答案的

采纳和认可,因此那些获得高赞同数的答案可以反映出答案的高质量和高采纳率。本书将获得赞同数量超过 100 人(含 100)定义为"最佳答案"(best_answer),将其他答案定义为"一般答案"(ordinary_anwser)。在本数据集中,最佳答案的数量为 63 个(2.2%,$n = 2\ 863$),一共获得赞同数为 27 655人次,而这些答案又分布在 25 个问题中(1.6%,$n = 1\ 540$)。如表 7.3 所示。

表 7.3   高赞同数答案基本信息概况

答案 ID 号	答案所属问题 ID 号	回答者	赞同数
4364667	22854438	zhou-zuo	2 630
4040524	22211349	commando	2 360
4369788	22854438	wu-ze-yong	2 135
9261175	22857128	N. A.	2 050
8233192	26093366	ren-yi-8	1 676
11795598	28489755	N. A.	1 324
8225854	26093366	N. A.	985
11748054	28437244	xi-guan-jun-77	909
4367484	22863429	a-da-69	731
8068309	23360556	Hemerocallis-Yu	623
8069906	23360556	xia-ji-ji-28	581
9098944	22375822	da-lian-cheng-zai-xiao-xiong	555
5696879	22857128	han-dong-ran	510
8505201	22863429	yang-gan-92	474
11801036	28489755	N. A.	444
4372368	22854438	wuboshi	412
4040951	22211349	meng-de-er	378
8220521	26093366	N. A.	377

答案 ID 号	答案所属问题 ID 号	回答者	赞同数
8246373	22211886	haoqishiyanshi	340
3442187	22201366	liu-qiu-yun-41	319
8507513	22863429	LeonardoWangTianqi	308
4344966	22846068	N. A.	305
11736989	28450404	N. A.	300
11870419	28476627	libertas.	299
3779885	22466087	12345678901234567890	297
4750759	23105466	jie-hong-xing	291
8551581	26472781	yang-xiao-fan-44	277
4039057	22211349	zhifei-shi	260
10866250	26885159	haoqishiyanshi	257
4717274	21752895	guo-xin-biao	255
8123040	22211349	huo-zhen-bu-lu-zi-lao-ye	248
8230394	26093366	li-meng-qi-69-28	218
8060912	23360556	yu-zhi-bo-fan-wei	217
11746377	28449150	haoyuan-xing	214
11799929	28489755	N. A.	208
8104781	23360556	N. A.	204
11798325	28489755	N. A.	180
8509061	22863429	chen-zhi-16-68	179
8238697	26093366	guanyadi	178
11797386	28489755	zhang-lin-zhou	171
8228074	26093366	an-zi-63-23	158
4357989	22857128	cddong	148
4366668	22854438	smallay	147

续表

答案 ID 号	答案所属问题 ID 号	回答者	赞同数
3438629	22201366	chenbaiyan	146
3807726	22466087	chen-zui-49	145
4362634	22853878	light-47	144
8240002	26093366	N. A.	140
8504883	22863429	N. A.	140
4040793	22211349	chen-zui-49	139
8221626	26093366	zerojz	138
9239978	22857128	matt-hartzell	137
11725689	28437244	que-sera-56	137
9184550	26885159	exom	128
3450654	22201366	xieyuning	126
10560411	27720788	yang-kai-guang	123
3488117	22241612	N. A.	117
11758905	28437244	liyaocen	113
11740789	28446942	aeternallife	112
11748740	28444819	giantchen	112
9235372	22857128	N. A.	109
8122599	22211349	N. A.	108
4367822	22854438	N. A.	107
4353531	22853878	wang-hua-20-18	102

注：N. A. 表示回答者匿名。

本书将最佳答案与一般答案获得的评论数量进行比较分析发现，通过比较平均评论数量，发现不同类型的答案获得的评论数呈现显著的差异（卡方检验 $X^2 = 4.318$，$P < 0.001$），如表 7.4 所示。为了进一步验证评论数量与答案质量的关系，本书对答案评论数量和答案赞同数量进行了相关性分析（$r = 0.645$），结果显示这两者之间有一定程度的正相关关系，这表明，用户对答

案的评论数量的多少可以在一定程度上反映出答案质量的高低，高质量的答案相对于低质量的答案容易获得更多的评论。

表7.4　　　　最佳答案与一般答案之间的评论数量差异比较

答案	数量	有评论	无评论	平均评论数	χ^2	P
最佳答案	63	25	0	65.8	24.569	<0.001
一般答案	2 800	758	757	5.6		

对答案的赞同可以在一定程度上说明用户对答案的采纳，那么用户对问题的关注度反映出问答社区用户搜寻信息的偏好。本书将不同层次关注度的问题与其是否有相应的答案获得赞同进行比较，利用卡方检验进行分析，如表7.5所示。结果发现，不同层次关注度的问题在获得赞同的答案数量方面呈现明显差异。具体来说，关注度越高的问题越容易获得其他用户的响应和回答，同时高关注度的问题获得高质量答案的几率要高。

表7.5　　　　答案获得赞同的数量与其问题关注度的关系

问题关注度	数量	有赞同的答案	无赞同的答案	自由度	χ^2	P
低关注度	1 346	327	1 019	3	271.93	<0.001
中等关注度	157	123	34			
中高关注度	29	29	0			
高关注度	8	8	0			

为了验证问题关注度与答案质量的关系，本书首先对关注度排名前50的问题和赞同数排名前50的答案所属的问题进行了 Cohen's Kappa① 一致性

---

① Cohen J. A coefficient of agreement for nominal scale ［J］. Educ Psychol Meas，1960，20（1）：37-46.

检验。结果显示这两者一致性系数为 0. 78，大于 0. 7 的推荐阈值，① 这进一步说明关注度高的问题与高质量的答案有相当大的一致性，因此可以得出结论，知乎中的高质量答案来自于用户群体经常搜寻的问题的所属答案。

7.1.2 社交问答平台信息行为特征分析

为了深入理解社会化问答社区信息行为的特征，本书对原始数据集中的问题和答案进一步进行内容分析，从中归纳和提炼社交问答平台用户信息行为的特征。本节采用质性研究的方法，在没有任何理论和假设的前提下对获取的数据资料进行研究，通过对资料的归纳分析，构建起新的理论。扎根理论的方法是质性研究中较为常用的一种研究方法，它强调在广泛收集文本资料的基础上对资料进行分析，通过编码分析将文本资料抽象化，并概括出理论命题，同时与原始材料比对来保证编码的质量和效果。②

本书使用 NVivo 10 对数据进行分析和处理。NVivo 软件是对定性的数据材料进行计算机辅助分析的软件，它通过对数据资料的具体内容进行分析来创建节点并进行编码，重点显示数据资料中的主要内容③，并为研究者提供便捷的编码环境④。本书通过 NVivo 10 的辅助，重点对高关注度的问题和高赞同数的答案的文字内容进行编码、分析、统计，揭示编码节点之间的显性和隐性关系。在本研究中，首先对文档资料进行整理，然后按编码的要求，对整理后的资料进行编码，从原始资料中产生初始概念，进而发现概念范畴。由于编码阶段要求摒弃个人的主观偏见和既有的思维定势，本书邀请另

① Lindlof T R, Taylor B C. Qualitative communication research methods [M]. Bevely Hills: Sage Publications, 2010.

② 郑全全，赵立，谢天. 社会心理学研究方法 [M]. 北京：北京师范大学出版社，2010.

③ 李小宇. 中国互联网内容监管机制研究 [D]. 武汉：武汉大学，2014.

④ 黄晓斌，梁辰. 质性分析工具在情报学中的应用 [J]. 图书情报知识，2014 (5)：4-16.

外两位情报学的硕士研究生参与本书对资料进行逐句编译，当编码过程中出现分歧时，三人则进一步讨论直至达成共识。编码阶段需要指认现象、界定概念、发现范畴，也就是处理聚敛问题。具体过程是：对资料进行概念化，定义现象；对概念进行分析，挖掘范畴；为范畴命名；挖掘范畴的性质和维度。①

（1）社交问答平台用户信息搜寻的特征

本书选取"雾霾"话题下社交问答平台用户关注度最高的前34个问题（关注度在100以上）进行重点分析，通过编码整理这些高关注的问题，进而发现用户在社交问答平台进行搜寻的行为特征。根据之前相关研究对于社交问答平台中问题类型的分类，②③④ 本书结合知乎的实际情况，将社交问答平台中用户的信息需求分为三类：知识或经验的欠缺，好奇心的满足，观点意见或建议的采纳。知识或经验的欠缺是指用户对于相关科学理论、规律、机理等方面缺乏掌握，对于某些事实的真相不了解，例如问题"雾霾天致癌吗？"；好奇心的满足是指用户对于某些经历或体验充满好奇，想去了解某些事实的经过等，例如问题"'APEC蓝'是如何实现的？"；观点意见或建议的采纳是指用户对关于某些事件、现象、问题看法的需求，需要回答者站在更为抽象的角度去评述某些问题，甚至需要提供方法论等。本书将这34个问题根据上述定义首先进行了分类，然后再邀请一名情报学硕士研究生独立重新进行分类，对比两次分类的结果，对于出现偏差和分歧

① 刘鲁川，蒋晓阳. 社区公共服务综合信息平台居民使用行为研究［J］. 中国图书馆学报，2015，41（6）：61-72.

② Abrahamson J A, Rubin V L. Discourse structure differences in lay and professional health communication［J］. Journal of Documentation，2012，68（6）：826-851.

③ Savolainen R. The structure of argument patterns on a social Q&A site［J］. Journal of the American Society for Information Science and Technology，2012，63（12）：2536-2548.

④ Savolainen R. Expressing emotions in information sharing：a study of online discussion about immigration［J/OL］. Information Research，2015，20（1）：350-364.

的结果由笔者和该同学经过讨论确定最终归属的类别。详细的分类结果如表 7.6 所示。

表 7.6   社会化问答社区问题类型类别

问题名称	关注数	类别
为什么感觉雾霾是近几年突然爆发的？	2 781	好奇心的满足
2013 年 12 月上旬江浙沪的严重空气污染是因为什么？与北京的空气污染有何不同？	1 923	知识或经验的欠缺
2014 年 10 月 19 日，在 PM2.5 值超过 400 的情况下参加北京马拉松是什么体验？	1 367	好奇心的满足
历史上曾经有哪些大城市遭遇过雾霾污染？他们是怎么治理的？	1 306	知识或经验的欠缺
北漂们是怎么忍受雾霾的？为什么不去上海、深圳或广州呢？	1 275	好奇心的满足
如何看待教委叫停北大附中初中部雾霾停课？	1 143	观点意见或建议的采纳
雾霾真的解决不了吗？	1 017	观点意见或建议的采纳
为什么美国没有雾霾？	742	好奇心的满足
汽车限号能对抑制雾霾做出大贡献吗？	697	观点意见或建议的采纳
拨打 12369 环保热线管用吗？	631	观点意见或建议的采纳
如何选购适合目前的雾霾天气的口罩？	556	知识或经验的欠缺
雾霾会诱发哪些疾病？	471	知识或经验的欠缺
雾霾天致癌吗？如何评估雾霾对人身健康的影响？	458	知识或经验的欠缺
"APEC 蓝"是如何实现的？	373	好奇心的满足
面对雾霾，汽车工业应该做什么？	373	观点意见或建议的采纳
北京 2014 年 APEC 期间的雾霾是怎么降下去的？	339	好奇心的满足
雾霾首次被国家纳入"自然灾情"意味着什么？	332	观点意见或建议的采纳
长期生活在雾霾中对人的心理健康会产生什么威胁？	329	知识或经验的欠缺

问题名称	关注数	类别
在雾霾天气长期覆盖地方生活的人，能采取哪些措施更好地保护自己的呼吸系统？	315	知识或经验的欠缺
从多个角度进行比较，现有的空气指数 APP 哪个比较好？	291	观点意见或建议的采纳
"特高压治霾"可行吗？	251	观点意见或建议的采纳
这两天网上很火的所谓"抗霾神器"真的有用吗？	241	观点意见或建议的采纳
当年雾都伦敦和如今北京的雾霾一样吗？伦敦的居民后来是否有什么后遗症？两者哪个对人类危害更大？	215	好奇心的满足
城市中，一天中哪个时段 PM2.5 指数会最小，哪个时段会最大，为什么？	207	知识或经验的欠缺
中央拿出 50 亿元治理京津冀的雾霾，将会用在哪？	205	好奇心的满足
雾霾和燃烧秸秆之间是否有决定性关系？	191	观点意见或建议的采纳
你是否会因为雾霾换城市工作生活？	154	观点意见或建议的采纳
沙尘暴是否比雾霾好治理？	138	观点意见或建议的采纳
石油行业会不会开放市场？	128	观点意见或建议的采纳
雾霾实验室"烟雾箱"对雾霾研究的重要性如何？	118	好奇心的满足
为什么张家口在重污染包围之下 PM2.5 可以保持低的水平？	116	好奇心的满足
我国雾霾问题已有多年，对人民的健康产生了哪些实际影响？	114	好奇心的满足
是什么原因让你准备离开北京？	109	观点意见或建议的采纳
天空中的雾霾是什么东西，来自哪里？形成的原因是什么？	109	知识或经验的欠缺

从表格中可以看出，从信息搜寻的角度来说，知乎用户对于该话题的搜寻特征呈现出"问题多元化、方向一致化"的大致趋势。问题多元化是指用

户提出的问题和搜寻的问题多样，各方面、各种类型的都有。这体现出用户的信息需求多元，信息搜寻的兴趣点很多，受到多种动机的影响。用户搜寻信息并不是解决某一种或者某一类的信息需求，他们想要获取的信息是大量和丰富的。方向一致化是指用户提出的问题和搜寻的问题具有规律性，并不是杂乱无章或不可预测的。本书发现，用户关注最多的问题，往往也是互联网上人们参与和讨论的热门话题。比如，2015 年年初对于雾霾的讨论在国内大多社交媒体上成为热门话题，同时在社交问答平台知乎，用户们对该话题进一步解构和分析。此外，用户搜寻最多的问题集中在 PM2.5 以及雾霾的成因、危害和防治方面，同时对于一些流行的观点和意见，用户们也倾向于寻求更多的答案贡献者来提供解答帮助。

（2）社交问答平台用户信息采纳的特征

本书选取赞同数大于 100 的答案作为研究样本进行重点分析（共 63 个答案），通过编码整理这些高关注的问题，进而发现用户在社交问答平台进行搜寻的行为特征。首先，本书整理了这些高质量答案所属的问题，并进行统计，结果显示这 63 个高质量答案来自于 25 个相关的问题中。同时，我们比较了这 25 个问题的关注数量与对应的高质量答案数量，如表 7.7 所示，相关分析结果显示，问题的关注数量与高质量答案数量具有较强的正相关关系（$r = 0.746$）。这种结果说明知乎中越受关注的问题越容易获得高赞同的答案，我们从而可以得出这样的结论：知乎用户从经常搜寻的问题中更容易获得大量的高质量答案。

表 7.7 　　　　　　　　　　**问题关注数与高质量答案数的关系**

问题 ID	高质量答案的数量	问题受关注的数量
26093366	8	1 367
22211349	6	2 781
28489755	5	1 691

问题 ID	高质量答案的数量	问题受关注的数量
22863429	5	1 017
22857128	5	742
22854438	5	1 143
23360556	4	1 275
28437244	3	631
22201366	3	1 923
26885159	2	241
22853878	2	1 306
22466087	2	332
28476627	1	373
28450404	1	291
28449150	1	330
28446942	1	24
28444819	1	63
27720788	1	116
26472781	1	339
23105466	1	471
22846068	1	329
22375822	1	697
22241612	1	48
22211886	1	72

进一步对这些高质量的答案进行内容分析，从内容形式上看，高质量的答案有如下几个明显的特征：①大量的参考来源：包括外部网络链接、

参考文献和引用其他答案的内容；②丰富的图片展示：图片的作用包括证明论点、修辞表达和丰富案例；③活跃的信息互动：高质量的答案下面都有大量来自其他用户的评论，这说明知乎社区具有以答案为中介展开信息互动的特点。从上述特点我们可以看出知乎社区高质量答案的特点，因此在答案质量的提升方面，可以考虑从这些特点出发，如：通过提供参考来源和进行标引来增强答案内容的权威性和可靠性；通过增加案例、图片、视频等多媒体手段来增加答案内容的可读性和信息量；通过开放讨论来增强用户之间的信息交流和互动，进一步将互动结果反馈到答案的修改和完善当中。

7.2　社交问答平台用户信息采纳行为的影响因素

近三年来，新型的社交问答平台逐渐兴起，这类平台强调人际交流的重要性，靠良好的社区氛围吸引相关领域的专业人士参与问答，因而能产生较高质量的答案和内容。① 国外的 Quora 和国内的知乎是此类社交问答平台的典型代表。

Zhang 和 Watts② 认为，以往关于社区答案的研究大多关注问答社区答案的分享，较少关注社区答案的采纳。蒋楠和王鹏程③的研究表明，对于社区答案的研究往往注重对答案质量的评价，而忽略了答案质量对答案采纳的影响。因此，我们结合知乎社区平台的特征和以往答案质量研究的相关成果，从用户角度分析影响问答社区答案采纳的关键因素。

---

①　林臻，熊信之. 社会化问答网站的传播特点及发展策略 [J]. 青年记者，2012 (33)：83-84.

②　Zhang W, Watts S. Knowledge adoption in online communities of practice [C] // ICIS 2003 Proceedings. 2003：9.

③　蒋楠，王鹏程. 社会化问答服务中用户需求与信息内容的相关性评价研究——以百度知道为例 [J]. 信息资源管理学报，2012 (3)：35-45.

7.2.1 相关研究

(1) 社交问答平台答案质量

社交问答平台答案质量是社交问答平台研究中的一个重要方面。国内外关于社交问答平台答案质量的研究主要集中在用户选择最佳答案时的影响因素，并试图从这些因素中归纳出用户评价信息质量的标准。如 Shah 和 Pomerantz ① 以 Yahoo! Answer 为平台，选择了若干组问题集合，让 Amazon Mechanical Turk 的工人们对这些问题集的答案进行评估，并提出了判断问答社区答案质量的 13 个问题，涵盖了答案的知识性、相关性、可靠性、原创性、客观性、专业性、创新性、可读性、有用性、完整性、清晰性、礼貌性和新颖性。Zhu 等② 通过研究总结出一个质量评估模型，包括了完整性、可读性、可靠性、细节性、原创性、客观性、信息量、相关性、简明性、礼貌性、新颖性、有用性和专业性 13 个维度。Soojung 和 Sanghee③ 通过分析 Yahoo! Answers 提问者在选择最佳答案时留下的评论，总结出提问者衡量答案质量的 6 个维度，包括内容（content）、感知（cognitive）、效用（utility）、信息源（information source）、外部动机（extrinsic）和社交情绪（socioemotional）。此外，他们还发现每个维度的重要性随着不同的话题分类而有所差异，比如社交情绪在评价那些容易引发讨论的问题答案时，是比较重要的维度。

---

① Shah C, Pomerantz J. Evaluating and predicting answer quality in community QA [C] // Proceedings of the 33rd International ACM SIGIR Conference on Research and Development in Information Retrieval. ACM, 2010：411-418.

② Zhu Z M, Bernhard D, Gurevych I. A multi-dimensional model for assessing the quality of answers in social Q&A [EB/OL]. [2014-04-16]. http：//tuprints. ulb. tu-darmstadt. de/1940/1/TR_dimension_model. pdf.

③ Soojung K, Sanghee O. Uses' relevance criteria for evaluating answers in a social Q&A site [J]. Journal of the American Society for Information Science and Technology, 2009, 60 (4)：716-727.

当前，对于社交问答平台答案质量方面的研究，学者多采用内容分析法和调查问卷方式对答案质量进行评估，并提出了各自判断答案质量的重要指标，所选取的平台大多为 Yahoo! Answers。但是这些研究还存在不足之处，例如缺乏系统的模型论证和统一的维度指标，没有说明各个因素的影响程度，等等。

（2）信息采纳模型

本书的理论基础是 Sussman 等①于 2003 年提出的解释用户采纳信息动机的理论模型——信息采纳模型（information adoption model，IAM）。他在技术接受模型②的基础上引入了新的理论——精细加工可能性理论（elaboration likelihood model，ELM)③，从而将影响人们决策的过程看做信息采纳过程，其中，信息质量为核心路径，信息源为边缘路径。信息质量和信息源是影响信息有用性的两个重要信息特征，而信息有用性则是信息采纳的决定因素。目前，该模型已广泛应用到电子商务网站口碑的评价④、在线社交问答平台用户知识采纳⑤等领域。

（3）社交问答平台答案采纳模型

截至目前，我们尚未发现直接针对社交问答平台答案采纳行为的研究，与此相关的研究主要包括社区问答平台特性、社区答案满意度指标以及社区

---

① Sussman S W, Siegal W S. Information influence in organizations：an integrated approach to knowledge adoption ［J］. Information System Research，2003，14（1）：47-65.

② Davis F D. Perceived usefulness，perceived ease of use and user acceptance of information technology ［J］. MIS Quarterly，1989，13（3）：319-340.

③ Petty R E, Cacioppo J T. Communication and persuasion：central and peripheral routes to attitude change ［M］. New York：Springer，1986.

④ Cheung C M K, Lee M K O, Rabjohn N. The impact of electronic word-of-mouth：the adoption of online opinions in online customer communities ［J］. Internet Research，2008，18（3）：229-247.

⑤ Zhang W, Watts S. Knowledge adoption in online communities of practice ［C］ // ICIS 2003 Proceedings. 2003：9.

用户知识共享特征等方面。

Deng 等①通过研究构建了用户在线问答服务采纳模型，发现"期望效用""努力期望"和"便利条件"是用户接受社交问答平台服务的主要因素。

Zhang 和 Watts②的研究结果表明，在线实践社区用户知识采纳的决定因素是"评论质量"和"信息源可靠性"，在他们提出的模型中，分别对用户知识采纳行为有着正相关和负相关影响的两个调节变量是"有目的搜寻"和"未证实的信息内容"。

在社交问答平台答案采纳领域的研究中，目前的研究集中考察用户对平台的接受行为，③ 或通过不同用户间的评论来分析用户对于知识的采纳行为，④ 还没有学者直接对社交问答平台答案采纳进行分析。因此，本书将判断答案质量的几个关键因素综合起来，以找到答案采纳的匹配模型。

7.2.2 研究模型与影响因素选择

根据 Sussman 等的信息采纳模型理论，结合 Shah、Pomerantz、Zhu、Soojung 和 Sanghee 等人对社交问答平台答案质量判断维度的研究成果，以及知乎社区的特征，我们提出如下基于知乎网站的社交问答平台答案采纳模型，如图 7.3 所示。

本书将知乎社区中答案的采纳理解为：赞同、认可或者相信知乎社交问答平台上的答案。

---

① Deng S L, Liu Y, Qi Y. An empirical study on determinants of web based question-answer services adoption ［J］. Online Information Review, 2011, 35（5）：789-798.

② Zhang W, Watts S. Knowledge adoption in online communities of practice ［C］// ICIS 2003 Proceedings. 2003：9.

③ Deng S L, Liu Y, Qi Y. An empirical study on determinants of web based question-answer services adoption ［J］. Online Information Review, 2011, 35（5）：789-798.

④ Chirag S, Sanghee O, Jung S. Research agenda for social Q&A ［J］. Library & Information Science Research, 2009, 31：205-209.

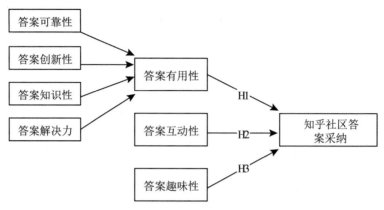

图 7.3　知乎社区答案采纳模型

（1）答案有用性

"有用性"是技术接受和信息采纳理论中的重要因素。答案有用性是指：答案可以给用户带来效用和帮助。对于知乎社交问答平台的用户来说，用户越倾向于认为答案是有用的，那么就越可能采纳答案。如图 7.3 所示，"答案有用性"由答案可靠性、答案创新性、答案知识性和答案解决力四个变量构成，其各自的维度组成，详见表 7.8。

表 7.8　　　　　　　　"答案有用性"的四个组成变量

变量	维度选项	参考文献
答案可靠性	"信息源"维度	Soojung & Sanghee[1]；
	"可信性"维度	Zhu et al.[2]

① Soojung K, Sanghee O. Uses' relevance criteria for evaluating answers in a social Q&A site [J]. Journal of the American Society for Information Science and Technology, 2009, 60 (4)：716-727.

② Zhu Z M, Bernhard D, Gurevych I. A multi-dimensional model for assessing the quality of answers in social Q&A [EB/OL]. [2014-04-16]. http：//tuprints. ulb. tu-darmstadt. de/ 1940/1/TR_dimension_model. pdf.

续表

变量	维度选项	参考文献
答案创新性	"新颖性" 维度	Shah & Pomerantz①； Zhu et al.②
答案知识性	"知识性" 维度	Shah & Pomerantz③
答案解决力	"专业性" 维度 "帮助性" 维度	Shah & Pomerantz④； 蒋楠等⑤

①答案可靠性。Soojung 和 Sanghee⑥ 总结出衡量社交问答平台上答案质量的 6 个具体维度，而其中的 "信息源" 可以理解为用户感知到的答案的可靠程度。Zhu 等⑦也提出，信息的可信性是用户判断答案质量的重要因素。在网络社区中，用户通过信息来源，比如通过回答者的身份判断回答内容是否可信，也可以通过信息本身是否准确判断信息的可靠性。当用户认为答案

① Shah C, Pomerantz J. Evaluating and predicting answer quality in community QA［C］//Proceedings of the 33rd International ACM SIGIR Conference on Research and Development in Information Retrieval. ACM, 2010：411-418.

② Zhu Z M, Bernhard D, Gurevych I. A multi-dimensional model for assessing the quality of answers in social Q&A［EB/OL］.［2014-04-16］. http：//tuprints. ulb. tu-darmstadt. de/1940/1/TR_dimension_model. pdf.

③ Shah C, Pomerantz J. Evaluating and predicting answer quality in community QA［C］// Proceedings of the 33rd International ACM SIGIR Conference on Research and Development in Information Retrieval. ACM, 2010：411-418.

④ Shah C, Pomerantz J. Evaluating and predicting answer quality in community QA［C］//Proceedings of the 33rd International ACM SIGIR Conference on Research and Development in Information Retrieval. ACM, 2010：411-418.

⑤ 蒋楠, 王鹏程. 社会化问答服务中用户需求与信息内容的相关性评价研究——以百度知道为例［J］. 信息资源管理学报, 2012（3）：35-45.

⑥ Soojung K, Sanghee O. Uses' relevance criteria for evaluating answers in a social Q&A site［J］. Journal of the American Society for Information Science and Technology, 2009, 60（4）：716-727.

⑦ Zhu Z M, Bernhard D, Gurevych I. A multi-dimensional model for assessing the quality of answers in social Q&A［EB/OL］. ［2014-08-16］. http：//tuprints. ulb. tu-darmstadt. de/1940/1/TR_dimension_model. pdf.

的来源、内容可靠和值得信任，才会判断是有用的答案。

②答案创新性。Shah、Pomerantz① 和 Zhu 等 ②都认为，"答案是否有新颖性，令人感到惊奇"是用户判断答案质量的重要方面。当用户提问的时候，有时不是需要简单的答案，而是富有创新性的思路和看法。富有新意的答案会给观看答案的用户带来新思路，也会被用户们视为有用的答案。

③答案知识性。Shah 和 Pomerantz③ 提出"答案是否包含了丰富的细节描述和信息量"是用户判断答案质量的重要方面。Soojung 和 Sanghee④ 认为，丰富的细节描述能反映出答案富含巨大的信息量、知识量、回答者的独到见解和丰富的个人经历。因此，对于富含知识的答案，用户会认为是有用的答案。

④答案解决力。Shah 和 Pomerantz⑤ 提出"答案的内容是否具有专业性，能够帮助用户解决困难"是用户判断答案质量的一项重要标准。蒋楠等⑥的研究表明，用户在社交问答平台中提出的问题涉及他们生活中的各个方面，并且有具体的情景，用户更倾向于获得能解决自己特定问题的答案。对于能

---

① Shah C, Pomerantz J. Evaluating and predicting answer quality in community Q&A [C] //Proceedings of the 33rd International ACM SIGIR Conference on Research and Development in Information Retrieval. ACM, 2010: 411-418.

② Zhu Z M, Bernhard D, Gurevych I. A multi-dimensional model for assessing the quality of answers in social Q&A [EB/OL]. [2014-08-16]. http: //tuprints. ulb. tu-darmstadt. de/ 1940/1/TR_dimension_model. pdf.

③ Shah C, Pomerantz J. Evaluating and predicting answer quality in community Q&A [C] //Proceedings of the 33rd International ACM SIGIR Conference on Research and Development in Information Retrieval. ACM, 2010: 411-418.

④ Soojung K, Sanghee O. Uses' relevance criteria for evaluating answers in a social Q&A site [J]. Journal of the American Society for Information Science and Technology, 2009, 60 (4): 716-727.

⑤ Shah C, Pomerantz J. Evaluating and predicting answer quality in community Q&A [C] //Proceedings of the 33rd International ACM SIGIR Conference on Research and Development in Information Retrieval. ACM, 2010: 411-418.

⑥ 蒋楠, 王鹏程. 社会化问答服务中用户需求与信息内容的相关性评价研究——以百度知道为例 [J]. 信息资源管理学报, 2012 (3): 35-45.

帮助用户解决问题的答案，用户会认为这样的答案是有用的。

（2）答案互动性

本书中的"答案互动性"是指：用户对社交问答平台上的答案进行讨论、评价和引用等倾向。① 根据信息采纳理论，在边缘路径下，信息的阅读者会更多地根据社会线索来理解接受信息内容。社会线索体现的是不同信息阅读者之间的相互关系。社交问答平台具有社交关系（social relations）和问答机制（ask-reply mechanism）的特征。② "社交关系"是指社交问答平台中的用户彼此之间通过问题的发布和答案的分享建立起来的交流关系，"问答机制"是指社交问答平台本身运营时所借助的方式。③ 知乎社交问答平台社会化属性强，用户之间的交流和互动是用户保持活跃的重要因素，即社会线索。对于知乎的用户来说，"你是谁"往往比"你能否回答我的问题"更重要，④ 这将进而影响用户是否采纳答案，是否参与问题的讨论和评价，并对问题和答案进行引用，等等。

（3）答案趣味性

本书中的"答案趣味性"是指：社交问答平台上的答案可以给用户带来

---

① Jia J, Song E M, Su H. Research on assessment of answer quality in social Q&A platform [J]. Journal of Information Resources Management (in Chinese), 2013, 3 (2)：19-28.

② Chua A Y K, Banerjee S. So fast so good：an analysis of answer quality and answer speed in community question-answering sites [J]. Journal of the American Society for Information Science and Technology, 2013, 64 (10)：2058-2068.

③ Chua A Y K, Banerjee S. So fast so good：an analysis of answer quality and answer speed in community question-answering sites [J]. Journal of the American Society for Information Science and Technology, 2013, 64 (10)：2058-2068.

④ 贾佳, 宋恩梅, 苏环. 社会化问答平台的答案质量评估：以知乎、百度知道为例 [J]. 信息资源管理学报, 2013, 3 (2)：19-28.

趣味价值。① Soojung 和 Sanghee② 的研究发现，社交情绪（socioemotional）是 SQA 答案的一个重要特征，他们认为"答案的幽默和趣味程度可以促进用户接受和欣赏它的内容"。但当信息质量不容易判定时，信息采纳理论认为信息阅读者会依靠其他变量来采纳信息内容。Utpal 等③发现，社交问答平台的用户在探求其他用户的身份、与其他用户互动交流或者解决社区中一些问题的过程中会获得趣味价值，即产生乐趣或获得情绪的放松。鉴于上述学者的研究结果，本书认为用户如果觉得答案有趣，会倾向于采纳答案。

综上所述，我们得出下列假设：

H1：答案有用性直接正向影响用户对社区答案的采纳；

H2：答案互动性直接正向影响用户对社区答案的采纳；

H3：答案趣味性直接正向影响用户对社区答案的采纳。

7.2.3　模型验证

(1) 数据收集

本研究中的社交问答平台答案采纳模型使用结构化调查问卷验证。问卷的调查对象为曾经使用过或一直使用知乎的用户。问卷在问卷星上发布，随后通过 QQ、新浪微博、知乎平台的私信功能、电子邮件等途径邀请知乎用户填写。问卷发放时间分为两个阶段，分别是从 2014 年 5 月 20 日到 2014 年 6 月 3 日与 2014 年 7 月 4 日到 2014 年 7 月 18 日，4 周内共收到 311 份问卷。

---

① Utpal M D, Richard P B, Lisa K P. A social influence model of consumer participation in network- and small-group-based virtual communities [J]. International Journal of Research in Marketing, 2004, 21（3）: 241-263.

② Soojung K, Sanghee O. Uses' relevance criteria for evaluating answers in a social Q&A site [J]. Journal of the American Society for Information Science and Technology, 2009, 60 (4): 716-727.

③ Utpal M D, Richard P B, Lisa K P. A social influence model of consumer participation in network- and small-group-based virtual communities [J]. International Journal of Research in Marketing, 2004, 21（3）: 241-263.

由于我们在问卷平台上进行了设定，只有填写信息完整的问卷方可提交，因此，这311份问卷均为有效问卷。

（2）人口统计分析

如表7.9所示，被调查者中男性（59%）多于女性（约41%），年龄多集中在18~24岁。被调查者受教育程度本科居多，说明平台上用户普遍学历较高。"每天一次"及以上使用知乎的用户约为63%，说明大部分用户经常使用知乎，该平台的用户黏性较好。

表7.9　　　　　　　　　　被调查对象基本信息统计

测量项	测量值	百分比
性别	男性	59.09%
	女性	40.91%
使用知乎的经验	不到半年	28.18%
	半年至一年左右	43.64%
	一年至两年	21.82%
	两年及以上	6.36%
使用知乎的频率	≤每周一次	11.82%
	每周两到三次	17.27%
	每周四到五次	8.18%
	几乎每天一次	19.09%
	≥每天一次	43.64%
年龄	<18岁	4.55%
	18~24岁	74.55%
	24~28岁	16.36%
	28岁以上	4.55%

续表

测量项	测量值	百分比
受教育程度	高中及以下	6.36%
	专科	1.82%
	本科	75.45%
	硕士研究生	15.45%
	博士研究生	0.91%
学习、研究或受教育领域	人文科学	20.91%
	社会科学	26.36%
	自然科学	26.36%
	其他	26.36%

(3) 测量的设计与测度

本问卷的测量采用的是李克特 7 点量表（从 1~7，代表强烈不同意到强烈同意的变化程度）。测量问项参考了国内外学者的相关文献和成熟量表，并对华中农业大学 15 名本科生和武汉大学信息管理学院 10 名硕士研究生展开预调查（预调查时间：2014 年 4 月）。本研究依据预调查的情况对问项进行具体的修改，调整了部分问项的表达方式，进而得到了本次问卷调查的正式问卷，详见表 7.10。

表 7.10 知乎社交问答平台答案采纳模型量表

量表	测量问项	参考文献
答案有用性（usefulness）		Davis；Zha et al.；Sussman et al；Deng et al.
答案可靠性（reliability）		Soojung & Sanghee；Zhu et al.
R1	我觉得知乎上的答案内容清楚、详细，有说服力	

续表

量表	测量问项	参考文献
R2	我觉得知乎社交问答平台中的回答者身份背景、专业程度和权威程度可以保证答案的可靠程度	
R3	我觉得知乎上的答案包含了令人信服的事例	
答案知识性（knowledge）		Shah & Pomerantz
K1	我觉得知乎上的答案可以让我学到很多知识	
K2	我觉得知乎上的答案可以开阔我的视野	
答案创新性（innovation）		Shah & Pomerantz；Zhu et al.
I1	我觉得知乎上的答案有新意	
I2	我觉得知乎上的答案对我有启发	
答案解决力（solution）		Shah & Pomerantz；蒋楠等
S1	我觉得知乎上的答案很好地解决或者回答了该问题	
S2	知乎上的答案会对我有帮助	
答案互动性（interactivity）		Soojung & Sanghee
IN1	我更倾向于关注知乎上获得高赞同数量的答案	
IN2	我觉得知乎上的答案会引发更多的人参与讨论或回答	
IN3	如果知乎上的某个答案被其他人评论、补充或引用，我觉得这会有助于继续完善这个答案	
答案趣味性（entertainment）		Utpal et al；Soojung & Sanghee
E1	我觉得知乎上的答案图文并茂，阅读起来很有趣	
E2	我觉得知乎上的答案语言诙谐幽默，阅读起来很有意思	
E3	我觉得知乎上的答案能抓住我的兴趣点，让我有兴致阅读下去	
知乎社区答案采纳意愿（adoption）		Sussman et al.
A1	我倾向于赞同知乎社区上的答案	
A2	我信任知乎社区上的答案	
A3	如果有可能，我会将知乎上的答案应用于实际生活	

7.2.4 验证结果

偏最小二乘法（partial least squares，PLS）适用于分析小样本量的数据，考虑到本次研究的样本数据总量偏小，因此本书采用 PLS 的结构方程模型来进行数据分析，利用 SmartPLS 软件来验证前文提出的测量模型和结构变量。

（1）模型检验

主要通过对量表的信度和效度的检测来评估测量模型。测量模型的信度是通过潜在变量的组合信度和内部一致性系数来检验。一般认为 Cronbach's α 值≥0.7 时，属于高信度。① 从表 7.11 可以看出，CR 值均在 0.77 以上，并且 α 值均大于 0.7，说明测量模型具有良好的信度。

表 7.11　　　　　　　　　　验证性因子分析

变量	CR	Cronbach's α	AVE
答案采纳	0.886	0.807	0.722
答案有用性	0.874	0.820	0.682
答案可靠性	0.851	0.739	0.653
答案知识性	0.899	0.784	0.817
答案创新性	0.976	0.951	0.953
答案解决力	0.882	0.731	0.788
答案互动性	0.776	0.822	0.634
答案趣味性	0.819	0.893	0.735

在量表的内容效度方面，因为本研究的测量变量均改编自已有的参考文

① Cao S J, Chen Y J, Yang T. An empirical study on library user satisfaction based on user needs [J]. Journal of Library Science in China (in Chinese), 2013（5）：60-75.

献，并进行了小范围预实验，因此每个测量变量的表意都是清晰准确的。表
7.11 显示，本模型中变量的 AVE 值均在 0.63 以上，一般情况下，当 AVE
大于 0.5，说明量表具有十分理想的聚敛效度，也说明测量模型具有理想的
聚敛效度。表 7.12 中潜变量的 AVE 平方根均大于其与其他潜变量间的相关
系数，这说明模型具有良好的区分效度。

表 7.12 　　　　　　　　　　**答案采纳模型的区分效度分析**

序号	变量	1	2	3	4	5	6	7	8
1	答案采纳	**0.849**							
2	答案知识性	0.518	**0.903**						
3	答案可靠性	0.698	0.600	**0.810**					
4	答案趣味性	0.548	0.434	0.387	**0.857**				
5	答案创新性	0.386	0.383	0.322	0.575	**0.976**			
6	答案互动性	0.509	0.410	0.402	0.413	0.227	**0.796**		
7	答案解决力	0.575	0.558	0.574	0.440	0.485	0.508	**0.888**	
8	答案有用性	0.683	0.777	0.865	0.468	0.452	0.501	0.551	**0.826**

注：对角线上的值是 AVE 的平方根，下三角区域的值是潜变量间的相关系数。

（2）模型结构检验

偏最小二乘法结构方程模型分析结果如图 7.4 所示。答案采纳和答案有
用性的 R^2 分别为 0.55271 和 0.97313，说明结构模型具有良好的预测效果，
因此，本书提出的 3 个假设均得到了验证。

模型的验证结果显示出较好的解释力，现分析如下：

① "答案有用性"正向影响用户对社交问答平台答案的采纳（$\beta =$
0.482，$P < 0.001$）。"答案有用性"是决定知乎社交问答平台答案采纳的最
重要的因素。在"答案有用性"构成变量中，"答案可靠性"（$\beta = 0.457$,

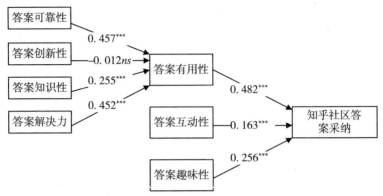

注：*P<0.05，**P<0.01，***P<0.001，*ns*：不显著。

图7.4 知乎社交问答平台答案采纳模型验证结果

$P<0.001$）和"答案解决力"（$\beta=0.452$，$P<0.001$）对于"答案有用性"有着几乎同等重要的贡献。但答案的创新性没有在假设模型中得到验证，即答案是否有创新性对于用户感知答案的有用性来说没有决定性的影响。Zhu等①认为，创新性和可读性（readability）成反比关系，也就是说，非创新性的答案往往比创新性的答案更好理解，这也许是社交问答平台用户认为创新性不重要的原因之一。

②"答案互动性"正向影响用户对社区答案的采纳（$\beta=0.163$，$P<0.001$）。相较于以往对社交问答平台的研究，知乎具有比一般的社交问答平台更重视社区互动、用户关系和内容运营的新特点。我们的结论也证实了用户在社交问答平台中的交流和互动是社交问答平台的一个重要特征，用户对于社交问答平台中答案的讨论和互动会影响到用户对社区中答案的采纳。因此，答案互动性也是影响社交问答平台答案采纳的一个重要因素。

③"答案趣味性"正向影响用户对社交问答平台答案的采纳（$\beta=$

---

① Zhu Z M, Bernhard D, Gurevych I. A multi-dimensional model for assessing the quality of answers in social Q&A ［EB/OL］． ［2014-08-16］． http：//tuprints. ulb. tu-darmstadt. de/1940/1/TR_dimension_model. pdf.

0.256，P < 0.001）。答案趣味性是影响社交问答平台答案采纳的另一个重要因素。对于社交问答平台用户来说，趣味价值（entertainment value）是影响用户参与社交问答平台的一个重要方面。与 Utpal 等①的研究相比，我们将趣味价值因素细化到用户对于社交问答平台答案的感知层面。对于知乎用户来说，社交问答平台中的答案的有趣程度会影响到用户是否采纳。

④社交问答平台中的答案已成为人们重要的信息来源和知识获取渠道。本研究发现答案的有用性、互动性和趣味性都影响用户对答案的采纳行为，建议新兴的社交问答平台如知乎和 Quora，未来应在这三方面进行重点发展和性能优化。比如，我们目前在知乎上搜索问题时，答案是按照得票高低排序的。建议未来邀请用户评论答案时，增加"有用"和"有趣"等选项，而在"有用"选项下可细分为"可靠性""解决力"和"知识丰富"等选项，这样，用户在知乎上可以有多项指标参考来选择阅读的最终答案。

当然，本研究也存在一定局限。首先，研究者身边使用知乎的人数比例偏小，在网络上邀请用户免费填写问卷得到反馈的比例不是很高，所以在有限的时间内难以获取到更大范围的样本量。未来的研究中可尝试进行大样本分析，以使研究结果更为稳定和可靠。

其次，本研究将答案的创新性作为答案有用性的一个子维度，其结果对答案有用性并无显著影响。但 Shah 等②的研究表明，答案是否有新意也是衡量答案质量的一个重要指标。因此，未来研究可以考虑将答案的创新性作为直接影响用户答案采纳的一个因素，从而验证答案创新性是否对用户的答案采纳有影响。另外，易用性也是技术采纳理论的另一个主要因素，Deng 等③

---

① Utpal M D, Richard P B, Lisa K P. A social influence model of consumer participation in network and small-group-based virtual communities［J］. International Journal of Research in Marketing, 2004, 21（3）：241-263.

② Shah C, Pomerantz J. Evaluating and predicting answer quality in community Q&A［C］//Proceedings of the 33rd International ACM SIGIR Conference on Research and Development in Information Retrieval. ACM, 2010：411-418.

③ Deng S L, Liu Y, Qi Y. An empirical study on determinants of web based question-answer services adoption［J］. Online Information Review, 2011, 35（5）：789-798.

的研究表明，社交问答平台问答服务系统的"有用性"和"易用性"是影响用户接受社交问答平台服务的主要因素。在今后的研究中，可增加模型变量，考察"易用性"是否也是影响新型社交问答平台用户对答案采纳的重要因素。

最后，本书研究的对象仅是一个社交问答平台，能否将从知乎社交问答平台获得的结论推广至其他的社交问答平台，例如 Quora 或者百度知道，仍有待考证。而且，目前的问卷调研问题还只是泛泛询问用户对于问答平台上答案的感受，未来可以对网站的答案内容进行抽样，以丰富问卷设计，这样得到的数据和结论可能更具有针对性。

7.3　社交问答平台的用户体验

社交问答平台用户既是知识的接收者也是知识的创造者，其用户体验将会影响知识问答的动机与效率。已有研究表明，用户体验的提升能够赢得用户信任及忠诚度；反之，低质量的回答和用户体验则会降低用户的信任和忠诚度，造成用户流失。①② 尽管这些社交问答平台给用户带来诸多好处，但当前系统仍然存在缺陷。③ 首先，社交问答平台不能及时有效地解决

---

① Hassenzahl M. The thing and I: understanding the relationship between user and product [C] //Blythe M A, Overbeeke K, Monk A F, Wright P C (eds.). Funology: From Usability to Enjoyment. Dordrecht, The Netherlands: Kluwer, 2003: 31-42.

② Stvilia B, Twidale M B, Smith L C, Gasser L. Assessing information quality of a community-based encyclopedia [C] //Proceedings of the International Conference on Information Quality. Cambridge, MA, 2005: 442-454.

③ Yan Z, Zhou J. A new approach to answerer recommendation in community question answering services [C] //Baeza-Yates R, Vries de A P, Zaragoza H, Cambazoglu B B, Murdock V, Lempel R, Silvestri F (eds.). Advances in Information Retrieval. Berlin Heidelberg: Springer, 2012: 121-132.

用户问题;① 其次, 在特定领域经验丰富的专业用户难以找到其感兴趣的问题, 从而导致其参与率低。② 根据艾瑞咨询数据③显示, 2010 年国内知识问答平台用户月度参与者由 10 亿人减少到 8 亿人, 每个平台的答案中均存在广告或灌水帖, 其中, 百度知道上平均获得的 16 个答案中, 真正解决用户疑问的答案数仅 4.3 个。

根据李晨等④对百度知道的调查结果显示, 大部分用户没有及时处理问题或者对答案不满意, 其中 "已解决" 的问题数量只占所有已处理问题总量的 33.3%, 剩下 66.7% 的问题状态则是 "已关闭"。由此可见, 国内社交问答平台总体服务质量较低, 用户体验有待提高。因此, 本研究试图通过测量具体系统特征 (界面设计、问答交互性和答案质量) 如何影响用户感知进而造就用户体验, 从而定量识别影响社交问答平台用户体验的因素。

7.3.1 用户体验的国内外研究现状

近年来, 体验经济的发展使得用户体验引起业界广泛关注, 国内外有关用户体验的研究涉及政府、企业和服务等众多领域。总体而言, 这些研究大致可分为社会性体验和学术性体验两个方面。

---

① Li B, King I. Routing questions to appropriate answerers in community question answering services [C] //Proceedings of the 19th ACM International Conference on Information and Knowledge Management. New York, NY: ACM, 2010: 1585-1588.

② Guo J, Xu S, Bao S, Yu Y. Tapping on the potential of Q&A community by recommending answer providers [C] //Proceedings of the 17th ACM Conference on Information and Knowledge Management. New York, NY: ACM, 2008: 921-930.

③ iResearch. The research on knowledge question & answer platforms [EB/OL]. [2016-10-20]. http://tech.china.com/zh_cn/news/net/domestic/11066127/ 20100618/15985713. html.

④ 李晨, 巢文涵, 陈小明, 等. 中文社区问答中问题答案质量评价和预测 [J]. 计算机科学, 2011 (6): 230-236.

(1) 社会性体验研究

社会性体验研究主要是从用户情感和认知等方面探讨社交网络用户体验内容、影响因素等。Hart 等①通过对美国最大的社交问答网站 Facebook 用户的调查研究，探讨传统可用性评价与新型用户体验评价的区别，他认为 Facebook 用户体验的影响因素除了传统可用性之外，还涉及娱乐、社会认同、意外惊喜、隐私等享受性因素。刘璇②从传播心理学的视角出发，基于 James Garrett 的用户心理体验层次模型，探讨了用户在社交网络中的心理体验，并提出了 SNS 社交网络用户心理体验的影响因素包括私密性、信息真实性、活跃度和反馈时效性，对我国 SNS 社交网络用户心理体验提出了优化策略。赖茂生等③探讨了面向使用过程的社交问答平台用户体验框架的构建问题，采用问卷调查方法获取社交问答平台用户的体验需求数据，并将用户使用社交问答平台的过程分为人际关系和交流互动两个过程。经统计分析，发现用户更期待行为层面的体验，对具体功能和操作简便的需求最强烈；用户使用社交问答网站的习惯与用户在各个环节的体验需求的关系都比较弱。相同的服务质量可能会导致不同的用户体验，这取决于用户的环境与偏好。④ Vyas 等⑤提出了用户体验的 APEC（审美、实用、情感和认知）模型，分别

---

① Hart J, Ridley C, Taher F, Sas C, Dix A T K, Jönsson B. Exploring the Facebook experience：a new approach to usability [C] //Proceedings of the 5th Nordic Conference on Human-Computer Interaction：Building Bridges. New York, NY：ACM, 2008：471-474.

② 刘璇. 传播心理学视角下的中国社交网络（SNS）用户心理体验研究 [D]. 杭州：浙江大学, 2010.

③ 赖茂生, 麦晓华. 面向使用过程的社交问答网站用户体验研究 [C] //第七届和谐人机环境联合学术会议（HHME2011）论文集. 北京, 2011.

④ Eric W K See-To, Savvas Papagiannidis, Vincent Cho. User experience on mobile video appreciation：how to engross users and to enhance their enjoyment in watching mobile video clips [J]. Technological Forecasting & Social Change, 2012, 79：1484-1494.

⑤ Vyas D, Gerrit C, Van Der V. APEC：a framework for designing experience [EB/OL]. [2006-06-11]. http：//www. infosci. cornell. edu/place/15_DVyas2005. pdf.

从功能、互动和外观三个方面来研究对于行为和反馈的影响；杜海①通过研究认为网站的界面设计、信息构建、用户与网站的交互操作以及用户的情感是影响 SNS 网站用户体验的主要因素。

（2）学术性体验研究

学术性体验研究主要是探讨以知识获取为主的用户体验内容、评价等，如运用搜索引擎、数字图书馆、e-learning 获取知识。Paechter、Maier 和 Macher②分别从 e-learning 系统的课程设计、学生与教师的交互、学生之间的交互、个人学习过程及课程结果五个方面对奥地利 29 所大学 2 196 名学生的期望和体验进行问卷调查，探讨使用 e-learning 过程中学生的期望和学生体验对感知学习成就和课程满意度的影响，结果显示学生的成就目标和教师是影响感知学习成就和课程满意度的最关键因素。Baird 和 Fisher③探究了社交网络媒体（包括 SNS、Wiki、博客等）对提升用户体验的积极意义，并提出新兴的数字教育将整合网络社交媒体和其他信息技术，以提高学生学习的积极性和效率，提升学生在同步和异步学习环境下的用户体验，促进学习型社区的形成。Kenney④从交互界面、内容和个性化等方面对英国利物浦大学图书馆新开发的检索工具进行详细介绍，他认为，提供便捷和高质量的信息检索服务是提升数字图书馆用户体验的关键。何小丽⑤在搜索引擎营销分析

---

① 杜海 . SNS 网站的用户体验研究［D］. 重庆：西南大学，2013.

② Paechter M，Maier B，Macher D. Students' expectations of, and experiences in elearning: their relation to learning achievements and course satisfaction［J］. Computers & Education，2010，54（1）：222-229.

③ Baird D E，Fisher M. Neomillennial user experience design strategies: utilizing social networking media to support "always on" learning styles［J］. Journal of Educational Technology Systems，2005，34（1）：5-32.

④ Kenney B. Liverpool's discovery: a university library applies a new search tool to improve the user experience［J］. Library Journal，2011，136（3）：24-27.

⑤ 何小丽 . 用户体验在搜索引擎营销策略中的作用研究［D］. 北京：对外经济贸易大学，2007.

中指出，通过增加用户意外价值、奖励积分及用户间互动沟通，来提升搜索引擎平台的用户体验。裴一蕾等①通过建立基于用户体验的搜索引擎评价指标体系，从而构建起基于用户体验的搜索引擎模糊综合评价的数学模型，并验证了该评价方法的合理性与可靠性。

（3）社交问答平台影响因素

一般来说，社交问答（social question-answering）是指人们在社交问答平台或社交搜索引擎上向社交网络提问。高质量的问答在某种程度上会促进信息需求的满足，增进用户持续使用意愿。

通过文献调研发现，现在与社交问答行为相关的研究主要集中在以下几个方面。首先，是用户自愿参与问答的动机研究，主要分为内在动机和外在动机两类。其次，是对影响用户社交问答行为的因素分析。

以用户为中心的研究包括用户动机、用户行为和用户满意度等。Oh② 以网络调查方式对社会化问答平台用户动机与回答策略之间的关系进行了实证研究，构建了基于回答流程的用户动机与策略关系模型，结果表明回答策略根据动机变化而不同，回答者很大程度上受利他主义、享受和功效驱动，而非名誉、互惠和个人利益。Park 和 Jeong③ 分析了问答服务的信息需求和用户行为，并对其提出若干建议，特别强调加强信息的有效性，提高服务的效率和准确性是影响用户满意度的关键因素。Yu④ 研究了非正式的信息共享模

---

① 裴一蕾，薛万欣，赵宗，等. 基于用户体验视角的搜索引擎评价研究 [J]. 情报科学, 2013, 31 (5): 94-112.

② Oh S. The relationships between motivations and answering strategies: an exploratory review of health answerers' behaviors in Yahoo! Answers [J]. Proceedings of the American Society for Information Science and Technology, 2011, 48 (1): 1-9.

③ Park J, Jeong D. An empirical study on web based question-answer services [J]. Journal of the Korean Society for Information Management, 2004, 21 (3): 83-98.

④ Yu S-L. Toward a new knowledge sharing community: collective intelligence and learningthrough Web-based question-answer services [D]. Washington, DC: Georgetown University, 2006.

式作为一种学习工具的情况下，互联网中集体智慧的力量和人们集体智慧的观念，结果发现用户使用问答平台与认知因素有关，如满意度、有用性和信任感。高山①以信息系统成功模型和技术接收模型为基础，构建了问答型虚拟社区用户满意度影响因素模型，发现感知有用性、信息质量、系统质量、社区对成员影响和成员间影响这五个方面均对问答型虚拟社区用户满意度有正向影响。金晓玲②以社会交换理论为基础，以问卷调查法对以下三个方面进行实证研究：①用户在社交问答平台里的知识自我效能和持续回答问题意向与用户满意度之间的关系；②社区用户的满意度和知识自我效能是如何受到知识贡献的绩效影响的；③社区用户在网上问答社区中的认证倾向如何调节不同种类的知识贡献的绩效。樊彩锋等③通过研究构建了影响社交问答平台用户贡献意愿的结构模型，并发现互惠作为社会资本是影响用户贡献意愿的关键决定因素。

以信息为中心的研究主要包括答案质量评估、问题推荐、答案推荐等。Shah 等④提出了一种新的社交问答平台答案质量评价方法，并用这种方法预测提问者将会选择的最佳答案。Chua 与 Banerjee⑤通过探究不同问题类型的回答质量与回答速度的相互作用，发现两者之间存在显著差异，但回答质量

---

① 高山. 问答型虚拟社区用户满意度影响因素研究［D］. 安徽：安徽大学，2013.

② 金晓玲. 探讨网上问答社区的可持续发展［D］. 安徽：中国科学技术大学，2009.

③ 樊彩锋，查先进. 互动问答平台用户贡献意愿影响因素实证分析［J］. 信息资源管理学报，2013（3）：30-38.

④ Shah C, Pomerantz J, Crestani F, Marchand-maillet S, Phane Chen H, Efthimiadis E N. Evaluating and predicting answer quality in community Q&A［C］//Proceedings of the 33rd International ACM SIGIR Conference on Research and Development in Information Retrieval. New York, NY：ACM, 2010：411-418.

⑤ Chua A Y K, Banerjee S. So fast so good：an analysis of answer quality and answer speed in community question answering sites［J］. Journal of the American Society for Information Science and Technology, 2013, 64（10）：2058-2068.

与回答速度之间并不存在显著关联。Zhou 等①基于回答者在问答平台已有
的回答记录，通过平台的内容和结构系统制定有效路径框架，将既定问题
推荐给潜在专家（用户），进而获取及时高质量的回答来提升用户满意度。
Kim 和 Oh②基于相关研究的理论框架，探究了 Yahoo! Answers 上提问者使
用和选择最佳答案的标准。根据对收集的2 140条评论的分析，该研究总结
了六个维度 23 条相关标准，这六个维度包括内容、认知、效用、信息来
源、外在表现和社会情感。李晨等③运用社会网络方法对提问者和回答者
的互动关系及特点进行了统计和分析，并利用机器学习算法设计和实现了
基于特征集的问答质量分类器。来社安等④研究了社交问答平台中回答质
量的评价方法。曲明成⑤通过研究提出了一种基于主题建模思想的问题推
荐方法。

　　综上，目前国内外有关社交问答平台的研究大多围绕以信息为中心的用
户体验展开，如答案推荐、问题推荐等，但从用户技术感知视角出发探究社
交问答平台用户体验的研究较少。因此，本书选取百度知道这个社交问答平
台作为研究对象，以 Hassenzahl⑥的用户体验模型为基础，定量识别社交问
答平台用户体验影响因素。

────────────────

　　① Zhou Y, Cong G, Cui B, Jensen C S, Yao J. Routing questions to the right users in
online communities ［C］//Proceedings of the 2009 IEEE International Conference on Data
Engineering. Washington, DC: IEEE Computer Society, 2009: 700-711.

　　② Kim S, Oh S. Users' relevance criteria for evaluating answers in a social Q&A site
［J］. Journal of the American Society for Information Science and Technology, 2009, 60 (4):
716-727.

　　③ 李晨，巢文涵，陈小明，等. 中文社区问答中问题答案质量评价和预测［J］.
计算机科学，2011 (6): 230-236.

　　④ 来社安，蔡中民. 基于相似度的问答社区问答质量评价方法［J］. 计算机应用
与软件，2013 (2): 266-269.

　　⑤ 曲明成. 问答社区中的问题与答案推荐机制研究与实现［D］. 浙江：浙江大
学，2010.

　　⑥ Hassenzahl M. The thing and I: understanding the relationship between user and
product ［C］//Blythe M A, Overbeeke K, Monk A F, Wright P C (eds.). Funology: From
Usability to Enjoyment. Dordrecht, The Netherlands: Kluwer, 2003: 31-42.

7.3.2 社交问答平台用户体验影响因素模型构建

国内外学者对用户体验进行了大量理论和实践研究，提出了许多用户体验模型，本书着重介绍 Hassenzahl 提出的用户体验要素模型（如图 7.5 所示），该模型假定用户体验是在特定情境中对产品内容、功能、呈现及交互的体验，通过感知产品的实用性和享受性特征进而产生用户体验结果。他认为实用性和用户完成任务的需求相关，主要指有用性和易用性；而享受性主要和用户自身相关，如有趣性、创新性等。

该模型被许多学者运用于用户体验理论拓展与实践应用中。部分学者对其用户体验要素理论进行拓展，如增加了美学和综合质量等用户体验要素。Hassenzahl[1] 本人在随后的研究中，进一步探究了用户所感知的美学、综合质量和实用性、享受性之间的关系。Schaik 和 Ling[2] 构建了基于实用性、享受性、美学及综合质量的用户体验模型，探讨了用户使用网站之前和之后的用户感知实用性、享受性对感知美学、综合质量的影响。De Angeli 等[3]、Tuch 等[4]通过实证分析探究了用户对网站交互界面的感知美学和感知实用性之间的关系，并且对用户使用网站前后的评价分别进行了研究。

也有学者将 Hassenzahl 用户体验要素模型运用于各种人机交互的实际应用及评价，如推荐系统、e-learning 等。Zaharias 和 Poylymenakou[5] 从用户认

[1] Hassenzahl M. The interplay of beauty, goodness and usability in interactive products [J]. International Journal of Human-Computer Interaction, 2004, 19 (4): 319-349.

[2] Schaik P V, Ling J. Modelling user experience with web sites: usability, hedonic value, beauty and goodness [J]. Interacting with Computers, 2008, 20 (3), 419-432.

[3] De Angeli A, Sutcliffe A, Hartmann J. Interaction, usability and aesthetics: what influences users' preferences? [C] //Proceedings of the 6th Conference on Designing Interactive Systems. New York, NY: ACM, 2006: 271-280.

[4] Tuch A N, Roth S P, Hornbæk K, Opwis K, Bargas-Avila J A. Is beautiful really usable? Toward understanding the relation between usability, aesthetics, and affect in HCI [J]. Computers in Human Behavior, 2012, 28 (5): 1596-1607.

[5] Zaharias P, Poylymenakou A. Developing a usability evaluation method for e-learning applications: beyond functional usability [J]. International Journal of Human-Computer Interaction, 2009, 25 (1): 75-98.

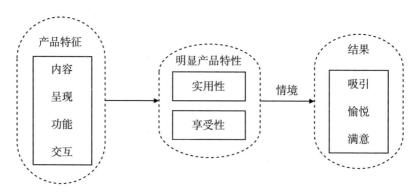

图 7.5　Hassenzahl 用户体验要素图

知和情感两个方面对 e-learning 应用系统的实用性进行评价，Ozkan 和
Koseler① 等人从用户维度和系统维度分别对 e-learning 系统质量进行评价，
他们都通过问卷调查进行实证分析。Xiao 等②、Ozok 等③和 Knijnenburg 等④
等将用户体验要素模型运用于推荐系统用户体验研究，他们通过调查发现用
户感知推荐系统的质量（如交互性、界面）对用户态度和行为会产生影响，
并且 Ozok 等⑤还设计出一套推荐系统实用性的评价指标。

---

①　Ozkan S, Koseler R. Multi-dimensional students' evaluation of e-learning systems in the
higher education context：an empirical investigation ［J］. Computers & Education, 2009, 53
（4）：1285-1296.

②　Xiao B, Benbasat I. E-commerce product recommendation agents：use,
characteristics, and impact ［J］. MIS Quarterly, 2007, 31 （1）：137-209.

③　Ozok A A, Fan Q, Norcio A F. Design guidelines for effective recommender system
interfaces based on a usability criteria conceptual model：results from a college student population
［J］. Behaviour & Information Technology, 2010, 29 （1）：57-83.

④　Knijnenburg B P, Willemsen M C, Gantner Z, Soncu H, Newell C. Explaining the
user experience of recommender systems ［J］. User Modeling and User-Adapted Interaction,
2012, 22 （4-5）：441-504.

⑤　Ozok A A, Fan Q, Norcio A F. Design guidelines for effective recommender system
interfaces based on a usability criteria conceptual model：results from a college student population
［J］. Behaviour & Information Technology, 2010, 29 （1）：57-83.

综上所述，Hassenzahl 用户体验模型在人机交互理论与实践方面都获得了广泛运用。本书将人机交互系统用户体验的影响因素划分为系统维度及感知维度。系统维度涉及界面设计、内容、交互等因素，感知维度涉及用户感知有用性、感知易用性及感知享受性等因素。

本书认为 Hassenzahl 的模型适用于本研究是基于两个原因。首先，Hassenzahl 的模型侧重于社交问答平台研究中普遍存在的产品交互的用户体验影响因素。在社交问答平台中，信息贡献是基于人机交互和人人交互基础之上的，且用户间交互贯穿整个体验过程。其次，该模型还被广泛应用于人机交互领域和人人交互领域。

（1）社交问答平台用户体验影响因素假设与模型

由上文可知，人机交互系统用户体验的影响因素可划分为系统特征维度和技术感知维度。对于社交问答平台用户体验而言，Park 等①通过调查研究发现，答案质量及交互性对问答平台用户体验满意度会产生影响。Thong 等②发现系统界面设计质量对数字图书馆的使用具有显著影响，且其常被列为用户不使用电子信息检索系统的主要因素③。基于现有研究，本书将系统特征维度设定为三个因素，即界面设计、社交问答交互及答案质量。而对于技术感知维度，本书在 Hassenzahl 提出的感知实用性和感知享受性的基础上，基于 Thong 等人的研究结果，将实用性进一步划分为感知易用性、感知有用性和感知享受性。因此，社交问答平台用户通过对界面设计合理性与答案质量、问答交互有效性的感知过程，产生了不同的体验结果。因此，本书假设

---

① Park J, Jeong D. An empirical study on Web based question-answer services ［J］. Journal of the Korean Society for Information Management, 2004, 21（3）: 83-98.

② Thong J Y L, Hong W, Tam K-Y. Understanding user acceptance of digital libraries: what are the roles of interface characteristics, organizational context, and individual differences ［J］. Human Computer Study, 2002, 57（3）: 215-242.

③ Fox E A, Hix D, Nowell L T, Brueni D J. Users, user interfaces, and objects: envision a digital library ［J］. Journal of the American Society for Information Science, 1993, 44: 480-491.

模型如图7.6所示。

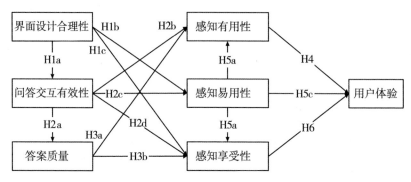

图7.6 社交问答平台用户体验影响因素模型

Mahlke 和 Thuring① 提出的用户体验模型表明，诸如功能、界面设计等系统特征会产生交互影响并确定主要特征。技术接受模型（TAM）② 指出，外部系统变量通过感知易用性和感知有用性间接作用于用户使用意图。Davis 等③进一步提出系统变量作用于用户使用意向的过程受到感知享受性的调节。Thong 等④在对数字图书馆用户接受度的研究中指出，导航、屏幕设计等界面特性会对用户感知易用性产生影响，良好的界面设计能够帮助用户更容易地使用系统。赵慧文⑤在网络用户体验及交互设计中指出，界面是用户

① Mahlke S, Thuring M. Usability, aesthetics and emotions in human-technology interaction［J］. International Journal of Psychology，2007，42（4）：253-264.

② Davis F D. Perceived usefulness, perceived ease of use, and user acceptance of information technology［J］. MIS Quarterly，1989，13（3）：319-340.

③ Davis F D, Bagozzi R P, Warshaw P R. Extrinsic and intrinsic motivation to use computers in the workplace［J］. Journal of Applied Social Psychology，1992，22（14）：1111-1132.

④ Thong J Y L, Hong W, Tam K-Y. Understanding user acceptance of digital libraries：what are the roles of interface characteristics, organizational context, and individual differences［J］. Human Computer Study，2002，57（3）：215-242.

⑤ 赵慧文. 网络用户体验及互动设计［M］. 北京：高等教育出版社，2012：142.

与用户或产品互动的窗口，合理清晰的界面设计，有利于增强用户享受性，良好的用户体验需要设计者以符合用户感觉认知和情感接受为导向，对界面元素进行科学合理组织。因此，本书提出如下假设：

H1a：社交问答平台界面设计合理性与问答交互有效性成正相关；

H1b：社交问答平台界面设计合理性与用户感知易用性成正相关；

H1c：社交问答平台界面设计合理性与用户感知享受性成正相关。

Myers① 在协作式学习研究中指出，通过学习者之间的互动交流，他们将自身隐性知识转化为显性知识供群体共享，即有效的交互能够增强知识外显化程度，提升知识质量。知识的共享与交流也使得个人知识转化为社会知识②。Hassenzahl③ 在用户与产品交互研究中指出，交互作为产品特征之一会影响用户感知产品实用性和享受性。Mahlke 等④在用户体验要素研究中指出，交互特征作为交互系统固有特征会影响用户对系统的技术性感知（如感知易用性、感知有用性）和非技术性感知（视觉美感、视觉享受）。技术接受模型提出用户的感知易用性与感知有用性相关，用户对信息系统交互过程的感知易用性会影响用户使用意图。因此，本书提出如下假设：

H2a：社交问答平台问答交互有效性与答案质量成正相关；

H2b：社交问答平台问答交互有效性与用户感知有用性成正相关；

H2c：社交问答平台问答交互有效性与用户感知易用性成正相关；

---

① Myers J. Cooperative learning in heterogeneous classes［J］. Cooperative Learning, 1991, 11 (4)：36-48.

② Robey D. The paradoxes of transformation［C］//Sauer C, Yetten, Philip, Associates (eds.). Steps to the Future. San Francisco, CA：Jossey-Bass, 1997：209-229.

③ Hassenzahl M. The thing and I：understanding the relationship between user and product［C］//Blythe M A, Overbeeke K, Monk A F, Wright P C (eds.). Funology：From Usability to Enjoyment. Dordrecht, The Netherlands：Kluwer, 2003：31-42.

④ Mahlke S, Thuring M. Usability, aesthetics and emotions in human-technology interaction［J］. International Journal of Psychology, 2007, 42 (4)：253-264.

H2d：社交问答平台问答交互有效性与用户感知享受性成正相关。

Yu①研究发现社交问答平台用户对其获取知识的感知有用性越强烈，则用户整体满意度越高，即知识感知有用性能够使用户产生积极用户体验。Park 等②发现，问答质量是用户选择问答平台的最重要因素，相比搜索引擎的搜索结果而言，社交问答平台的问答结果对解决问题更有用。Hassenzahl③研究用户与产品交互影响模型时提到，良好的产品内容体验能够使用户产生享受性感知，也就是说高质量的答案不仅能够提高用户知识水平和答案自信度，还能提高用户的享受性感知。因此，本书提出如下假设：

H3a：社交问答平台答案质量与用户感知有用性成正相关；

H3b：社交问答平台答案质量与用户感知享受性成正相关。

Davis 等④在系统用户接受度研究中指出，感知易用性会影响感知有用性和感知享受性。Hassenzahl 等⑤在对软件系统用户体验研究中指出，人体工学质量（EQ）和享受性质量（HQ）会影响用户对系统的评价及用户体验，其中 EQ 主要指系统易用性和有用性，HQ 主要指创意、有趣性。Mahlke⑥

① Yu S-L. Toward a new knowledge sharing community: collective intelligence and learning through Web-based question-answer services [D]. Washington, DC: Georgetown University, 2006.

② Park J, Jeong D. An empirical study on web based question-answer services [J]. Journal of the Korean Society for Information Management, 2004, 21 (3): 83-98.

③ Hassenzahl M. The thing and I: understanding the relationship between user and product [C] //Blythe M A, Overbeeke K, Monk A F, Wright P C (eds.). Funology: From Usability to Enjoyment. Dordrecht, The Netherlands: Kluwer, 2003: 31-42.

④ Davis F D, Bagozzi R P, Warshaw P R. Extrinsic and intrinsic motivation to use computers in the workplace [J]. Journal of Applied Social Psychology, 1992, 22 (14): 1111-1132.

⑤ Hassenzahl M, Platz A, Burmester M, Lehner K. Hedonic and ergonomic quality aspects determine a software's appeal [C] //Proceedings of the SIGCHI Conference on Human Factors in Computing Systems. New York, NY: ACM, 2000: 201-208.

⑥ Mahlke S. Factors influencing the experience of website usage [C] //Proceedings of CHI'02 Extended Abstracts on Human Factors in Computing Systems. New York, NY: ACM, 2002: 846-847.

在网站用户体验影响因素研究中指出，网站用户体验的影响因素包括感知有用性、感知易用性、感知享受性及审美感知。Schaik 等①在构建网站用户体验模型时指出，用户对网站的综合质量的评价受到用户对网站实用性和享受性的感知影响。Park 等②在对用户体验要素的研究中指出，用户体验涉及用户价值、总体用户体验、感知实用性和用户情感四个方面，而总体用户体验则受到其他几方面的影响。据此，本书提出如下假设：

H4：社交问答平台用户感知有用性与用户体验成正相关；

H5a：社交问答平台用户感知易用性与用户感知有用性成正相关；

H5b：社交问答平台用户感知易用性与用户感知享受性成正相关；

H5c：社交问答平台用户感知易用性与用户体验成正相关；

H6：社交问答平台用户感知享受性与用户体验成正相关。

（2）模型验证与结论

基于上述研究模型，本书设计了相应的调查问卷，并选取百度知道这一中国最大的社交问答平台作为此次调查的对象。社交问答平台有特殊性，因此本书的测量指标在借鉴已有中外文文献的基础上进行修改，并根据预调查的结果进行了调整。最终该研究模型中共有 7 个潜变量，每个潜变量下有 2~3 个测量变量，问卷内容及来源如表 7.13 所示。该问卷题项采用李克特 5 级量表（1~5 分别代表"完全不同意"到"完全同意"）进行测试。

---

① Schaik P V, Ling J. Modelling user experience with web sites：usability, hedonic value, beauty and goodness [J]. Interacting with Computers, 2008, 20（3）：419-432.

② Park J, Han S H, Kim H K, Oh S, Moon H. Modeling user experience：a case study on a mobile device [J]. International Journal of Industrial Ergonomics, 2013, 43（2）：187-196.

表 7.13   **量表指标、alpha 值及文献来源**

变量	测量指标	alpha	来源
界面设计 （ID）	百度知道问答平台的界面外观清爽美观 百度知道问答平台的界面结构布局合理 百度知道问答平台的导航清晰准确	0.78	Thong et al.，2002
答案质量 （AQ）	百度知道问答平台提供的答案针对性强 百度知道问答平台提供的答案可靠性高 百度知道问答平台提供的答案专业性强	0.78	Shah et al.，2010； Kim et al.，2009
问答交互 有效性 （SQAI）	我与百度知道其他用户的互动过程是充分的 我与百度知道其他用户的互动过程是顺畅的 我与百度知道其他用户的互动过程是多样的	0.83	Paechter et al.，2010
感知有用性 （PU）	百度知道问答平台解决了我的问题 百度知道问答平台提升了我的办事效率 我认为百度知道问答平台是有用的	0.79	Davis，1989；Schaik et al.，2008
感知易用性 （PEOU）	学会使用百度知道问答平台是简单的 熟练地掌握使用百度知道问答平台是简单的 我认为百度知道问答平台是容易使用的	0.90	Davis，1989；Schaik et al.，2008
感知享受性 （PE）	通过百度知道问答平台与他人交流让我感到 很快乐 百度知道问答平台让学习变得更有乐趣 我认为使用百度知道问答平台是快乐的	0.85	Davis，1989；Schaik et al.，2008
用户体验 （UX）	使用百度知道问答平台的经历让我感到满意 我愿意继续使用百度知道问答平台	0.74	Parket al.，2013

　　界面设计测量项目改编自 Thong、Hong 和 Tam ①，考虑到测度全面性，

---

① Thong J Y L, Hong W, Tam K-Y. Understanding user acceptance of digitallibraries: what are the roles of interface characteristics, organizational context, and individual differences [J]. Human Computer Study, 2002, 57（3）：215-242.

本书添加屏幕外观这一测量项。由于当前并没有有关社交问答平台互动性的测量量表，本书以 Paechter 等①的方法为基础修正并开发了交互性测量项，其中本书用同级学生间的交互体验代替在线学习系统学生间的互动。社交问答互动有效性的三个测量项来自 Paechter 等②的研究。涉及答案质量的三个测量项采用 Shah 等③和 Kim 等④的现有量表。有关答案质量的测量项，本书总结了以往关于用户答案评价标准度量的研究结果。测量感知有用性及感知易用性的测量项分别源自 Davis⑤ 与 Schaik 等⑥的已有研究。本书结合社交问答平台的主要特点（如信息共享和互动导向）进行测量项目的构建，通过总结 Davis 等⑦和 Schaik 等⑧对社交问答网站内容的研究成果，来构建感知

① Paechter M, Maier B, Macher D. Students' expectations of, and experiences in elearning：their relation to learning achievements and course satisfaction ［J］. Computers & Education, 2010, 54（1）：222-229.

② Paechter M, Maier B, Macher D. Students' expectations of, and experiences in elearning：their relation to learning achievements and course satisfaction ［J］. Computers & Education, 2010, 54（1）：222-229.

③ Shah C, Pomerantz J, Crestani F, Marchand-Maillet S, Phane Chen H, Efthimiadis E N. Evaluating and predicting answer quality in community Q&A ［C］//Proceedings of the 33rd International ACM SIGIR Conference on Research and Development in Information Retrieval. New York, NY：ACM, 2010：411-418.

④ Kim S, Oh S. Users' relevance criteria for evaluating answers in a social Q&A site ［J］. Journal of the American Society for Information Science and Technology, 2009, 60（4）：716-727.

⑤ Davis F D. Perceived usefulness, perceived ease of use, and user acceptance of information technology ［J］. MIS Quarterly, 1989, 13（3）：19-340.

⑥ Schaik P V, Ling J. Modelling user experience with web sites：usability, hedonic value, beauty and goodness ［J］. Interacting with Computers, 2008, 20（3）：419-432.

⑦ Davis F D, Bagozzi R P, Warshaw P R. Extrinsic and intrinsic motivation to use computers in the workplace ［J］. Journal of Applied Social Psychology, 1992, 22（14）：1111-1132.

⑧ Schaik P V, Ling J. Modelling user experience with web sites：usability, hedonic value, beauty and goodness ［J］. Interacting with Computers, 2008, 20（3）：419-432.

享受性的测量问项，测度用户体验的两个问项则来源于 Park 等①的研究成果，因为其反映了用户体验的两个方面，即情感和公开行为。

此次问卷调查在 2013 年 7 月 23 日到 2013 年 8 月 5 日进行，并通过委托专业的在线问卷调查网站问卷星收集数据。百度知道包含了生活、情感、体育等 14 个大类，为了保证样本的随机分布，本次调查对在不同类提问的用户共发出了 2 100 个调查请求，每个大类各 150 份，共回收有效问卷 218 份，占比约为 10.4%。样本分布特征如表 7.14 所示，被调查者中男性和女性比例相差不大，且年龄集中在 21~30 岁，拥有本科以上学历人数近 75%，超过 60%参与者使用百度知道的时间超过 3 年。

表 7.14 样本特征分布

特征		数量	所占比例
性别	男	102	47%
	女	116	53%
年龄	20 岁以下	33	15.3%
	21~30 岁	179	81.9%
	31~40 岁	4	2%
	40 岁以上	2	0.8%
学历	中学及以下	5	2.4%
	中专/大专	7	3.2%
	本科	132	60.7%
	硕士研究生	66	30.1%
	博士研究生及以上	8	3.6%

---

① Park J, Han S H, Kim H K, Oh S, Moon H. Modeling user experience：a case study on a mobile device ［J］. International Journal of Industrial Ergonomics, 2013, 43 （2）：187-196.

续表

特征		数量	所占比例
使用时间	1 年以下	27	12.4%
	1~2 年	29	13.3%
	2~3 年	31	14.2%
	3 年以上	131	60.1%

本研究使用结构方程模型分析软件 LISREL8.7 和 SPSS20.0 对样本数据进行信度、效度及假设检验。并采用 Andersen 和 Gerbing[1] 的两步骤法分析测量模型和结构模型。

①测量模型。本书采用 Cronbach's α 系数和组合信度来评测问卷题项。当 Cronbach's α 系数大于0.7，并且组合信度大于最小临界值0.7时，表明测量结果具有较好的信度。[2] 如表7.13和表7.15所示，所有因子的 Cronbach's α 系数和组合信度都大于0.7，并且组合信度 CR 值大于最小临界值0.7，因此本书的测量指标具有较好的信度。

表 7.15   信度与效度

CR	AVE	UX	PE	PU	PEOU	SQAI	AQ	ID
0.71	0.55	0.74						
0.82	0.60	0.67	0.77					
0.89	0.73	0.71	0.44	0.75				
0.80	0.57	0.58	0.42	0.57	0.85			

① Anderson J, Gerbing D W. Structural equation modeling in practice: a review and recommended two-step approach [J]. Psychological Bulletin, 1988, 103 (3): 411-423.

② Fornell C, Larcker D F. Evaluating structural equation models with unobservable variables and measurement error: algebra and statistics [J]. Journal of Marketing Research, 1981, 18 (3): 382-388.

续表

CR	AVE	UX	PE	PU	PEOU	SQAI	AQ	ID
0.85	0.53	0.53	0.67	0.43	0.44	0.81		
0.83	0.49	0.49	0.59	0.49	0.22	0.50	0.79	
0.85	0.34	0.34	0.42	0.25	0.38	0.31	0.16	0.81

注：CR=组合信度，AVE=平均提取方差值，UX=用户体验，PE=感知享受性，PU=感知有用性，PEOU=感知易用性，SQAI=社交问答平台互动有效性，AQ=答案质量，ID=界面设计。

效度包括收敛效度和区别效度。收敛效度主要是通过因子载荷和平均变异抽取量来进行评测，因子载荷反映了测量指标对潜变量的相对重要性，平均变异抽取量则反映了测量指标相对于测量误差而言被潜变量构念解释的变异量，两者均应大于0.5①②。由表7.15、表7.16可知，各因子载荷和平均变量值均大于0.5，这表明了该测量指标具有较好的收敛效度。由表7.15可知，各潜变量 AVE 值的平方根均大于该潜变量与其他潜变量之间的标准化相关系数，表明该测量指标具有较好的区别效度。对于存在的个别变量之间的相关系数高于0.6的情况（如 UX 和 PU 的相关系数为0.71），为了消除高相关性影响，我们检查了方差膨胀因子（VIF），VIF 用于自变量间的多重共线性诊断，VIF 临界值为3③，VIF 越大，则共线性越严重。经检查发现，每个自变量的 VIF 都小于3，表明各变量相关性在可接受范围之内。鉴于常用方法的局限性，本研究在单因素检验④后探索性地进行了 Harman's 因子分

① Chin W W. The partial least squares approach to structural equation modeling [J]. Modern methods for Business Research, 1998, 295 (2): 295-336.

② Hair J F, Black W C, Babin B J, Anderson R E. Multivariate data analysis (7th. ed.) [M]. Englewood Cliffs, NJ: Prentice Hall, 2010.

③ Petter S, Straub D, Rai A. Specifying formative constructs in information systems research [J]. MIS Quarterly, 2007, 31 (4): 623-656.

④ Podsakoff P M, Organ D W. Self-reports in organizational research: problems and prospects [J]. Journal of Management, 1986, 12 (4): 531-544.

析。根据结果可知常用方法并不会严重影响内部效度。

表 7.16 负荷与交叉负荷

	ID	AQ	SQAI	PU	PEOU	PE	UX
ID1	0.844	0.005	0.144	0.005	0.015	0.052	0.108
ID2	0.809	0.063	0.106	0.146	0.128	0.058	0.158
ID3	0.756	0.117	−0.033	0.153	0.170	0.223	0.013
AQ1	0.077	0.698	0.259	0.195	−0.012	0.062	0.229
AQ2	0.068	0.827	0.068	0.153	0.067	0.215	0.020
AQ3	0.038	0.841	0.082	0.050	0.114	0.149	0.025
SQAI1	0.125	0.098	0.839	0.104	0.002	0.177	0.083
SQAI2	0.034	0.103	0.839	0.146	0.162	0.204	0.044
SQAI3	0.075	0.171	0.736	0.024	0.268	0.145	0.126
PU1	0.115	0.267	0.047	0.705	0.189	0.098	0.249
PU2	0.070	0.096	0.091	0.817	0.145	0.132	0.011
PU3	0.176	0.095	0.167	0.741	0.289	0.126	0.252
PEOU1	0.088	0.048	0.111	0.245	0.816	0.135	0.114
PEOU2	0.150	0.051	0.171	0.134	0.873	0.058	0.116
PEOU3	0.086	0.101	0.112	0.168	0.869	0.147	0.141
PE1	0.167	0.247	0.369	0.013	0.123	0.690	0.150
PE2	0.108	0.201	0.172	0.197	0.133	0.823	0.087
PE3	0.130	0.115	0.178	0.156	0.130	0.810	0.225
UX1	0.239	0.257	0.120	0.162	0.199	0.248	0.728
UX2	0.130	0.030	0.162	0.299	0.241	0.222	0.746

②结构模型。表 7.16 和表 7.17 为总体结构模型分析结果。由图 7.7 可以看出，除 H2b、H5b 和 H5c 之外，其余 11 个假设均获得了样本数据的支持。首先来看社交问答平台用户体验的三个直接影响因素。假设与预期一致，感知有用性和感知享受性对用户体验有显著正向影响，因此 H4（β =

0.45，$t=4.8$）和 H6（$\beta=0.41$，$t=5.01$）得到支持。感知易用性与感知有用性正向相关，故 H5a（$\beta=0.47$，$t=5.82$）成立。

表 7.17　　假设检验结果（$\beta=$ regression weight，＊：$P<0.001$）

假设	关系	β	t 值	结论
H1a	界面设计 & 用户交互	0.31	2.84＊	成立
H1b	界面设计 & 感知易用性	0.27	3.42＊	成立
H1c	界面设计 & 感知享受性	0.21	3.80＊	成立
H2a	用户交互 & 答案质量	0.50	5.5＊	成立
H2b	用户交互 & 感知有用性	0.04	0.47	不成立
H2c	用户交互 & 感知易用性	0.35	4.37＊＊＊	成立
H2d	用户交互 & 感知享受性	0.4	4.33＊	成立
H3a	答案质量 & 感知有用性	0.36	3.80＊	成立
H3b	答案质量 & 感知享受性	0.33	3.76＊	成立
H4	感知有用性 & 用户体验	0.45	4.8＊＊＊	成立
H5a	感知易用性 & 感知有用性	0.47	5.82＊	成立
H5b	感知易用性 & 感知享受性	0.1	1.31	不成立
H5c	感知易用性 & 用户体验	0.15	1.85	不成立
H6	感知享受性 & 用户体验	0.41	5.01＊	成立

用户体验的三个间接外部影响因素中，界面设计合理性对问答交互有效性、用户感知易用性和感知享受性有显著正向影响，因此 H1a（$\beta=0.31$，$t=2.84$）、H1b（$\beta=0.27$，$t=3.42$）和 H1c（$\beta=0.21$，$t=3.80$）得到支持。问答交互有效性对答案质量、感知易用性和感知享受性有显著正向影响，因此 H2a（$\beta=0.5$，$t=5.5$）、H2c（$\beta=0.35$，$t=4.37$）和 H2d（$\beta=0.4$，$t=4.33$）成立。但是问答交互有效性对感知有用性的影响不显著，假设 H2b（$\beta=0.04$，$t=0.47$）不成立。答案质量对感知有用性和感知享受性有显著正向影

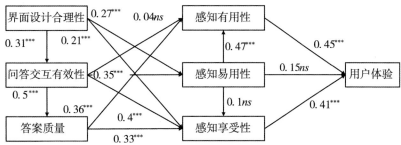

图 7.7 研究模型路径分析结果（$P < 0.001$***；ns 表示不显著）

响，H3a（$\beta = 0.36$，$t = 3.80$）和 H3b（$\beta = 0.33$，$t = 3.76$）成立。

本研究在前人对社交问答平台用户体验相关研究基础上，构建了社交问答平台用户体验影响因素模型，并以百度知道为例进行了实证研究，通过以上数据分析，本书得出以下研究结论，同时对问答平台管理者提出几点建议。

①结果显示界面设计对问答交互性具有显著影响。换言之，界面设计对于促进用户与用户、用户与系统之间问答交互有效性有重要影响，整洁、美观的界面设计有利于用户间的交流沟通。这一发现补充了以往关于界面设计与人机交互关系研究的不足。因此，本书认为业界应该重视界面设计的有效性，界面设计通过问答交互性间接影响感知易用性和感知享受性。本研究的发现响应了 Thong 等①和 Davis 等②的研究成果，用户更愿意使用布局清晰、设计美观的系统。

②问答交互有效性对用户感知易用性、感知享受性及答案质量的正面影

① Thong J Y L, Hong W, Tam K-Y. Understanding user acceptance of digitallibraries：what are the roles of interface characteristics, organizational context, and individual differences［J］. Human Computer Study, 2002, 57（3）：215-242.

② Davis F D, Bagozzi R P, Warshaw P R. Extrinsic and intrinsic motivation to use computers in the workplace［J］. Journal of Applied Social Psychology, 1992, 22（14）：1111-1132.

响显著，这与 Mahlke 等①、Myers② 和 Knijnenburg 等③的研究结果相一致。问答交互有效性对用户感知有用性没有显著影响，这与 Hassenzahl④ 和 Mahlke 等⑤的研究结果有所差异。我们认为这种差异是由于研究对象不同所导致的，前人的研究大多是针对人机交互系统，而本次研究的对象是交互式知识问答社区，人人交互才是重点。张兴刚和袁毅⑥通过对国内 5 个社交问答平台的比较研究发现，在百度知道中，平均每个问题用户可以收到超过 4 个有用的答案。这意味着大部分提问者通过回答者一次性回答获取了答案，回答者通过与提问者互动来修改完善答案的比例很低。因此，问答平台用户的问答交互积极性并不直接影响用户的感知有用性。此外，我们还发现交互有效性通过感知易用性的中介作用间接影响感知有用性，然而，交互有效性对感知有用性并无直接影响。

③本研究发现，答案质量对社交问答平台用户感知有用性和感知享受性有显著正面影响，这与 Kim 等⑦和 Park 等⑧的研究结果一致。这说明评价答

---

① Mahlke S, Thuring M. Usability, aesthetics and emotions in human-technology interaction [J]. International Journal of Psychology, 2007, 42 (4): 253-264.

② Myers J. Cooperative learning in heterogeneous classes [J]. Cooperative Learning, 1991, 11 (4): 36-48.

③ Knijnenburg B P, Willemsen M C, Gantner Z, Soncu H, Newell C. Explaining the user experience of recommender systems [J]. User Modeling and User-Adapted Interaction, 2012, 22 (4-5): 441-504.

④ Hassenzahl M. The thing and I: understanding the relationship between user and product [C] //Blythe M A, Overbeeke K, Monk A F, Wright P C (eds.). Funology: From Usability to Enjoyment. Dordrecht, The Netherlands: Kluwer, 2003: 31-42.

⑤ Mahlke S, Thuring M. Usability, aesthetics and emotions in human-technology interaction [J]. International Journal of Psychology, 2007, 42 (4): 253-264.

⑥ 张兴刚, 袁毅. 基于搜索引擎的中文问答社区比较研究 [J]. 图书馆学研究, 2009 (6): 66-72.

⑦ Kim S, Oh S. Users' relevance criteria for evaluating answers in a social Q&A site [J]. Journal of the American Society for Information Science and Technology, 2009, 60 (4): 716-727.

⑧ Park J, Jeong D. An empirical study on web based question-answer services [J]. Journal of the Korean Society for Information Management, 2004, 21 (3): 83-98.

案质量的好坏，不仅要看其内容价值和效用，还需要看它的社会情感和认知价值，即高质量的答案不仅能够及时有效地解决用户难题，还能提升用户知识水平，增强自信和满足感。因此，社交问答平台管理者应该建立严格的审核机制，剔除低质量答案，整合高质量答案。此外，问答平台可以与各领域知名单位合作，共享资源，扩充专家团队，提升答案专业性。

④感知有用性和感知享受性对社交问答平台用户体验有显著正面影响。这与以往研究结果相符，说明社交问答平台能否帮助用户解决实际难题是其作为知识问答社区的核心价值所在，也是用户获取良好信息体验的关键。感知享受性主要表现为激励和认同，运用于问答平台，即指用户通过知识共享创新获取社区其他成员的认同，物质和精神激励又进一步刺激用户不断创新、挖掘内在知识，提升用户享受性体验。因此，社交问答平台管理者需要加强知识组织分类的能力，按照用户个性化需求进行知识推荐服务，而不是提供单一大众化的知识内容。另外，平台可以在保证答案质量的基础上丰富知识共享的形式和内容，并增设相关娱乐板块，让用户在获取知识的同时享受快乐。

⑤感知易用性对感知享受性和用户体验没有显著影响。究其原因，本问卷被调查者学历为本科及以上的占94%，并且同时使用其他问答平台的用户占84%，如知乎、YaHoo！Answer等。另外，根据艾瑞①调查结果显示，绝大多数国内的问答平台功能相似、差异性较小。由此可见，百度知道用户大多也同时使用其他问答平台，各平台操作流程大同小异，用户对百度知道平台感知易用性较弱，对其满意度及继续使用不会造成明显影响。因此，用户可能不会在感知易用性的基础上评价用户体验。由于各问答平台运作的相似性，感知有用性和感知享受性成为用户评价系统体验的决定因素。感知易用

---

①　iResearch. The research on knowledge question & answer platforms ［EB/OL］. ［2016-10-20］. http：//tech. china. com/zh _ cn/news/net/domestic/11066127/ 20100618/15985713. html.

性可以通过感知有用性的中介作用间接对用户体验产生影响，这一发现与Davis① 和 Xiao 等②的研究结果一致。

以上研究结论在一定程度上说明了社交问答平台用户体验影响因素及其影响程度，为提升百度知道乃至其他社交问答平台用户体验提供了一定的参考。本研究对社交问答平台的理论研究及问题导向、社交导向的用户体验研究都具有重要影响，且当前有学者关注社交问答平台的用户体验研究。本研究一方面通过探索系统特征和用户技术感知来识别用户体验的影响因素；另一方面，界面设计、用户交互和回答质量有效促进了用户感知有用性、感知易用性和感知享受性，也为管理者提供了有效的实践指导。因此，应注重界面设计的改善以促进社交问答平台的交互性。

本书在研究中还存在许多不足。首先，感知有用性、感知易用性、感知享受性及用户体验分别只有47%、26%、59%和68%的方差得到解释，这说明还有其他因素影响用户感知及体验。其次，本书以百度知道为例进行研究，研究对象较为单一，还有许多问答平台的用户体验没有考虑。这些问题将在接下来的深入研究中逐步改进完善。

社交问答服务作为新一代交互式信息服务的典范，是社交网络与问答平台的完美结合，它的出现为学者们提供了一个新的研究视角。然而，社交问答平台仍处于起步阶段，发展过程中出现了很多问题，如答案质量不高、参与率低，而有关该项服务的用户体验研究较为缺乏。因此，本书以社交问答平台为研究对象，从系统维度和感知维度出发，对平台用户体验的影响因素进行研究。根据研究结果，我们发现问答低质量和低参与率会影响用户感知有用性和感知享受性，从而降低用户对服务的满意度。本书研究成果不仅使我们对社交问答平台用户体验有了更好的认识，同时也为运营商改善问答平

---

① Davis F D. Perceived usefulness, perceived ease of use, and user acceptance of information technology [J]. MIS Quarterly, 1989, 13 (3): 19-340.

② Xiao B, Benbasat I. E-commerce product recommendation agents: use, characteristics, and impact [J]. MIS Quarterly, 2007, 31 (1): 137-209.

台服务提供了参考依据。

除了本研究已确定的因素外，未来的研究还可以考虑答案来源及用户的美学感知等因素对用户体验的影响。随着社交问答平台服务的发展及数量的增加，有效组织海量问答资源以便用户及时获取答案显得十分重要。此外，关于用户界面的美学研究也是用户体验研究感兴趣的主题，如美学对信任和可信度的影响研究。

8　基于社交问答平台的用户
可持续知识贡献行为

　　Web2.0环境下，社交问答平台吸引了越来越多人的关注和使用。一个社交问答平台的长期发展取决于用户持续贡献知识的意愿及行为。很多学者研究了虚拟社区知识贡献行为的影响因素，但是对持续知识贡献行为影响因素的研究是最近几年才开始的。Cheung 和 Lee① 曾于 2007 年对由教师所组成的社交问答平台进行研究，发现影响用户持续贡献知识意向的主要因素是该职业社交问答社区中的知识自我效能和使用经历的满意度。随后 Chen② 按照接触社区时间长短不同对用户进行分类，着重研究了影响虚拟职业社区中无经验用户持续贡献知识意向的环境因素和技术因素。

　　2009 年，有学者开始对交互问答平台的持续知识贡献行为进行研究。金晓玲③通过研究验证了在社交问答平台中满意度和知识自我效能感知对持续

　　① Cheung C M K, Lee M K O. What drives members to continue sharing knowledge in a virtual professional community? The role of knowledge self-efficacy and satisfaction [M] // Knowledge Science, Engineering and Management. Berlin: Springer, 2007: 472-484.

　　② Chen I Y L. The factors influencing members' continuance intentions in professional virtual communities-a longitudinal study [J]. Journal of Information Science, 2007, 33 (4): 451-467.

　　③ 金晓玲. 探讨网上问答社区的可持续发展: "雅虎知识堂" 案例分析 [D]. 合肥: 中国科学技术大学, 2009.

知识贡献意向的影响。Hashima① 通过研究发现用户满意度对持续知识贡献有直接和间接影响。虽然这些学者发现了一些影响问答平台可持续知识贡献行为的因素，但所建立的模型并不全面。如金晓玲建立的模型没有把感知有用性作为单个影响因素进行模型构建，Hashima 建立的模型没有考虑知识自我效能。综上可知，建立全面的模型能够让我们更好地了解用户持续贡献知识的原因。

不同的用户在交互问答平台的参与模式存在显著不同。社交问答平台上提问者和回答者是两个分离的群体，② 大多数用户是提问者或回答者，只有少部分用户既是提问者又是回答者。③ 很明显，正是因为知识贡献者的回答不断吸引着知识搜寻者，社交问答平台的用户数量和提问数量才得以显著增长。

目前关于社交问答平台的研究大多是在社会交换理论、社会资本理论、社会认知理论的基础上，对用户过去或当前的知识贡献行为进行探讨，而关于知识贡献行为的可持续性问题的研究较少，并且在这些研究中学者们并没有将知识贡献者区分出来。因此，本书将以信息系统持续使用理论为基础，对知识贡献者可持续知识贡献意愿及行为的影响因素构建研究模型，并对国内四个主流社交问答平台的知识贡献者进行问卷调查，进行研究模型评估。本书的研究结果有助于社交问答平台设计者和管理者发展可持续知识贡献行为的激励机制。

8.1 可持续知识贡献行为及其理论基础

社交问答平台的宗旨是集众人之力量，帮助用户找到他们需要的信息。

---

① Hashima K F. Understanding the determinants of continuous knowledge sharing intention within business online communities [D]. Auckland University of Technology, 2012.

② Welser H T, Gleave E, Fisher D, et al. Visualizing the signatures of social roles in online discussion groups [J]. Journal of Social Structure, 2007, 8 (2): 1-32.

③ Adamic L A, Zhang J, Bakshy E, et al. Knowledge sharing and yahoo answers: everyone knows something [C] //Proceedings of the 17th International Conference on World Wide Web. ACM, 2008: 665-674.

在社交问答平台里，用户可以自由地提出问题和回答问题。社交问答平台具有以下特征：

①相比于关注社区关系而建立的网络社区，交互问答平台是以问题为导向，平台中的知识交换流程都是以问题作为驱动。这种流程没有提供社会交往的空间，因而交互问答平台中缺乏人与人之间的社会纽带。

②在其他虚拟社区中，用户可以围绕某个话题进行讨论，发表自己的看法和意见，不需要最终答案。而交互问答平台中用户需要针对被提出的具体问题进行回答，并得出最终答案。

③交互问答平台大多采取按积分和等级给予用户相应奖励的模式，用户可以用积分兑换礼物或参与抽奖活动。相比于其他虚拟社区，交互问答平台中的物质奖励更显著。

8.1.1　可持续知识贡献行为

知识贡献是人们有效地传递他们的知识的过程。[1] 相比于知识共享，知识贡献更加强调知识单方面的流动，专注于知识的传送方面。在社交问答社区中，知识贡献行为是用户在平台上回答其他用户提出的问题，将他们脑海中的知识转化为文字信息发表在网上，不仅可以使提问者通过理解信息的含义而获得新知识，而且扩充了平台的知识库。可持续知识贡献行为则强调知识贡献行为的延续性和持久性，它是知识贡献与持续使用的结合。

8.1.2　可持续知识贡献行为研究的理论基础

关于持续使用一直有两种不同的主要学术观点，其中一种以创新推广理论为基础，认为持续使用是接受的延伸，用户对一项技术的不断接受使其成为日常活动的一部分，从而导致了用户的持续使用行为。在这种观点中，使用和持续使用有相同的动机和缘由。目前，这种理论被认为过度重视用户的

---

① Kumar S Thondikulam G. Knowledge management in a collaborative business framework [J]. Information Knowledge Systems Management, 2006, 5 (3): 171-187.

认知与行为意向之间的关系，而忽略了如社会、心理以及经济等因素的影响。

另一种观点以信息系统持续使用理论为基础。该理论来自于由 Oliver① 提出的期待确认理论（expectation confirmation theory，ECT）。作为消费者满意度研究中的基本理论，期待确认理论曾被用来解释和预测消费者的满意度和重新购买意向。该理论认为消费者再次购买一个产品或使用一项服务的意向主要受消费者之前使用该项服务的满意度水平所影响。

信息系统持续使用理论与期待确认理论一致，认为持续使用是与接受完全不同的行为。在信息系统领域，Karahanna 等②对这两种行为进行了区分，表示接受和持续使用是被不同的经历所影响的。比如用户是否持续使用一个信息系统是由其直接真实体验所决定的。Bhattacherjee③ 的研究表明，用户满意度和感知有用性对信息系统持续使用意愿产生直接决定性影响，对用户满意度产生直接决定性影响的两个因素是期望确认和感知有用性，期望确认也直接影响感知有用性。

目前的一系列研究表明信息系统持续使用理论是用来检验持续使用行为的最合适理论。④⑤⑥ 实际上，这个理论已经被大范围使用来检验如知识管

① Oliver R L. A cognitive model of the antecedents and consequences of satisfaction decisions [J]. Journal of Marketing Research, 1980, 17 (4): 460-469.

② Karahanna E, Straub D W, Chervany N L. Information technology adoption across time: a cross-sectional comparison of pre-adoption and post-adoption beliefs [J]. MIS Quarterly, 1999, 23 (2): 183-213.

③ Bhattacherjee A. Understanding information systems continuance: an expectation-confirmation model [J]. MIS Quarterly, 2001, 25 (3): 351-370.

④ Chiu C M, Hsu M H, Wang E T G. Understanding knowledge sharing in virtual communities: an integration of social capital and social cognitive theories [J]. Decision Support Systems, 2006, 42 (3): 1872-1888.

⑤ Hsu M H, Chiu C M, Ju T L. Determinants of continued use of the WWW: an integration of two theoretical models [J]. Industrial Management & Data Systems, 2004, 104 (9): 766-775.

⑥ Hong S J, Thong J Y L, Tam K Y. Understanding continued information technology usage behavior: a comparison of three models in the context of mobile Internet [J]. Decision Support Systems, 2006, 42 (3): 1819-1834.

理系统、e-learning 和虚拟社区等信息系统应用的持续使用。依据这个理论模型，可以认为可持续知识贡献与知识贡献是不同的行为，决定用户是否贡献知识的因素并不一定是使知识贡献行为持续下去的原因。

8.2　可持续知识贡献行为的研究模型及方法

交互问答平台中的用户可以分为提问者和回答者，但以前的研究并没有将知识贡献者和知识搜寻者区分开来。因此，本书参考前人对其他网络社区的研究模型并进行改进，从活跃的回答者入手建立研究模型，通过问卷调查来验证本书模型提出的交互问答平台可持续知识贡献行为的影响因素。

8.2.1　研究模型与假设

本书针对交互问答平台特征，构建的研究模型如图 8.1 所示。

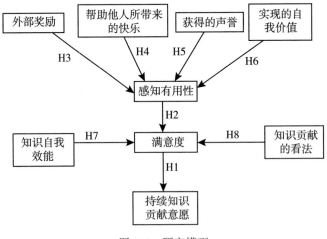

图 8.1　研究模型

Oliver[1] 所提出的期望确认理论认为，用户是否持续使用一件商品或一项服务的重要影响因素是用户满意度。如果网上社区中的用户感觉到在社区中的操作行为过程和结果让人满意，他将更有可能去做这件事情。满意度对用户继续使用信息系统意向的影响已经被很好地证实，如 Jin 等[2]通过在线调查发现，用户是否打算继续参加一个在线社区是由双方的满意度和情感承诺所决定的。由此得出以下假设：

H1：知识贡献者对在交互问答平台知识贡献行为的满意度与其持续知识贡献意愿成正相关关系。

Bhattacherje[3] 提出的信息系统持续使用理论，着重强调了用户在使用信息系统后的感知效应，即感知有用性。他认为当用户发现使用信息系统对他们的生活和工作有所帮助时，将更加倾向于使用它。[4] 在交互问答平台中，用户通过衡量贡献知识的收益来感知知识贡献行为是否有用，这对他们的满意度和持续使用意愿都有重要影响。由此得出如下假设：

H2：知识贡献者对在交互问答平台知识贡献行为的感知有用性与其对该行为的满意度成正相关关系。

之前关于知识贡献的相关研究发现，动机的实现在某些情况下与人们贡献知识的意愿成正相关关系，如 Majchrza 等[5]对维基百科研究发现，随着获得的物质奖励以及声誉程度的增加，用户在维基百科中贡献知识的频率也会

① Oliver R L. A cognitive model of the antecedents and consequences of satisfaction decisions [J]. Journal of Marketing Research, 1980, 17 (4): 460-469.

② Jin X L, Lee M K O, Cheung C M K. Predicting continuance in online communities: model development and empirical test [J]. Behaviour & Information Technology, 2010, 29 (4): 383-394.

③ Bhattacherjee A. Understanding information systems continuance: an expectation-confirmation model [J]. MIS Quarterly, 2001, 25 (3): 351-370.

④ Saeed K A, Abdinnour-Helm S. examining the effects of information system characteristics and perceived usefulness on post adoption usage of information systems [J]. Information & Management, 2008, 45 (6): 376-386.

⑤ Majchrzak A, Wagner C, Yates D. Corporate wiki users: results of a survey [C] // Proceedings of the 2006 International Symposium on Wikis. ACM, 2006: 99-104.

增强。Lou 等①发现帮助他人所带来的快乐和平台给予的奖励会促进用户更多地去贡献知识。Bock 等②发现人们贡献知识的原因之一是他们希望获得对其专业知识的认可，从而实现自我价值。由此得出以下四个假设：

H3：知识贡献者得到的外部物质奖励与其在平台中贡献知识的感知有用性成正相关关系。

H4：知识贡献者从不断帮助他人获得快乐的程度与其在平台中贡献知识的感知有用性成正相关关系。

H5：知识贡献者获得的声誉与其在平台中贡献知识的感知有用性成正相关关系。

H6：知识贡献者感知到的通过贡献知识实现的自我价值与其在平台中贡献知识的感知有用性成正相关关系。

除了上述分析的奖励和报酬等因素可以促进交互平台中用户贡献知识的感知有用性，从而提高用户满意度之外，Cheung 和 Lee③ 曾提出人们继续在社交问答平台中共享知识的意向受到知识自我效能的显著影响。知识贡献中的知识自我效能是指用户对自身是否能够完成知识贡献行为的信念。由于人们更加喜欢和享受完成他们认为能够很好完成的事情，于是在交互问答平台中，用户的自信越高，其在贡献知识过程中的体验越好，想要去贡献知识的意图也就越高。由此得出以下假设：

H7：知识贡献者的知识自我效能与其在问答平台贡献知识行为的满意度成正相关关系。

---

① Lou J, Fang Y, Lim K H, et al. Contributing high quantity and quality knowledge to online Q&A communities [J]. Journal of the American Society for Information Science and Technology, 2013, 64 (2): 356-371.

② Bock G W, Zmud R W, Kim Y G, et al. Behavioral intention formation in knowledge sharing: examining the roles of extrinsic motivators, social-psychological forces, and organizational climate [J]. MIS Quarterly, 2005, 29 (1): 87-111.

③ Cheung C M K, Lee M K O. Understanding the sustainability of a virtual community: model development and empirical test [J]. Journal of Information Science, 2009, 35 (3): 279-298.

Shu 等①发现在虚拟社区中用户对待知识贡献的态度与知识贡献的意向也有着显著关系。对待知识贡献的态度与用户的预期回报并没有直接关系，而与用户的个人特性和集体荣誉感显著相关。对待知识贡献的态度是指个体对知识贡献行为的总体评估。越是认为知识贡献是有益行为，对其有正面看法的用户，对其贡献知识的经历越满意，从而越愿意去贡献知识。由此得出以下假设：

H8：知识贡献者对知识贡献的看法与其在问答平台持续贡献知识行为的满意度成正相关关系。

8.2.2 问卷设计

依据上述的研究模型，本书设计了对应的调查问卷。本研究的量表设计是在改编国内外相关文献的基础上得到的，问卷见表 8.1。该研究模型共有 9 个潜在变量，在每个潜在变量下有 2~4 个测量变量。问卷中每个题项采用李克特 5 点量表来进行测量（1~5 分别代表"完全不同意"到"完全同意"）。

表 8.1   测 量 指 标

变量	指 标	来源
外部奖励（ER）	通过回答问题，我能够有足够的积分来兑换实物礼品	
	通过回答问题，我能够提升积分排名来获得额外的礼品奖励	
	通过回答问题，我能够有足够的积分来兑换虚拟徽章	
	通过等级的提升，我可以获得更多特权	
帮助他人所带来的快乐（EHO）	我享受在交互问答平台回答网友提问，贡献知识的过程	Lou 等②
	通过不断地帮助他人，我所获得的快乐也不断增加	
实现的自我价值（SW）	高等级让我很有成就感	
	答案被提问者采纳使我很有成就感	
	被评选为杰出者让我感到骄傲，认为自我价值得到了肯定	

① Shu W，Chuang Y H. Why people share knowledge in virtual communities ［J］. Social Behavior and Personality：An International Journal，2011，39（5）：671-690.

② Lou J，Fang Y，Lim K H，et al. Contributing high quantity and quality knowledge to online Q&A communities ［J］. Journal of the American Society for Information Science and Technology，2013，64（2）：356-371.

续表

变量	指　　标	来源
获得的声誉 （REP）	通过等级的提升，我在现实朋友之间的声誉也随之提升	金晓玲①
	作为杰出者而被列入平台首页使我受到网友的关注	
	在问答平台获得的荣誉头衔使我更加受人尊重	
知识自我效能 （KSE）	我对于提供被认为有价值的知识的能力很自信	
	我有着提供有价值知识的专业能力	
	我认为自己在问答平台上提供的知识对别人有用	
知识贡献的看法 （KCA）	我认为知识贡献是明智的行为	Shu 等②
	我认为知识贡献是让人愉悦的行为	
	我认为知识贡献是有价值，对社会有贡献的行为	
	我认为通过回答他人的疑惑，自己的视野也随之开阔，知识也同时得到增长	
感知有用性 （PU）	我认为我得到的奖励和我对其他成员的贡献匹配	Fang 等③
	我认为我得到的奖励与我对其他成员的问题的积极态度匹配	
	我认为我得到的奖励与我回应其他成员的问题的速度匹配	
	我认为我得到的奖励与在问答平台贡献知识所花费的时间和精力匹配	
满意度 （SA）	在交互问答平台回答问题很有趣	Chen 等④
	在交互问答平台回答问题的过程中，我感觉很舒适	
	在交互式问答平台持续回答问题后，我感觉对这段经历很满意	

①　金晓玲. 探讨网上问答社区的可持续发展："雅虎知识堂"案例分析［D］. 合肥：中国科学技术大学，2009.

②　Shu W, Chuang Y H. Why people share knowledge in virtual communities［J］. Social Behavior and Personality：An International Journal，2011，39（5）：671-690.

③　Fang Y H, Chiu C M. In justice we trust：exploring knowledge-sharing continuance intentions in virtual communities of practice［J］. Computers in Human Behavior，2010，26（2）：235-246.

④　Chen C S, Chang S F, Liu C H. Understanding knowledge-sharing motivation, incentive mechanisms, and satisfaction in virtual communities［J］. Social Behavior and Personality：An International Journal，2012，40（4）：639-647.

续表

变量	指　标	来源
持续知识贡献 意愿（CI）	我打算经常参与问答平台的知识贡献活动	Chen 等①
	我打算花费足够的时间在交互问答平台回答他人问题，贡献 自己的知识	
	当讨论一个复杂问题时，我愿意参与后续的交流	

本次研究对象和问卷调查针对知识贡献者，即持续在社交问答平台中贡献知识而非搜寻知识的用户。由于贡献知识后会获得相应积分，可以得出积分高的用户大多为知识贡献者的假设。对百度知道积分排行榜中排名前 100 的用户进行调查，我们发现直到 2013 年 4 月 26 日，这些用户累积的平均回答数约为 82 942，而提问数约为 92。这些用户回答问题较为频繁，而且回答数均远远超过了提问数，在一定程度上对假设进行了证实。因此我们对国内 4 个主流交互问答平台（百度知道、新浪爱问、搜搜问问和雅虎知识堂）积分高的用户通过邮件地址分发问卷。

8.2.3　数据分析

（1）用户基本信息统计

针对国内四大社交问答平台中的高等级用户，我们共发出2 700个调查请求，回收了 220 份有效问卷，回收率约为 8.1%。由于本次问卷调查没有任何物质奖励作为激励，且有些用户对网上陌生人的请求存在不信任感，因而回收率较低。表 8.2 为回答问卷者的性别、年龄等人口统计学特征。可以看出被调查者中男性的比例远远高于女性，且年龄集中在 21~40 岁，大部分具有本科及以上学历，在问答平台贡献知识的次数均较为频繁。

---

① Chen G L, Yang S C, Tang S M. Sense of virtual community and knowledge contribution in a P3 virtual community：motivation and experience［J］. Internet Research，2012，23（1）：4-28.

表 8.2 被调查者基本信息

	分类	频率（$n=220$）	百分比（%）
性别	男	174	79.09
	女	46	20.91
年龄	10~20 岁	15	6.82
	21~30 岁	95	43.18
	31~40 岁	45	20.45
	41~50 岁	31	14.09
	50 岁以上	34	15.45
学历	初中及以下	3	1.36
	高中/中专	28	12.73
	大专	52	23.64
	本科	108	49.09
	硕士研究生	24	10.91
	博士研究生	5	2.27
使用频率	每天 5 次及以上	107	48.64
	每天 1~5 次	78	35.45
	每几天 1 次	26	11.82
	每周 1 次	9	4.09

（2）测量模型评估

考虑到本次观测变量不符合多元正态分布且样本量较小，我们决定采用偏最小二乘法（partial least squares，PLS）方法进行数据分析。本次研究主要使用 SPSS20.0 和 SmartPLS 软件对数据进行信度与效度分析以及假设检验。

①信度与效度分析。当使用 PLS 分析时，一般使用复合信度（CR）来反映指标内部的一致性，复合信度越高则代表内部一致性越好。一般认为当

信度高于 0.7 时表示问卷很可信，而高于 0.9 时表示问卷十分可信。

效度分析是从聚合效度分析和区别效度分析两个方面来进行。聚合效度着重测量的是同一建构中的多个指标彼此之间的聚合或关联性，一般以每个建构的平均方差抽取量（AVE）来进行衡量。区别效度与聚合效度相反，是衡量不同建构之间的相互区分程度。如表 8.3 所示，所有建构的 CR 高于 0.7，AVE 高于 0.5，而且各个指标均满足因子负荷大于交叉负荷这个条件，表明问卷具有较好的信度和效度，在可持续知识贡献行为研究和评测中具备一定的使用价值。

表 8.3　　　　　　　　　　　　信度与效度测量

	CR	AVE	ER	EHO	REP	SW	KSE	KCA	PU	SA	CI
ER	.931	.771	**.878**								
EHO	.942	.891	.270	**.944**							
REP	.927	.810	.479	.331	**.900**						
SW	.924	.801	.404	.448	.468	**.895**					
KSE	.930	.817	.284	.539	.436	.521	**.904**				
KCA	.950	.828	.239	.500	.336	.589	.542	**.910**			
PU	.949	.823	.387	.310	.384	.434	.384	.333	**.907**		
SA	.909	.770	.312	.433	.412	.546	.439	.548	.544	**.877**	
CI	.891	.732	.340	.449	.520	.448	.520	.482	.481	.681	**.856**

②模型检验。在本研究中，我们使用 SmartPLS 软件进行路径分析，计算路径系数以及 R^2 值，并用 Bootstrapping 对路径的显著性水平进行检测。其中路径系数代表自变量与因变量之间关系的强弱程度，R^2 代表总体解释程度，"***"代表在 0.1% 的显著水平上显著。如图 8.2 所示为模型分析结果。

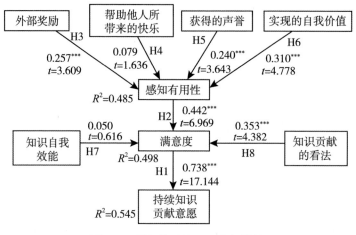

图 8.2 研究模型的 PLS 分析结果

通过对数据进行分析，我们对研究假设进行了检验。从检验结果可以看出，在之前所做出的 8 个假设中，除了 H4 和 H7 不成立之外，其他假设均成立。

8.3 基于社交问答平台的用户可持续知识贡献的建议

本书通过建立理论模型来揭示知识贡献者持续在社交问答平台贡献知识的动因、意愿。通过问卷调查以及统计分析，我们对模型和假设进行验证并得出以下结论，同时对社交问答平台的管理者也提出制定激励策略的建议：

①知识贡献者对贡献知识经历的满意度与持续知识贡献意愿之间存在显著的正相关关系，这与传统信息系统持续使用文献结论一致。它们之间的路径系数高达 0.738（见图 8.2），说明知识贡献者的满意度与其是否持续在社交问答平台贡献知识的意愿息息相关。为了掌握用户动向，问答平

台管理者应特别关注用户的满意度变化，除了定期对高级用户进行问卷调查，还应关注他们的活跃度，及时发现高等级的知识贡献者行为模式的改变，了解不再愿意积极回答问题的原因，并采取相应激励措施鼓励其持续参与。

②知识贡献者的感知有用性和对待知识贡献的看法，与满意度之间存在显著正相关关系，这说明知识贡献者感知到的奖励和报酬越高，其对回答问题过程便越满意，持续回答的意愿也越高。同时，对知识贡献行为有良好看法的知识贡献者会更加享受知识贡献的行为。从路径系数中（见图8.2）可以看出，感知有用性对满意度的影响（系数为0.442）要大于对知识贡献的看法对满意度的影响（系数为0.353）。因此，社交问答平台的管理者要让知识贡献者在贡献知识的同时，也能发现对自身有价值的信息，进行有针对性的推送，从而提升用户感知有用性。

③知识贡献者的知识自我效能对满意度并没有显著影响。知识贡献者对自己是否有足够的专业知识来完成贡献知识行为的评估，并不会影响他们完成这次行为的感受，也不会影响他们是否持续贡献知识。这与之前的相关研究的结论有一定的出入，如Wasko①曾证明在专业讨论组中知识自我效能能够显著影响用户满意度。出现这种现象可能是由于社交问答平台中的知识交流所需要的专业性以及深刻洞察力，通常都要低于关注某一个特定主题的实践社区。但是为了提高知识贡献的质量，社交问答平台的管理者应该吸引更多有能力和专业知识的用户来贡献知识，例如可以通过邀请不同行业、领域的专业人士加入问答平台，通过合作提升问答平台的服务水平，如图书馆的参考咨询服务人员加入问答服务就是一种创新方式。

④知识贡献者获得的外部奖励、声誉和实现的自我价值与感知有用性有着显著正相关关系。这说明适当提升奖励，改善激励机制，提升知识贡献者所感知到的外部奖励、声誉和实现的自我价值，能够增加用户持续贡献知识

---

① Wasko M M, Faraj S. Why should I share? Examining social capital and knowledge contribution in electronic networks of practice [J]. MIS Quarterly, 2005, 29 (1): 35-57.

的意愿。Hung 等①发现影响感知有用性的因素还包括帮助别人所获得的快乐，但本次研究结果显示，社交问答平台中的知识贡献者并不认为利他主义所带来的快乐是在问答平台贡献知识带来的益处。我们认为研究群体的不同导致了研究结果的差异。以往的研究大部分针对虚拟社区或者虚拟社区中的职业社区，而本次研究对象仅为社交问答平台这个特殊的网上社区中作为高等级用户的知识贡献者。为了促使社交问答平台更好地发展，平台可以通过在页面中增加如"贡献知识，获取快乐"等相关标语，强调通过帮助他人所带来的快乐是贡献知识所带来的收益，从而增加用户因利他主义而感知到的有用性。

⑤在调查中，我们还发现平台中的知识贡献者大多对知识贡献行为有较高的感知有用性和满意度，并且也愿意继续贡献自己的知识，这说明知识贡献者对于社交问答平台已经具有较高的黏性，用户忠诚度较高。

本书对用户进行了区分，研究对象仅仅针对作为高等级用户的知识贡献者，这些知识贡献者是在平台中回答问题、维持平台持续发展的主要力量。相比于对整个社交问答平台用户群体进行研究，对知识贡献者持续知识贡献的原因进行探究，可以了解这些知识贡献者为何持续在平台贡献知识，从而制定有针对性的激励政策，本研究结果对问答平台的发展具有重要的借鉴意义。

本书也存在着一些局限。首先，在研究结果中，感知有用性、满意度和持续知识贡献意愿分别只有48.5%，49.8%和54.5%的方差得到了解释（见图8.2），这说明或许还有一些影响这三个方面的重要因素变量没有被包含其中。系统的可用性和易用性、机会成本和实际成本的花费等方面对用户的影响需要继续深入研究。其次，本书研究对象为国内四个大型社交问答平台中的知识贡献者，还有许多规模稍小的社交问答平台没有被纳入其中，它们之间模式的不同可能导致知识贡献者的行为模式也存在差异，这些有待进一步深入研究。

---

① Hung S W, Cheng M J. Are you ready for knowledge sharing? An empirical study of virtual communities [J]. Computers & Education, 2012, 62: 8-17.

9 基于用户知识贡献的社交问答 服务及其优化

本章研究基于用户知识贡献的社交问答服务比较与评价,首先从社交问答用户的角度,对比社交问答服务和数字参考咨询服务;其次研究用户对社交问答服务的评价,包括对服务满意度的评价,以及对服务使用的重要影响因素的评价。研究用户对服务的比较和评价,能够为社交问答服务的改进和优化提供理论和实践指导。本章通过问卷调查的方式研究用户对社交问答服务的比较与评价。调查随机访问国内外最大的社交问答平台,调查对象包括百度知道平台的 348 位用户,以及国外 Yahoo! Answer 平台的 230 位用户。

本书设计调查问卷,通过在线调查的方式进行问卷调研,在 2013 年 2 月到 3 月期间,针对 Yahoo! Answer 平台提问或回答问题的 1 431 位活跃用户发放问卷的英文版本,回收有效答卷 230 份,回收率是 16.4%。同时,在 2013 年 9 月到 11 月向百度知道平台活跃用户随机发放调查问卷 2 153 份,回收 348 份有效问卷,回收率是 16.2%。

调查样本的基本信息如表 9.1 所示。其中男性参与者要多于女性,年龄上,Yahoo! Answer 平台 50 岁以上用户占比较多(44%),而百度知道用户较为年轻,大部分在 20 岁左右(54%)。百度知道用户教育水平在大学本科以上的占比 73%,Yahoo! Answer 用户占比 65%。

表 9.1   **被调查者基本信息**

项目	分类	Yahoo! Answers		百度知道	
		频数(n)	占比($n/230$)	频数(n)	占比($n/230$)
性别	男	111	58%	229	66%
	女	81	42%	119	34%
年龄	20 岁以下	33	18%	58	17%
	20~29 岁	27	15%	186	54%
	30~39 岁	18	10%	47	14%
	40~49 岁	26	14%	29	8%
	50~59 岁	37	20%	16	5%
	60 岁以上	45	24%	8	2%
教育背景	高中以下	0	0%	24	7%
	高中	36	19%	20	6%
	专科	32	17%	49	14%
	大学本科	72	38%	170	49%
	硕士及以上	52	27%	85	24%

9.1   社交问答服务和数字参考咨询服务的比较

    本节将从社交问答用户的角度出发,探讨社交问答平台用户对数字参考咨询服务的意识,以及对两种服务的对比。已有的对这两种服务的对比研究,主要从服务的机制、管理以及数字参考咨询服务的提供者和使用者的角度出发,而较少从社交问答服务用户的角度出发。因此,本节从社交问答服务用户的角度,包括百度知道用户和 Yahoo! Answer 用户,对二者进行比较研究,是研究社交问答服务用户评价的较新角度,能够了解用户对两种服务优劣的认识。

9.1.1 百度知道用户对两种服务的比较

本书总结参与调查的百度知道用户对数字参考咨询服务的意识和使用情况，如表9.2所示。在本研究中，80%的用户表示从来没有听说过数字参考咨询服务，12%的用户表示意识到有数字参考咨询服务但是从来没有使用过，7%的用户表示偶尔使用数字参考咨询服务，而仅有1%的用户表示经常使用数字参考咨询服务。

表9.2　　百度知道用户对数字参考咨询服务的使用情况

数字参考咨询服务使用	数量	百分比（%）
从没有听说过	279	80%
听说过但是从来没有使用过	41	12%
偶尔使用	24	7%
经常使用	4	1%
总计	348	100%

使用过社交问答和数字参考咨询两种服务的用户（$n=28$），基于各自使用经历对两种服务做了评价和对比。本书基于社交问答服务和数字参考咨询服务用户知识贡献的特点，列出了10个对比项，用户对每一项根据自己的理解给出比较和对比。针对每一项所涉及服务的特征，用户做出以下选择：百度知道好些、百度知道稍微好些、两者一样、数字参考咨询服务稍微好些、数字参考咨询服务更好、没看法。按照用户的态度倾向，将偏向百度知道的选择和偏向数字参考咨询服务的选择进行整合得到表9.3。结果表明百度知道在以下几个方面比数字参考咨询服务更具优势：

①服务的易获取性（71% vs. 11%）；

②答案来自人们的相关经验（68% vs. 14%）；

③服务有趣（61% vs. 4%）；

④提问时感到舒适（57% vs. 7%）；

⑤总体而言，对服务满意（54% vs. 7%）；

⑥这一服务解决事实型问题（46% vs. 21%）；

⑦这一服务解决咨询和意见类问题（46% vs. 25%）。

数字参考咨询服务在以下两个方面比百度知道更具优势：

①答案质量高（43% vs. 39%）；

②答案可信度高（43% vs. 29%）。

同时，39%的用户认为在隐私保障方面两种服务表现一样，百度知道稍具优势（21% vs. 18%）。

表9.3　　　　　　　　百度知道和数字参考咨询服务的比较

项目	百度知道较好	二者一样	数字参考咨询服务较好	没意见	总计
服务的易获取性（$n.28$）	**71%**	11%	11%	7%	100%
答案来自人们的相关经验（$n.28$）	**68%**	14%	14%	4%	100%
服务有趣（$n.28$）	**61%**	29%	4%	7%	100%
提问时感到舒适（$n.28$）	**57%**	21%	7%	14%	100%
总体而言，对服务满意（$n.28$）	**54%**	32%	7%	7%	100%
这一服务解决事实型问题（$n.28$）	**46%**	25%	21%	7%	100%
这一服务解决咨询和意见类问题（$n.28$）	**46%**	21%	25%	7%	100%
隐私保障（$n.28$）	21%	**39%**	18%	21%	100%
答案质量高（$n.28$）	39%	14%	**43%**	4%	100%
答案可信度高（$n.28$）	29%	21%	**43%**	7%	100%

注：加粗表示每一特征用户选择最多的项。

很明显，虽然社交问答服务用户中，使用过数字参考咨询服务的用户数量较少，但是使用过两种服务的用户在社交问答服务和数字参考咨询服务之间进行选择以满足不同的信息需求，并且对每种服务在满足不同需求方面的优劣具有明确清晰的认识。总体而言，社交问答服务用户对百度知道服务的满意度要比数字参考咨询服务高（54%），有32%的用户则认为二者一样。

Kitzie（2011）等①的研究结果表明，许多用户对社交问答服务和数字参考咨询服务的区别并没有清楚的认识。本研究调查的用户由于都来自社交问答服务，对于数字参考咨询服务的意识薄弱，导致使用过数字参考咨询服务的用户较少。然而，对于已经使用过数字参考咨询服务和社交问答服务的用户而言，他们的评价和对比结果表明他们对于两种服务的区别具有清晰的认识，这两种服务在满足用户信息需求方面具有明确的不同，有各自的专长，承担不同的角色。

9.1.2 Yahoo！Answers 用户对两种服务的比较

本书总结参与调查的 Yahoo！Answer 用户对数字参考咨询服务的意识和使用情况，如表9.4所示。在本研究中，68%的 Yahoo！Answer 用户表示从来没有听说过数字参考咨询服务，14%的用户表示意识到有数字参考咨询服务但是从来没有使用过，13%的用户表示偶尔使用数字参考咨询服务，而仅有4%的用户表示经常使用数字参考咨询服务。

表9.4　　**Yahoo！Answer 用户对数字参考咨询服务的使用情况**

数字参考咨询服务使用	数量	百分比（%）
从没有听说过	138	68%
听说过但是从来没有使用过	28	14%

---

① Kitzie V, Shah C. Faster, better, or both? Looking at both sides of online question-answering coin［J］. Proceedings of the American Society for Information Science and Technology, 2011, 48（1）: 1-4.

数字参考咨询服务使用	数量	百分比（%）
偶尔使用	27	13%
经常使用	9	4%
总计	202	100%

同样，使用过数字参考咨询服务的用户（$n=36$）根据其使用经历对两种服务做了评价和对比，如表9.5所示。

表9.5　　　　　Yahoo！Answer 和数字参考咨询服务的比较

项目	Yahoo！Answer 较好	二者一样	数字参考咨询服务较好	没意见	总计
这一服务解决咨询和意见类问题（$n.36$）	**69%**	19%	6%	6%	100%
服务有趣（$n.36$）	**69%**	25%	0%	6%	100%
服务的易获取性（$n.36$）	**49%**	35%	14%	3%	100%
答案来自人们的相关经验（$n.36$）	**41%**	35%	19%	5%	100%
隐私保障（$n.36$）	11%	**53%**	25%	11%	100%
总体而言，对服务满意（$n.36$）	33%	**47%**	17%	3%	100%
提问时感到舒适（$n.36$）	28%	**53%**	11%	8%	100%
答案可信度高（$n.36$）	6%	17%	**75%**	3%	100%
答案质量高（$n.36$）	16%	22%	**59%**	3%	100%
这一服务解决事实型问题（$n.36$）	11%	37%	**49%**	3%	100%

结果表明，Yahoo！Answer 服务在以下几个方面比数字参考咨询服务更具优势：

①这一服务解决咨询和意见类问题（69% vs. 6%）；

②服务有趣（69% vs. 0%）；

③服务的易获取性（49% vs. 14%）；

④答案来自人们的相关经验（41% vs. 19%）。

Yahoo！Answer 用户认为数字参考咨询服务在以下三个方面比百度知道更具优势：

①答案可信度高（75% vs. 6%）；

②答案质量高（59% vs. 16%）；

③这一服务解决事实型问题（49% vs. 11%）。

大约一半的用户认为 Yahoo！Answer 服务和数字参考咨询服务在用户的隐私保障（53%）、提问时感到的舒适度（53%）以及总体对服务满意（47%）三个方面表现一样。

从 Yahoo！Answer 用户对两种服务的比较可以看出，使用过两种服务的用户对两者的优缺点有明确的认识，说明两种服务满足了用户不同的信息需求。

综合百度知道和 Yahoo！Answer 用户对两种服务的对比，社交问答服务具有易获取性，答案来自人们的经验，服务有趣，解答人们的意见或者建议类的问题方面比数字参考咨询服务更具有优势。数字参考咨询服务则在答案的质量和可信度方面比社交问答服务更具优势。而在用户的隐私保障方面，用户认为两者服务都一样，并没有偏向任何一种服务，说明在线问答服务的隐私保障还有待提高。

9.2　基于用户知识贡献的社交问答服务评价

本节探讨百度知道和 Yahoo！Answer 用户在使用社交问答服务寻求问题答案满足其信息需求的过程中，对社交问答服务的评价，从对社交问答服务平台获得的答案的满意度以及用户认为社交问答服务使用的重要影响因素两个方面展开。

9.2.1 用户对社交问答服务满意度的评价

本书调查百度知道用户和 Yahoo! Answer 用户最近在社交问答服务平台提出的问题类型，以及对从社交问答服务平台获得的答案的满意度，根据已有的调查研究结果进行交叉分析，研究用户对不同类型问题的平均满意度。

（1）用户在社交问答服务平台提问问题类型

用户就其近期在社交问答服务平台提问的问题类型在问卷中进行了反馈，如表 9.6 所示。数据统计结果显示：Yahoo! Answer 用户更多地参与平台提出寻求意见或建议类的问题（44%），关于特定事件的问题（23%），以及放松和娱乐相关的问题（19%）；而百度知道用户则更多地偏向通过服务平台解决其学习（30%）和工作（31%）中遇到的问题，但是值得注意的是所有的问题类型分布大约都在 20%。

表 9.6　　用户近期在社交问答服务平台提问的问题类型

问题类型	Yahoo! Answers (n=174)	百度知道 (n=289)
寻求建议或意见的问题	44%（76）	21%（62）
关于特定事件的问题	23%（40）	27%（77）
放松或者娱乐相关的问题	19%（33）	26%（75）
私人或隐私问题	16%（27）	23%（66）
与研究有关的问题	14%（25）	21%（61）
与学校作业相关的问题	9%（16）	30%（86）

问题类型	Yahoo！Answers（$n=174$）	百度知道（$n=289$）
与工作有关的问题	7%（12）	31%（90）
其他	16%（28）	8%（24）

注：百分比之和不为100%的原因是用户问题类型的选择是多项选择。

因此该结果表明，百度知道用户在该服务平台解决生活和工作中遇到的各种类型的问题，而 Yahoo！Answer 用户更偏向于依赖社交问答服务解决放松和娱乐相关的意见和建议类的问题。百度知道用户的提问面较 Yahoo！Answer 用户更广，Yahoo！Answer 用户提问问题较为集中。

（2）用户对社交问答服务问题答案的满意度

在社交问答平台提问过的用户对其近期提问所获得答案的满意情况做出反馈，用户根据自身满意的程度从以下五个选项中做出选择，分别是：非常满意、有些满意、一般、有些不满意、非常不满意。

如表 9.7 所示，不难发现百度知道和 Yahoo！Answers 用户对从平台获得的答案的满意度均较高，百度知道用户有 69%反映对答案有些满意或非常满意，Yahoo！Answers 用户有 70%反映对答案有些满意或非常满意。Yahoo！Answers 用户有 18%反映对问题答案不满意，而百度知道用户仅 7%反映不满意。百度知道用户对平台的满意度较高。

表 9.7　　　　　**用户对社交问答服务问题答案的满意度**

用户满意程度	Yahoo！Answers（$n=172$）	百度知道（$n=289$）
非常满意	31%（53）	12%（35）
有些满意	39%（67）	57%（165）

用户满意程度	Yahoo! Answers （$n=172$）	百度知道 （$n=289$）
一般	12%（20）	24%（68）
有些不满意	10%（18）	6%（17）
非常不满意	8%（14）	1%（4）
总计	100%	100%

分析用户对不同问题类型的满意度，不难发现用户满意度的差异。就表9.6和表9.7进行交叉分析得出表9.8，总结基于问题类型的用户平均满意度值，其中1指非常满意，2指有些满意，3指一般，4指有些不满意，5指非常不满意。平均满意度数值越低表明用户越满意。

表9.8　　　　　　　　　　　**用户对不同类型问题的平均满意度**

问题类型	Yahoo! Answers 用户平均满意度	百度知道 用户平均满意度
与学校作业相关的问题	1.63	2.14
关于特定事件的问题	2.07	2.29
寻求建议或意见的问题	2.15	2.40
与工作有关的问题	2.25	2.23
放松或者娱乐相关的问题	2.26	2.23
私人或隐私问题	2.50	2.26
与研究有关的问题	3.44	2.23

注：1=非常满意，2=有些满意，3=一般，4=有些不满意，5=非常不满意。

分析结果表明，社交问答服务用户对其在平台获得的与学校作业相关的问题答案最满意，Yahoo! Answers 用户对关于特定事件的问题、寻求意见或建议的问题和与工作相关的问题比较满意，而百度知道用户对与工作、研究相关的问题和放松及娱乐相关的问题比较满意。Yahoo! Answer 用户最不满意的是与研究相关和与个人隐私相关的问题，百度知道用户最不满意的是寻求意见或建议的问题。

值得注意的是，用户对 Yahoo! Answer 服务平台各类问题的平均满意度从 1.63~3.44 不等，而百度知道用户的平均满意度则较为接近，从 2.14~2.40。这一调研结果表明在用户对问题的满意度方面，Yahoo! Answer 服务在某些领域比如学校作业相关问题方面做得非常不错，在其他领域如与研究相关的问题方面则相对较弱；而百度知道服务因问题类型不同而带来的用户满意度差别并不大。调研结果显示用户对社交问答服务平台的答案满意度比较高，在70%左右，这与已有研究结果一致（Pomerantz & Luo，2006；Shah，2015；Shah & Kitzie，2012）。①②③

9.2.2 用户对社交问答服务使用影响因素的评价

基于百度知道用户和 Yahoo! Answer 用户的反馈，分析社交问答服务使用的重要影响因素。问卷调查的影响因素包括：答案的质量、答案的可信度、回答及时、服务容易获取、答案由人们直接做出回答而不是通过搜索引擎找到、答案根据人们的经验提供、隐私有保障、提问时的舒适度、问题答案和建议多样、答案的数量、有趣、与人联系和交友的机会。针对每一个因素，参与调查用户就其重要性给出以下几个等级评定：1 非常重要；2 重要；3 一般；4 不重要；5 非常不重要；6 前5个都不是。表9.9总结了百度知道

① Pomerantz J, Luo L. Motivations and uses：evaluating virtual reference service from the users' perspective ［J］. Library & Information Science Research，2006，28（3）：5-29.

② Shah C. Effectiveness and user satisfaction in Yahoo! Answers ［EB/OL］. ［2015-04-03］. http：//www. uic. edu/htbin/cgiwrap/bin/ojs/index. php/ fm/article/ viewArticle/3092/2769.

③ Shah C, Kitzie V. Social Q&A and VR-comparing apples and oranges with the help of experts and users ［J］. Journal of the American Society for Information Science and Technology，2012，63（10）：2020-2036.

用户的评价结果，计算平均重要程度，数值越低，重要性越高，其中 6 代表的选项因用户没有表示出任何态度而不计算在内。

表 9.9　　　百度知道用户评价社交问答服务使用的重要影响因素

因素	非常重要（1）	重要（2）	一般（3）	不重要（4）	非常不重要（5）	平均重要程度
答案的质量	192	95	41	8	1	1.61
(*n*.337)	(57%)	(28%)	(12%)	(2%)	(0%)	
答案的可信度	193	87	49	6	3	1.64
(*n*.338)	(57%)	(26%)	(14%)	(2%)	(1%)	
回答及时	138	121	58	12	4	1.87
(*n*.333)	(41%)	(36%)	(17%)	(4%)	(1%)	
服务容易获取	130	124	62	12	3	1.89
(*n*.331)	(39%)	(37%)	(19%)	(4%)	(1%)	
答案由人们直接做出回答而不是通过搜索引擎找到	102	118	81	22	5	2.12
(*n*.328)	(31%)	(36%)	(25%)	(7%)	(2%)	
答案根据人们的经验提供 (*n*.332)	82	148	86	13	3	2.12
	(25%)	(45%)	(26%)	(4%)	(1%)	
隐私有保障	118	90	86	28	13	2.19
(*n*.335)	(35%)	(27%)	(26%)	(8%)	(4%)	
提问时的舒适度	68	117	107	30	12	2.40
(*n*.334)	(20%)	(35%)	(32%)	(9%)	(4%)	
问题答案和建议多样 (*n*.334)	71	103	100	48	12	2.48
	(21%)	(31%)	(30%)	(14%)	(4%)	
答案的数量	47	96	118	49	22	2.71
(*n*.332)	(14%)	(29%)	(36%)	(15%)	(7%)	

续表

因素	非常重要（1）	重要（2）	一般（3）	不重要（4）	非常不重要（5）	平均重要程度
有趣（n.323）	42（13%）	80（25%）	120（37%）	54（17%）	27（8%）	2.83
与人联系和交友的机会（n.308）	32（10%）	48（16%）	108（35%）	75（24%）	45（15%）	3.17

如表 9.9 所示，百度知道用户认为影响社交问答服务使用比较重要的因素（平均重要性≤2.2）有以下几点：

①答案的质量（1.61）；

②答案的可信度（1.64）；

③回答及时（1.87）；

④服务容易获取（1.89）；

⑤答案由人们直接做出回答而不是通过搜索引擎找到（2.12）；

⑥答案根据人们的经验提供（2.12）；

⑦隐私有保障（2.19）。

结果显示用户认为影响社交问答服务使用最重要的因素是答案的质量、可信度以及回答及时，其次是服务容易获取、答案由人们直接提供或者根据人们的经验提供以及隐私有保障。Nicol 等（2013）[①] 的研究也认为，用户在虚拟服务空间进行信息搜寻时认为便利性、速度和有效性是重要的因素。

在研究用户认为影响社交问答服务使用最重要的因素时，将 Yahoo! Answer 用户对服务的评价和百度知道用户的评价进行对比，如表 9.10 所示。结果显示，两个服务平台的用户都认为重要的因素，即平均重要程度在"重要"以上（<2.0），有以下四个：

①　Nicol E C, Crook L. Now it's necessary: virtual reference services at Washington State University, Pullman［J］. The Journal of Academic Librarianship, 2013, 39（2）: 161-168.

表 9.10　　　不同平台用户认为社交问答服务使用时的重要因素

因素	Yahoo！Answers 平均重要程度	百度知道 平均重要程度
答案的质量	**1.40**	**1.61**
服务容易获取	**1.41**	**1.89**
答案的可信度	**1.46**	**1.64**
回答及时	**1.57**	**1.87**
答案根据人们的经验提供	1.60	2.12
隐私有保障	1.75	2.19
提问时的舒适度	1.88	2.40
答案由人们直接做出回答而不是通过搜索引擎找到	2.12	2.12
问题答案和建议多样	**2.24**	**2.48**
答案的数量	**2.37**	**2.71**
有趣	**2.45**	**2.83**
与人联系和交友的机会	**3.12**	**3.17**

注：1=非常重要；2=重要；3=一般；4=不重要；5=非常不重要。

①答案的质量；

②服务容易获取；

③答案的可信度；

④回答及时。

同时，两个服务平台用户都认为最不重要的因素，有以下四个：

①问题答案和建议多样；

②答案的数量；

③有趣；

④与人联系和交友的机会。

研究结果显示不同的社交问答服务平台（Yahoo！Answer 和百度知道）

用户对社交问答服务使用中影响因素的重要性评价有共同点，同时也有一定的差异。从表4.10中不难发现，以下三个因素是Yahoo! Answer用户认为重要，而百度知道用户则认为不那么重要的：

①答案根据人们的经验提供（1.60 vs. 2.12）；

②隐私有保障（1.75 vs. 2.19）；

③提问时的舒适度（1.88 vs. 2.40）。

通过对比百度知道和Yahoo! Answer用户对社交问答服务使用的重要影响因素的评价，不难发现，答案的质量、可信度、服务易获取、回答及时是用户认为比较重要的因素。

本章研究基于用户知识贡献的社交问答服务的评价和对比，研究结果表明，综合国内外用户对社交问答服务和数字参考咨询服务的对比发现，社交问答服务用户对数字参考咨询服务的意识薄弱，但是对于已经使用过数字参考咨询服务和社交问答服务的用户而言，他们的评价和对比结果表明他们对于两种服务的区别具有清晰的认识，认为数字参考咨询服务在答案的质量和可信度方面要比社交问答服务更具优势。用户认为影响社交问答服务使用最重要的因素是答案的质量、可信度、服务易获取以及回答及时。

9.3 用户知识贡献行为促进及社交问答服务优化

9.3.1 用户知识贡献行为促进

要保持社交问答平台用户的忠诚度和用户黏性，其中一个重要的激励措施就是鼓励更多的用户参与到社交问答平台的内容构建上。根据用户行为机理及其影响因素的研究结论，提出用户知识贡献的培养促进策略，可以从用户、社区和服务三个角度促进用户的知识贡献。

(1) 基于用户角度的知识贡献促进

①提高用户的自我效能感。自我效能是影响社交问答用户知识贡献的重要因素。用户自我效能较高时，会更愿意参与社交问答平台，回答问题或解决相关任务，参与的频率会更高，所涉及问题和任务的种类与范围更多样，也会更愿意在参与的过程中与其他相关用户进行有效的沟通，并不断改进和完善所提供的答案和解决方案。因此，用户和社交问答平台应该致力于提高用户的自我效能感。

第一，网站可以通过创建简洁易用的界面，通过流程操作图和视频等方式来帮助不熟悉网络的用户学习和使用在线网络技术。第二，及时向知识贡献者表达感谢之情，并反馈其所提供知识的价值等信息，让用户了解其贡献得到了社区的重视和肯定等。第三，问答社区高知识贡献者应该关注社区中其他用户的自我效能建立，多通过自身的行为来鼓励和支持其他用户，提高他们知识贡献的信心和动力，这对知识贡献行为是十分有利的。如此，社交问答网站用户的整体自我效能会得到极大的提高，进而可提高其知识的贡献。

②培养用户助人为乐的品德。乐于奉献、倾囊相助是中华民族的传统美德，特别是现今社会频繁暴露冷漠、虚伪和无情自私的一面，高举温情与奉献的旗帜、传承传统美德，是我们当前面临的现实问题。用户可以在社交问答平台分享、交流信息与知识，与他人交流沟通，放松身心和获得乐趣。如果用户具有助人为乐的优良品德，用户会感受到在平台上进行知识贡献是令人愉快的，这也会促使其不断贡献自身的知识。因此，社交问答平台应致力于提高用户的助人为乐意识。

第一，社会各界应加大宣传与教育。助人为乐是社会公德的主要内容之一，而社会公德是社会生活中最基本的行为准则，社会公共生活正常有序进行也依赖于社会公德。因此，社会各界应通过各种媒体、教育体系等途径加大对公民助人为乐优秀品质的培养，树立模范学习榜样，让全体公民深刻地意识到在社会交往和公共生活中乐于助人是应该遵循的行为准则，也是作为公民应有的品德操守，从而使助人为乐成为一种社会风尚。第二，问答平台应鼓励与提倡助人为乐，引导用户进行知识贡献。问答平台可设立提倡助人为乐标语或知识贡献链接，将其展现在用户经常访问的公共主页或者相应问答模块上，以增强用户的助人为乐意识，进而促进用户知识贡献。

（2）基于社区角度的知识贡献促进

①文化机制建设。问答平台的文化影响着用户之间的虚拟社会关系，在不同的文化氛围下用户会表现出不同的社会行为。创新的社区文化强调共享、利他，并鼓励积极学习与互相协作，主张构建用户间相互平等、相互尊重的关系，倡导要重视他人的感受，鼓励用户探讨新知识领域，大胆地交流经验与观点，使知识共享成为平台交流的重要组成部分。在这样的社区文化下，用户更可能克服现实中的交流障碍，直言不讳表达个人看法和观点；同时，素昧平生的情感关怀可以拉近用户之间的距离和消除隔阂，从而建立起相互信任的关系，营造出无私奉献与乐于助人的交流氛围。具体而言，第一，在社交问答平台，制定操作性强的用户行为规范制度以及奖惩制度，让用户养成良好的行为习惯，从而逐步构建起相应的文化，营造优良的文化氛围。第二，关注和赞赏用户的知识贡献，尤其注重高水平的知识贡献，引导与培养用户的知识贡献意识，以此来促进社交问答用户的知识贡献。

② 激励机制建设。有效的激励机制能够激发用户的参与动机，激励用户提供知识和信息，也能提高用户之间的互动程度，进而可提高社交问答平台的活跃度。

社交问答平台的激励体系应该包括精神激励和物质激励。精神激励通常是知识贡献者运用所拥有的知识解决用户的实际问题后所获得的成就感，以及所获得的来自用户的肯定或社区的肯定的精神奖励，具体奖励涉及用户的语言赞美、社区的奖励加分等。物质激励是平台或用户给予知识贡献者的物质奖励，具体的物质奖励涉及奖品和金钱等。目前普遍采用的是虚拟货币系统，用户贡献知识可获得一定数量的虚拟货币，该货币可用来获取平台中的其他知识和资源。此外，一些平台的奖励包括地位和声誉的财富值、经验值、形象等级等。

目前可完善的奖励措施包括：第一，社交问答平台应有科学的知识贡献测度方法，对知识贡献者所贡献的知识进行有效的测度，根据结果对用户进行相应的奖励。第二，针对用户不同的激励需求，采用多样化的激励方式来鼓励用户的知识贡献行为，如建立明星榜，表扬做出杰出贡献的知识贡献者；知识接收利用者对知识贡献者所提供的知识价值进行分层等级评价，等级越高，就说明所贡献知识的价值越大，这也可为今后其他用户对该知识的利用提供参考。第三，重视物质奖励的激励作用。通过定期开展鼓励知识贡献的相关活动，对于知识贡献程度大、积极活跃的用户，进行较大强度的物质奖励，将奖品邮寄给用户，让用户感受到自己贡献知识所收到的回馈，能大幅提高用户的积极性。由此，不断提高和完善社交问答平台的激励管理水平，可极大地促进用户的知识贡献水平。

③信任互惠机制建设。建立并实施有效的信任互惠机制，可增强用户互惠互利的信心，打消知识贡献用户的疑虑与猜疑。信任涉及用户对社交网站或其社区的信任，包括平台的技术支持性、公平互惠机制等；也涉及用户间的信任以及对于互相帮助的信心。用户的信任感越高，对于知识贡献越有帮助。第一，网站相关专业化社区可采取实名制、照片真实审核制、IP地址定位等手段，降低用户间的不信任程度。第二，平台可采取互相打分或评价的方法，来加大互惠的可能性；同时，还可对贡献高质量知识、高价值信息的用户从多角度进行积分、排名或表扬。

（3）基于服务角度的知识贡献促进

①建立有效的信息知识库。由于各个用户的核心能力和由核心能力所延伸出来的知识不相同，可将分散的知识汇聚，分门别类进行加工与提炼。具

体而言，第一，社交问答平台应该建立有效的信息知识库，将处于分散与无序状态的信息和知识集合起来，实现智能化的数据挖掘，供用户进行重复多次查询与使用，进而实现知识信息的高效利用。第二，平台应当高效利用可视化技术促进隐性知识转化。通过多样化的形象表达方式来展现知识贡献者所贡献的内容，同时，知识贡献者的思维活动可清晰地展现出来，帮助用户更好地理解自己与他人知识的差别所在，从而提高用户间的知识传播与创新。同时，可减少重复提供相同知识的可能性，降低知识贡献者提供知识的机会成本，也使得知识贡献者有更多的时间和精力去提供更多或更深层次的知识。可见，社交问答平台的信息知识库不只是各个用户、知识的简单相加，它在量变时可产生质变，创新性地形成新知识，可促进知识的持续更新与累积，平台用户将最终受益于该良性循环。

②支持用户建立专业化社区。支持用户建立专业化社区，以满足用户的个性化需求。随着社交问答平台的不断发展，涉及的内容广度和深度不断发展，用户越来越倾向于贡献专业化程度高的知识，从平台中获取专业化、深层次的知识。这就要求平台根据不同用户的差异化、专业化需求，建立专业化社区，并做好相关管理工作。平台应该支持用户能够通过提出申请自建任意主题的独立社区，逐渐形成讨论组、兴趣圈与协同创作园地等。同时，鼓励用户将所建专业社区公共化，以实现信息、知识的共享，也能扩大所参与讨论用户的范围。

③建立人性化的服务体系。建立人性化的服务体系，为用户提供贴心服务。为知识贡献用户和知识接收用户提供人性化的服务，不但可以提高用户的满意度，还可以不断改善用户体验，进而提高用户黏性。

人性化的服务体系应该始终以用户为中心，以满足用户的需求和动机为出发点来设置平台的服务功能，建立相应的服务流程与管理制度。第一，平台的相关功能应做到简单易学，应尽量降低用户所需投入的学习成本，可不断增加参与知识贡献用户的人数。第二，还应对用户在互动交流过程中遇到的问题与障碍做出及时的反应，迅速帮助用户解决；对于不能及时解决的，应该有相应的记录，日后通过留言或邮件的形式告知用户事情的进展和问题的解决情况。第三，对用户给予真诚的人文关怀。具体而言，根据知识贡献用户的知识贡献历史发送其他用户对知识的相关评价信息，并表达感激之情，还可向其发送最新的讨论主题和知识更新信息，引导用户进一步参与知识贡献，也可帮助用户进行知识学习；衷心问候用户的生日，热烈祝贺用户在社区的晋级；并对长时间未登录的用户发送电子邮件问候，并附上知识库里最新和最热的知识信息。问答平台构建并实施人性化的服务体系，可以增强用户之间、用户与平台之间的信任，使用户有归属感，从而提高对用户的吸引力，可降低知识贡献与获取的机会主义行为。

9.3.2 社交问答服务优化

研究中发现的社交问答服务在答案的质量以及可信度方面的劣势，以及一些机制的不完整导致用户不参与知识贡献等问题，是社交问答服务发展中面临的问题和不足，也是服务需要进一步改进和优化的地方。因此，本节从内容质量的提升、服务管理以及技术的改进三个方面探讨社交问答平台的服务优化。

（1）基于内容质量提升的社交问答服务优化

用户在评价影响社交问答服务使用各因素的重要性时，认为答案的质量和可信度是最重要的，但是社交问答服务在答案质量及可信度方面却不如数字参考咨询服务表现好，因此，可以认为社交问答服务在内容质量，即知识的准确性、完整性、可信度等方面具有劣势，不利于和其他相关服务竞争，因而需要通过内容质量的提升进行服务优化。

由于研究结果显示社交问答服务用户在知识贡献时，其所有的动机都与问题选择中选择没有人回答的问题之间不具有相关性，我们可以认为这些没人回答的问题是比较刁钻或困难的问题，平台用户没有相关的能力和知识进行回答。学者研究认为数字参考咨询服务提供咨询的是训练有素的图书馆员，能够提供高质量的答案（Choi et al.，2013b），① 国外许多图书馆馆员参与到 Yahoo! Answers 平台提供高质量的参考咨询，受到 Yahoo! Answers 平台用户认可（John，2015）。② 因而对于国内社交问答服务内容质量方面的优化，本书认为可以探索社交问答服务与数字参考咨询服务合作的可行性，使具有专业知识和提供咨询服务专业技能的图书馆员参与回答问题，以弥补社交问答服务答案准确性、完整性、可信度等方面的缺陷，提升社交问答服务平台的内容质量。

（2）基于服务管理的社交问答服务优化

已有研究的部分调查研究结果反映出社交问答服务在服务管理方面需要改进和优化的地方。用户因社交问答服务平台服务机制不完整而不回答问题，这部分用户认为社交问答服务的机制不完整主要体现在隐私、安全性、激励机制和重复提问四个方面。同时，用户对社交问答服务的评价研究结果显示，社交问答服务和数字参考咨询服务的隐私保障均不能够使用户非常满意，较多用户认为二者一样。

机制的不完整将直接导致用户对平台的不信任，在该平台服务进行知识活动将没有安全感，用户不会参与平台活动，因而社交问答服务必须在保护用户隐私，保证网络空间的安全性方面做充分的保障，提供给用户可信赖的环境，促进用户交流。另外，重复提问直接导致信息冗余，还会影响用户回答问题的积极性，所以，在用户发表提问时，平台应该设计比较完整的检查机制，尽可能避免相同问题的重复提交。

（3）基于技术改进的社交问答服务优化

在对社交问答服务平台架构进行分析中，本书认为技术支撑要素是社交

---

① Choi E, Kitzie V, Shah C. A machine learning-based approach to predicting success of questions on social question-answering ［C］//iConference 2013 Proceedings. 2013b：409-421.

② John J. Best answering percentage 77% ［EB/OL］. ［2015-03-10］. http：//enquire-uk. oclc. org/content/view/97/55/.

问答服务重要的支持要素，其平台的良好运转离不开技术因素的支持。因而，在以上提出的知识贡献的促进及服务优化的思路基础上，从技术方面实现这些方法将有助于社交问答服务的优化。

本书认为在技术方面，社交问答服务需要改进的有：知识贡献促进中向不同用户进行不同内容推荐时的推荐算法，内容质量提升中与数字参考咨询服务合作的技术支持，服务机制方面平台用户隐私、安全性的保障，重复提交问题的检查算法。

本章研究了社交问答平台用户知识贡献促进和服务优化。将平台用户分为高贡献者、一般贡献者和潜在贡献者，通过不同的方式促进不同用户的知识贡献。对于高贡献者根据其动机的不同精准推荐不同的内容，对于一般贡献者，则根据其活跃程度的不同进行不同方式的激励，而对于潜在贡献者，则基于其学习的目的和行为进行挖掘和推荐。在服务优化方面，认为内容质量的提升有必要探索与数字参考咨询服务合作的可行性，服务管理的改进需要从网站的安全性、用户隐私的保证以及避免重复提问的方面展开，而技术的改进则是整个服务优化及知识贡献促进的基础和支撑。

10 实证

10.1 社交问答平台用户信息行为转化研究

有调查表明，许多用户在社交问答平台中不仅贡献信息，同时也搜寻和采纳信息。① 同时，也有相当一部分用户在问答平台采纳信息感到满意后，会继续使用该平台的社交问答服务，并愿意持续地在问答平台上搜寻想要的信息。如果能够厘清和解释用户从信息采纳行为到持续信息搜寻行为之间的转化过程和影响因素，对于深入理解社会化问答社区用户信息行为的特征和背后的逻辑关系将有重要的促进作用。本书将信息采纳和持续信息搜寻作为信息行为模式转化的研究对象，从行为科学的角度归纳和分析影响上述信息行为模式转化的重要因素和转化过程，构建从信息采纳行为到持续信息搜寻行为的转化模型，并验证模型的可靠性。

10.1.1 信息采纳和持续信息搜寻

本书将通过构建模型并进行实证研究来分析社交问答平台用户信息行为的转化因素。在以往的相关研究中，对于单独某种信息行为的研究比较多。

---

① 艾瑞咨询. 问答社区贡献稳增，个性化搜索成趋势［EB/OL］.［2015-09-28］. http：//www.iresearch.com.cn/view/84557.html.

如研究用户的知识贡献行为、持续贡献知识的行为，也有研究用户的信息搜寻行为，从影响用户搜寻信息的角度发掘信息搜寻行为的动因，或者从用户信息行为的角度分析信息搜寻行为的具体特征、规律和发生机理。

表 10.1 列举了目前涉及网络社区用户信息行为的主要研究。可以看出，当前对于社会化问答社区用户的信息搜寻、信息采纳和信息贡献行为模式的整合研究相对较少，尤其缺乏对用户信息搜寻行为与信息采纳行为之间转化机理的研究。

表 10.1　　　　　　　网络社区用户信息行为模式的相关研究结论

文献来源	信息行为模式	理论基础	主要发现
Bock 等（2005）①	信息贡献	自我决定理论	外部奖励；互惠关系；主观规范是影响用户贡献信息内容的重要因素
Chiu 等（2006）②	信息贡献	社会资本理论	社会关系、信任、共同愿景和共同价值观是影响用户贡献信息内容的重要因素
Hsu 等（2007）③	信息贡献	自我效能理论	知识自我效能、个人期望、基于身份的信任是影响用户贡献信息内容的重要因素
Kankanhalli 等（2005a）④	信息贡献	期望价值理论	利他主义、互惠、自我效能等是影响用户贡献信息内容的重要因素

① Bock G W, Zmud R W, Kim Y G, et al. Behavioral intention formation in knowledge sharing: examining the roles of extrinsic motivators, social-psychological forces, and organizational climate [J]. MIS Quarterly, 2005, 29 (1): 87-111.

② Chiu C M, Hsu M H, Wang E T G. Understanding knowledge sharing in virtual communities: an integration of social capital and social cognitive theories [J]. Decision Support Systems, 2006, 42 (3): 1872-1888.

③ Hsu M H, Ju T L, Yen C H, et al. Knowledge sharing behavior in virtual communities: the relationship between trust, self-efficacy, and outcome expectations [J]. International Journal of Human-Computer Studies, 2007, 65 (2): 153-169.

④ Kankanhalli A, Tan B C Y, Wei K K. Contributing knowledge to electronic knowledge repositories: an empirical investigation [J]. MIS Quarterly, 2005, 29 (1): 113-143.

续表

文献来源	信息行为模式	理论基础	主要发现
Jin 等（2005）①	持续信息贡献	期望确认理论	知识自我效能、满意度和确认度是影响用户不断贡献信息内容的重要因素
Bock 等（2006）②	信息搜寻	整合技术接受与使用理论	信息有用性、资源便利条件、协同规范和未来愿景是影响用户搜寻信息内容的重要因素
Kankanhalli 等（2005b）③	信息搜寻	理性行为理论技术任务匹配理论	外部质量、资源便利性、激励机制便利性是影响用户搜寻信息内容的重要因素
Desouz 等（2006）④	信息搜寻	计划行为理论	感知复杂性、相对优势和感知风险是影响用户搜寻信息内容的重要因素
Zha 等（2014）⑤	信息搜寻	信息系统成功模型	信息质量、服务质量、系统质量、对问答社区的满意度是影响用户搜寻信息内容的重要因素

① Jin X L, Zhou Z, Lee M K O, et al. Why users keep answering questions in online question answering communities：a theoretical and empirical investigation［J］. International Journal of Information Management, 2013, 33（1）：93-104.

② Bock G W, Kankanhalli A, Sharma S. Are norms enough? The role of collaborative norms in promoting organizational knowledge seeking［J］. European Journal of Information Systems, 2006, 15（4）：357-367.

③ Kankanhalli A, Tan B C Y, Wei K K. Understanding seeking from electronic knowledge repositories：an empirical study［J］. Journal of the American Society for Information Science and Technology, 2005, 56（11）：1156-1166.

④ Desouza K C, Awazu Y, Wan Y. Factors governing the consumption of explicit knowledge［J］. Journal of the American Society for Information Science and Technology, 2006, 57（1）：36-43.

⑤ Zha X, Zhang J, Yan Y, et al. Does affinity matter? Slow effects of equality on information seeking in virtual communities［J］. Library & Information Science Research, 2015, 37（1）：68-76.

文献来源	信息行为模式	理论基础	主要发现
Quigle 等 (2007)①	信息搜寻 信息贡献	自我效能理论	激励条件、信任、自我效能、规范等是影响用户信息搜寻与信息贡献行为转化的因素
Yan & Davison (2013)②	信息搜寻 信息贡献	自我感知理论	心流体验、乐于助人和自我价值感知是影响用户信息搜寻与信息贡献行为转化的因素
He & Wei (2009)③	持续信息搜寻 持续信息贡献	期望确认理论	满意度、确认度、便利条件和使用习惯是影响用户信息搜寻与信息贡献行为转化的因素
Sussman & Siegal (2003)④	信息采纳	精细加工可能性	信息质量和信息源质量会影响用户对信息有用性的感知；信息有用性影响用户采纳信息，而用户对社区的卷入程度会调节信息有用性对信息采纳的影响程度
Bhattacherjee & Sanford (2006)⑤	信息采纳	精细加工可能性技术接受模型	态度、感知有用性、信息质量、信息源质量是影响用户采纳信息的重要因素

---

① Quigley N R, Tesluk P E, Locke E A, et al. A multilevel investigation of the motivational mechanisms underlying knowledge sharing and performance [J]. Organization Science, 2007, 18 (1): 71-88.

② Yan Y, Davison R M. Exploring behavioral transfer from knowledge seeking to knowledge contributing: the mediating role of intrinsic motivation [J]. Journal of the American Society for Information Science and Technology, 2013, 64 (6): 1144-1157.

③ He W, Wei K K. What drives continued knowledge sharing? An investigation of knowledge-contribution and seeking beliefs [J]. Decision Support Systems, 2009, 46 (4): 826-838.

④ Sussman S W, Siegal W S. Informational influence in organizations: an integrated approach to knowledge adoption [J]. Information Systems Research, 2003, 14 (1): 47-65.

⑤ Bhattacherjee A, Sanford C. Influence processes for information technology acceptance: an elaboration likelihood model[J].MIS Quarterly, 2006,30(4): 805-825.

本研究认为，不同信息行为模式在一定外在动因或内在动因的刺激下会产生相互之间的转化。如 Yan 和 Davison（2013）的研究证明了社交问答平台用户会发生信息搜寻与知识贡献行为之间的转化。① 他们根据自我感知理论（self-perception theory）②，认为用户在搜寻信息的过程中会根据所处环境的不同而产生相应的态度和情感变化，而这些情感和态度会进一步影响用户的下一步行为的态度和意愿。如果用户在信息搜寻的过程中能够获得来自他人的积极反馈，感受到自身在社区中的价值，在平台中获得良好的体验感，他们会将其搜寻信息的行为进一步转化为在社区中贡献信息。同样，对于那些经常在问答平台贡献信息的用户来说，这些因素也会影响他们在平台中进行信息的搜寻，并以此来满足他们的信息需求。因此，问答平台的用户经常出现这两种信息行为模式的相互转化。③

一般来说，用户由于某些方面的信息需求得不到满足，他们会选择在社交问答平台上进行相关的信息搜寻，当用户获得了满意的信息反馈后，他们会采纳该信息来满足自己的信息需求。而在采纳信息之后，用户会更进一步加强对该社交问答平台服务的依赖感和归属感。用户基于上一次采纳信息带来的满意感和认同感，通常会选择继续在该问答平台进行信息的搜寻，即用户由当初的信息采纳进而转化为持续性的信息搜寻。基于上述思考过程，本书将通过构建影响因素和过程模型来阐释社交问答平台用户从信息采纳到持续信息搜寻的转化过程。综上所述，本书试图解决如下研究问题：

①影响社交问答平台用户持续信息搜寻的主要动因什么？产生信息搜寻行为的过程路径有哪些？

---

① Yan Y, Davison R M. Exploring behavioral transfer from knowledge seeking to knowledge contributing: the mediating role of intrinsic motivation [J]. Journal of the American Society for Information Science and Technology, 2013, 64 (6): 1144-1157.

② Melone N P. A theoretical assessment of the user-satisfaction construct in information systems research [J]. Management Science, 1990, 36 (1): 76-91.

③ He W, Wei K K. What drives continued knowledge sharing? An investigation of knowledge-contribution and seeking beliefs [J]. Decision Support Systems, 2009, 46 (4): 826-838.

②社交问答平台用户的持续信息搜寻行为过程，什么因素起调节作用？其作用机制是什么？

10.1.2　理论基础

(1) 精细加工可能性与信息采纳

精细加工可能性模型（elaboration likelihood model，ELM），是由社会心理学家 Petty 等（1983）① 提出的，它是心理学、传播学和行为科学领域中十分重要的理论之一。该理论阐释了信息是如何影响人们的观念及其态度的形成，继而如何影响其行为。该理论认为，信息如何影响个人的观念、态度及其行为变化可以用两种路径来解释，分别是中枢路径和边缘路径。其中，中枢路径是人们处理信息和接受信息影响的主要路径，它是指人们对与任务相关的信息进行深入细致的思考而做出相应的行为；边缘路径是指人们将信息的外在特征或其他相关因素作为主要判断的依据，并依此而做出相应行为，它并不涉及深入的认知思考。② 在中枢路径上人们使用信息质量等标准对相关信息进行慎重周到的加工，从而做出理性反应。而在边缘路径上，人们仅通过信息源质量等方面进行判断。通过中枢路径处理信息比通过边缘路径处理信息需要更多的认知努力，因此，中枢路径上形成的态度变化更加稳定、持久，而边缘路径上发生的态度变化则容易受到各种因素的影响而显得不稳定。③

精细加工可能性模型还涉及一个重要的因素——精细加工的连续性，精

---

① Petty R E, Cacioppo J T, Schumann D. Central and peripheral routes to advertising effectiveness: the moderating role of involvement [J]. Journal of Consumer Research, 1983, 10 (2): 135-46.

② Tam K Y, Ho S Y. Web personalization as a persuasion strategy: an elaboration likelihood model perspective [J]. Information Systems Research, 2005, 16 (3): 271-291.

③ Petty R E, Cacioppo J T. The elaboration likelihood model of persuasion [M]. New York: Springer, 1986.

细加工是指个人思考论据的认真程度。Petty 和 Cacioppo（1986）认为，中枢路径和边缘路径对用户态度变化的影响，会因信息接受者精细加工水平（如卷入度和专业知识）的不同而产生不同程度的差异。具体来说，当个体的精细加工程度较高（如高度卷入或具备较高水平的专业知识）的时候，他们会主要通过中枢路径来进行信息方面的判断；相反，当个体的精细加工程度较低（卷入度较低或专业知识较少）时，他们会更多地依靠边缘路径来判断信息。而对于同一个人来说，在面对不同类型的信息时，选择的信息判断路径也会有所区别，当人们处理自己熟悉或者擅长的信息时，会主要依靠中心路径，而在处理自己陌生或者不擅长的领域的信息时，则更多地依靠边缘路径进行判断。①

Sussman 和 Siegal（2003）两位学者将精细加工可能性模型引入信息行为领域的研究中，他们研究了网络社区中信息是如何对用户产生影响以及用户信息采纳的影响过程。② 他们结合信息系统领域中的技术接受模型（technology acceptance model，TAM），提出了用户信息采纳的影响因素模型，即影响用户采纳信息的主要因素是信息有用性，而信息有用性的前置因素（antecedents）可以概括为信息质量和信息源质量。Sussman 和 Siegal 认为，用户在网络社区的卷入程度（involvement）和自身的相关专业水平（expertise）对这两个前置因素与信息有用性之间的关系起到调节作用，卷入程度越高或者专业水平越高的用户会更多地依靠信息质量来判断信息有用性，进而影响他们的信息采纳；而卷入程度低和专业水平低的用户则依靠信息源质量来判断信息有用性，进而做出信息的采纳。

在本书研究中，信息采纳是一个重要的研究变量，它是用户信息搜寻行为和持续信息搜寻行为之间的一个重要节点，信息采纳表明网络社区用户搜

---

① 查先进，张晋朝，严亚兰. 微博环境下用户学术信息搜寻行为影响因素研究[J]. 中国图书馆学报，2015，41（3）：71-86.

② Sussman S W, Siegal W S. Informational influence in organizations: an integrated approach to knowledge adoption [J]. Information Systems Research, 2003, 14（1）：47-65.

寻到相应信息后再受到该信息的影响，被"说服"（persuasion）后而采取的一种行为方式。同时，信息采纳可以理解为用户对该信息的一种正面反馈，表明用户对该信息的态度是认可和接受的，因此接下来用户很可能会不断在该社区中进行信息的搜寻。

（2）期望确认与信息系统持续使用

关于持续性行为的研究一直有两种不同的主要学术观点，其中一种以创新扩散理论为基础，认为持续性行为是行为的延伸，比如用户对某一项技术持续不断地接受而使其成为日常活动的一部分，从而导致了用户的持续使用行为①。在这种观点中，使用和持续使用有相同的动机和缘由。目前，这种理论被认为过度重视用户的认知与行为意向之间的关系，而忽略了如社会、心理以及经济等因素的影响②。

另一种观点以信息系统持续使用理论为基础，该理论来自于由 Oliver（1980）提出的期待确认理论（expectation confirmation theory，ECT）。③ 作为消费者满意度研究中的基本理论，期待确认理论曾被用来解释和预测消费者的满意度和重复购买意向。该理论认为消费者再次购买一个产品或使用一项服务的意向主要受消费者之前使用该项服务的满意度水平、期望值和确认效果等因素的影响。具体来说，用户基于上次购买体验而产生了相应的期望水平和该次购买后的满意度水平，这两个因素会对下一次购买行为起到正向的影响关系，同时该次购买后的确认效果也会对该次购买的满意度和下一次购买行为起到正向的影响关系。

---

① Cooper R B, Zmud R W. Information technology implementation research: a technological diffusion approach [J]. Management Science, 1990, 36 (2): 123-139.

② Bhattacherjee A. An empirical analysis of the antecedents of electronic commerce service continuance [J]. Decision Support Systems, 2001, 32 (1): 201-214.

③ Oliver R L. A cognitive model of the antecedents and consequences of satisfaction decisions [J]. Journal of Marketing Research, 1980, 17 (4): 460-469.

信息系统持续使用理论与期待确认理论一致，认为持续使用行为与一般的采纳行为是两种完全不同的行为。在信息系统领域，Karahanna 等（1999）① 对这两种行为进行了区分，表示接受和持续使用是由不同的经历所影响的，比如用户是否持续使用一个信息系统是由其直接真实体验所决定的。Bhattacherjee（2001）② 在期望确认理论的基础上，对影响信息系统持续使用的认知信念和感受进行理论验证后，提出了信息系统持续使用模型。其研究结果显示：用户满意度和感知有用性是对信息系统持续使用意愿产生直接决定性影响的两个因素，期望确认则是对用户满意度产生直接决定性影响的一个因素。

目前的一系列关于持续性行为的相关研究说明，期望确认理论和信息系统持续使用理论是用于研究用户的持续性行为的一种广泛而合适的理论基础。实际上，该理论已经被大范围用来检验如知识管理系统、e-learning 和网络社区等信息系统应用的持续使用。在传统的信息行为研究领域中，也有一些学者研究用户的持续性贡献知识的行为和持续性搜寻信息的行为（以下简称"持续性信息行为"），但是这些研究侧重于从网络社区参与的角度或者信息系统使用的角度研究用户的持续性信息行为，而忽视了从用户对信息感知和用户自身对信息的批判性吸收的角度来分析用户持续性信息行为的动因和转化过程。

为了弥补过去由于一贯的研究视角而带来的局限性，本书将结合用户对社交问答平台中信息的感知和用户批判性思维的视角，来考察社交问答平台用户持续性信息行为。这一研究将从人与信息交互的角度来深化理解用户持续性信息行为的机理，有助于扩充和完善用户信息行为研究的相关

---

① Karahanna E, Chervany N L. Information technology adoption across time：a cross-sectional comparison of pre-adoption and post-adoption beliefs［J］. MIS Quarterly, 1999, 23（2）：183-213.

② Bhattacherjee A. Understanding information systems continuance：an expectation-confirmation model［J］. MIS Quarterly, 2001, 25（3）：351-370.

理论。

（3）批判性思维效能

　　批判性思维这一概念来源于社会心理学中的学习理论（learning theory），它是影响用户搜寻信息的一个关键内在因素，批判性思维会影响用户对自身信息需求的判断，进而影响用户的信息搜寻行为。从信息搜寻的过程来看，用户出现某种信息需求之后，在进行信息搜寻之前，一般都会有一段自我思考的过程和阶段。在这一阶段，用户会对自己的信息需求进行分析和预处理，来进一步明晰接下来的具体信息搜寻，这个能力称为"批判性思维"（critical thinking）。①

　　用户需要获得某些信息来形成对某种事物的判断或者决策，用户需要对信息进行评价和分析，以形成自己的观点，同时，用户也会不断地学习其他用户提供的信息，来深化对某个事物或决策的认识，而批判性思维在这一过程中起到了非常重要的作用。② 社会化问答社区的持续发展和运营，需要用户们在其社区不断地进行信息搜寻，即持续性信息搜寻。这就需要用户们拥有一定的批判性思维能力，能比较准确地了解自身信息需求，有针对性地进行信息检索和信息评价。

　　如果用户从自身角度去评价该能力，则称为"批判性思维效能"（critical thinking self-efficacy）。批判性思维效能是用户对于自己批判性思考能力的自信程度，批判性思维效能越高的用户越会依靠自己的批判性思考来

---

① Weiler A. Information-seeking behavior in Generation Y students: motivation, critical thinking, and learning theory [J]. The Journal of Academic Librarianship, 2005, 31 (1): 46-53.
② Kwon N. A mixed-methods investigation of the relationship between critical thinking and library anxiety among undergraduate students in their information search process [J]. College & Research Libraries, 2008, 69 (2): 117-131.

决定自身的信息搜寻行为，而不是单纯地依靠信息需求驱动来进行信息搜寻。① 一般认为，拥有较强批判性思维效能的人其批判性思维也普遍较强，而且批判性思维效能更容易被研究者观察和掌握。② 本书研究中将引入"批判性思维效能"这一重要的概念作为研究变量，分析这一变量在用户信息采纳和持续信息搜寻过程中发挥的作用。

10.1.3 研究方法

结合上文的论述，本书构建了社交问答平台用户从信息采纳到持续信息搜寻的转化模型，如图 10.1 所示。该研究模型既是影响因素模型，也是转化过程模型。从影响因素层面来看，该模型给出了影响问答平台用户持续信息搜寻的主要因素，如信息采纳、信息有用性、满意度等。从转化过程层面来看，该模型展现了问答平台用户从信息采纳到持续信息搜寻的基本过程。

在研究用户持续信息搜寻过程中，本书参考了之前研究信息系统持续使用行为和信息采纳行为方面相关的理论，提出了影响用户持续信息采纳的重要影响变量：信息采纳、信息有用性和满意度。其中，满意度是研究信息系统持续使用过程的重要变量，而在信息系统持续使用行为研究中，感知有用性是另一个重要的影响因素。本研究根据具体的研究情境，提出了"信息有用性"这一研究变量与之对应，同时，"信息有用性"也是信息采纳理论中的重要变量，因此选取"信息有用性"是合适的。此外，研究持续性行为通常以期望确认理论为基础，"期望"（expectation）和"确认"（confirmation）是其理论中的两个重要变量。而在本研究中，问答平台用户持续搜寻的对象

---

① 王军, 李鑫. 自我效能对网评信息查寻行为的影响研究 [J]. 图书情报工作, 2014, 58（14）: 110-114.

② Bandura A. On the functional properties of perceived self-efficacy revisited [J]. Journal of Management, 2012, 38（1）: 9-44.

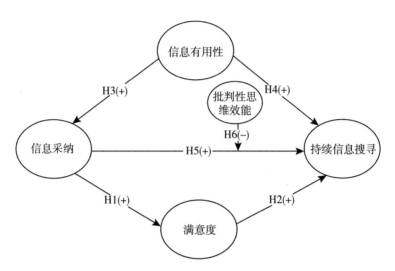

图 10.1　社交问答平台用户信息行为的转化模型

是信息，所以这里的"期望"其实是用户之前在问答平台进行信息搜寻的过程中积累的期望，而"确认"则对应用户对信息的采纳（adoption）。在本研究中，信息采纳并不是一次性的行为，而是会不断出现和进行的动作，因此"信息采纳"这个概念既包含了问答平台用户在前一阶段的期望被确认，也融入了用户下一次进行信息搜寻的期望。基于上述思考过程，本书认为"信息采纳"是研究持续信息搜寻行为的一个重要变量。

　　本研究一共选取了 5 个重要的研究变量，变量名称及定义如表 10.2 所示。

表 10.2　　　　　　　　　　　研究变量及其定义

研究变量	定　　义
批判性思维效能	用户对于自身批判思考能力的自信程度
信息采纳	用户采纳问答社区的信息

续表

研究变量	定　义
信息有用性	用户对于信息效用方面的感知程度
满意度	用户对于问答社区信息方面的满意程度
持续信息搜寻	用户持续不断在问答社区进行信息的搜寻

问答平台用户受信息需求驱动而产生相应的信息搜寻行为，而在用户搜寻信息之后，会对有用的、满意的信息进行采纳，这种采纳类似于一种"期望确认"，会促进用户的持续性信息搜寻。而在持续信息搜寻模型中，主要考察的是信息采纳、信息有用性和满意度之间的相互影响关系以及它们对持续信息搜寻的影响。根据之前的分析和总结，满意度会促进用户的持续信息搜寻，而信息采纳则通过满意度对持续信息起到正向的影响作用。因此本书假设：

H1：满意度在信息采纳与持续信息搜寻之间起中介作用。

H2：满意度正向影响持续信息搜寻。

信息采纳理论和信息系统持续使用理论中，"感知有用性"都是一个重要变量，分别对信息采纳和持续使用意愿起到正向的促进作用。在本书的研究情境中，提出了"信息有用性"这一变量来表示用户对问答社区中信息效用程度的感知。根据前面的分析，本书假设：

H3：信息有用性正向影响信息采纳。

H4：信息有用性正向影响持续信息搜寻。

从持续信息搜寻的过程来看，用户的"信息采纳"类似于一种期望的确认，即信息满足了用户的期望其才会选择采纳该信息。而根据信息系统持续使用理论，基于期望的"确认"（confirmation）会直接对用户的持续使用意愿产生正向影响。基于该理论本书认为，对信息的"采纳"（adoption）也会直接对用户持续的信息搜寻产生正向影响。因此本书假设：

H5：信息采纳正向影响持续信息搜寻。

在用户持续进行信息搜寻之前，一般都会有自我思考的过程和阶段。在这一阶段，用户会对自己的信息需求进行分析和预处理，来进一步明晰接下来的信息搜寻，这种思考能力称为"批判性思维"。① 如果用户从自身角度去评价该能力的高低，则称为"批判性思维效能"（critical thinking self-efficacy）。② 批判性思维效能是用户对于自己批判性思考能力的自信程度，批判性思维效能越高的用户，越会依靠自己的批判性思考来决定自身的信息搜寻，而不是单纯地依靠信息采纳的驱动来进行持续信息搜寻。③

基于此，本书认为用户的批判性思维效能在信息采纳和信息持续搜寻之间起到负向的调节作用，即用户的批判性思维效能越高，越不容易因为之前的信息采纳而选择继续在问答社区搜寻信息。因此本书假设：

H6：批判性思维效能在信息采纳和持续信息搜寻之间起到负向的调节作用。

本研究采用自陈述网络问卷调查（online self-report survey）进行数据的收集。本研究选取社会化问答社区的代表性网站——知乎作为研究平台。问卷调查的对象是使用知乎的用户，包括在知乎中搜寻信息和贡献知识的用户。问卷分为两个部分，第一部分是针对研究模型变量设计的量表，包括每个研究变量的测量项和一个用于检验共同方法偏差的测试项（test item）；第二部分是相关人口统计信息的调查，主要调查问卷填写人的基本信息，包括性别、年龄、使用知乎的经验等。问卷中所有变量的量

---

① Weiler A. Information-seeking behavior in Generation Y students: motivation, critical thinking, and learning theory [J]. The Journal of Academic Librarianship, 2005, 31 (1): 46-53.

② Bandura A. Self-efficacy: the exercise of control [J]. Journal of Cognitive Psychotherapy, 1999, 604 (2): 158-166.

③ 王军, 李鑫. 自我效能对网评信息查寻行为的影响研究 [J]. 图书情报工作, 2014, 58 (14): 110-114.

表均是从之前文献中借鉴过来，并根据本研究的研究情境进行过词汇修改和完善，详见表 10.3。

表 10.3   **研究变量的量表设计及参考来源**

潜变量	测量项	问题项	参考来源
批判性思维效能			Weiler（2005）& Kankanhalli et al.（2005）
	CTE1	我自信我有很强的批判性思维能力	
	CTE2	我有能力进行批判性的思考	
	CTE3	我认为相当一部分人无法像我一样进行批判性思考	
	CTE4	我相信在批判性思维能力方面我比一般人要强	
信息采纳			Sussman & Siegal（2003）
	IA1	我愿意采纳知乎上的信息	
	IA2	我信任知乎上的信息	
	IA3	如果有可能，我会将知乎上的信息用于我的实际生活	
信息有用性			Sussman & Siegal（2003）
	IU1	知乎上的信息是有价值的	
	IU2	知乎上的信息是有用的	
	IU3	知乎上的信息对我是有帮助的	
	IU4	知乎上的信息量很丰富	
满意度			Bhattacherjee（2001a）
	SAC1	在使用知乎的过程中，我的总体感受是： 非常不满意——非常满意	
	SAC2	非常不满足——非常满足	
	SAC3	非常沮丧——非常开心	
	SAC4	糟糕透顶——欣喜若狂	

续表

潜变量	测量项	问题项	参考来源
持续信息搜寻			Wilson（1997）；Bhattacherjee（2001b）
	SIS1	我愿意继续在知乎上搜寻信息	
	SIS2	我不打算使用别的问答社区服务来替代知乎进行信息搜寻	
	SIS3	我会放弃知乎转而在其他问答社区上进行信息搜寻 （注：得分倒置）	
测试项	TI	您对您目前生活状态的满意程度： 非常不满意——非常满意	标签变量

　　调查问卷采用的是李克特 7 点量表（数字 1~7 代表从"非常不同意"到"非常同意"的变化程度），而用于测量满意度的 4 个测量项是从 Bhattacherjee（2001a）① 借鉴来的，其测量项中数字 1~7 的变化程度根据其问题项表述方式而有所不同，详见表 10.12。此外，对于持续性信息搜寻的分析和测量，参考了 Wilson（1997）② 的持续信息搜寻的概念和 Bhattacherjee（2001b）③ 测量持续使用意愿的方法。

　　需要说明的是，本研究采用的数据属于横断面数据，即在同一时间段获得用户的全部数据。而信息搜寻行为和持续信息搜寻行为并不是在同一时间段发生的行为，为了将两者纳入到一个整体中进行分析，本研究使用持续信息搜寻的"意愿"来表示用户持续信息搜寻的"行为"。这种操作的可行性来自于 Ajzen（1991）的计划行为理论（TPB），该理论认为行动的意愿是实

---

　　① Bhattacherjee A. Understanding information systems continuance：an expectation-confirmation model［J］. MIS Quarterly, 2001, 25（3）：351-370.

　　② Wilson T D. Information behaviour：an interdisciplinary perspective［J］. Information Processing & Management, 1997, 33（4）：551-572.

　　③ Bhattacherjee A. An empirical analysis of the antecedents of electronic commerce service continuance［J］. Decision Support Systems, 2001, 32（1）：201-214.

际行为的一个非常强的指标。① 因此在本研究中，本书通过测量用户的持续信息搜寻意愿来表示用户的持续信息搜寻行为。

10.1.4 数据分析

本研究使用偏最小二乘法（partial least squares，PLS）来分析研究模型和验证假设检验。有研究表明，PLS 可以同时检验模型内相关变量之间的关系（即结构模型）和变量与其测量项之间的关系（即测量模型），并且这种分析是一种全局性和系统性的分析。② 此外，PLS 对数据样本的大小和是否满足正态分布并没有特别严格的要求，它可以处理小样本数据，也不需要变量满足正态分布，而且适合处理组成型变量，③④ 因此本研究使用 PLS 非常合适。本研究使用 SmartPLS 2.0 工具来完成模型验证的主要部分，同时对于一些测量问题（如多重共线性、共同方法偏差、描述统计等）和调节作用的分析，本研究也需要利用社会科学统计软件包（SPSS）来进行辅助分析。

数据分析首先统计了填写问卷的用户的样本特征，然后检验研究模型的测量模型部分和结构模型部分。测量模型主要分析变量的信度、效度、共同方法偏差和多重共线性问题；结构模型部分分析结构方程模型并检验假设。

问答社区用户信息行为转化模型的验证结果如图 10.2 所示。从图中可以看出，研究模型中的影响路径均存在统计意义上的显著效果。因此，本书的 6 个研究假设中的 4 个假设（H2，H3，H4，H5）首先得到了验证，即：

---

① Ajzen I. The theory of planned behavior [J]. Organizational Behavior and Human Decision Processes，1991，50（2）：179-211.

② Chin W W，Marcolin B L，Newsted P R. A partial least squares latent variable modeling approach for measuring interaction effects：results from a Monte Carlo simulation study and an electronic-mail emotion/adoption study [J]. Information Systems Research，2003，14（2）：189-217.

③ 孙永强. 盗版行为中的利己主义与利他主义：基于心理冲突的双决策模型 [D]. 合肥：中国科学技术大学，2011.

④ 赵宇翔，朱庆华. 感知示能性在社会化媒体后续采纳阶段的调节效应初探 [J]. 情报学报，2013，32（10）：1099-1111.

满意度正向影响用户的持续信息搜寻；信息有用性正向影响用户的信息采纳；信息有用性正向影响用户的持续信息搜寻；信息采纳正向影响用户的持续搜寻意愿。同时，转化模型中的三个构念（信息采纳、满意度和持续信息搜寻）的 R^2（被解释的方差）分别为 60.5%、32.7% 和 51.7%，这表明本研究模型中的变量具有良好的解释效度。

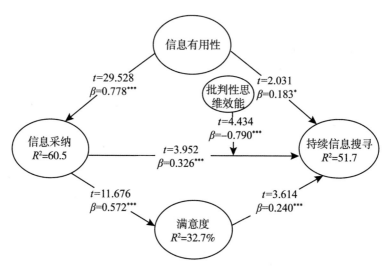

图 10.2　社交问答平台用户信息行为的转化模型 PLS 分析结果

注：*** 表示显著水平在 0.001 以下；* 表示显著水平在 0.01 以下。

　　本研究提出了中介作用的假设（H1）和调节作用的假设（H6），这两个研究假设将作为后验分析（post-hoc analysis）来进行验证。

　　首先，针对中介作用的假设：满意度在信息采纳和持续信息搜寻之间起到中介作用，检验的方法采用的是 Baron 和 Kenny（1986）① 的分析中介作用的步骤。根据该方法，检验中介作用有以下三个步骤：

　　① Baron R M, Kenny D A. The moderator-mediator variable distinction in social psychological research ［J］. Journal of Personality & Social Psychology, 1986, 51（6）：1173-1182.

①首先检验自变量（independent variable，IV）和因变量（dependent variable，DV）之间的关系；

②其次检验 IV 和中介变量（mediator，M）之间的关系；

③在控制住中介变量对 DV 的作用时，查看 IV 对 DV 的作用是否显著。

前两个条件是中介作用存在的基本前提条件，第三步的检验结果决定了该中介作用是完全中介作用（full mediating effect）还是部分中介作用（partial mediating effect）。如果第三步中 IV 对 DV 的作用不显著，则为完全中介作用；如果 IV 对 DV 的作用依旧显著，则为部分中介作用。

本书参照上述步骤对中介作用进行检验，如表 10.4 所示。表中的结果表明满意度在信息采纳和持续信息搜寻之间起到部分中介作用，这说明信息采纳可以部分地（partially）通过满意度来间接地对持续信息搜寻起正向影响作用。即信息采纳对持续信息搜寻的影响可以通过两种路径来表示：一种是信息采纳直接对用户的持续信息搜寻产生正向影响；另一种是信息采纳通过满意度间接地影响用户的持续信息搜寻。

表 10.4　　　　　　　　　　　　　中介作用检验

自变量（IV）	中介变量（M）	因变量（DV）	IV→DV	IV→M	IV+M→DV		中介作用
					IV→DV	M→DV	
IA	SAC	SIS	$\beta=0.408^{***}$	$\beta=0.572^{***}$	$\beta=0.326^{***}$	$\beta=0.240^{***}$	部分中介

注：*** 代表 $P<0.001$；IN＝信息需求，AFF＝问答社区卷入度，ISB＝信息搜寻，IA＝信息采纳，SAC＝满意度，SIS＝持续信息搜寻。

第二个后验分析用于检验模型中的调节作用（moderating effect）。本书假设批判性思维效能在信息采纳和持续信息搜寻之间起到负向的调节作用。本书使用层次分析法来检验批判性思维效能的调节作用。层次分析法是通过比较包含与不包含调节作用的两个结构模型的解释方差（R^2）来测度该调节变量的作用大小。分析结果表明（如表 10.5 所示），当不包含交互项时（见模型二)，因变量的解释方差是 0.517；而当包含了交互项时（见模型三），因变量的解释方差增加至 0.543，增加了 0.026。根据调节作用大小的计算方法，① 增加的调节作用体现了 0.057 的小规模显著作用（small significant effect），这表明批判性思维效能的负向调节作用达到了统计意义上的显著，H6 的调节作用假设得到了数据支持。因此，可以得出结论：

批判性思维效能在信息采纳和持续信息搜寻之间起到负向的调节作用，即用户的批判性思维效能会削弱信息采纳对持续信息搜寻的正向影响作用。

表 10.5　　　　　　　　　　　　调节作用分析

项目	模型一	模型二	模型三
信息采纳（IA）	$t=5.443$	$t=3.952$	$t=5.417$
	$\beta=0.485^{***}$	$\beta=0.326^{***}$	$\beta=0.604^{***}$
满意度（SAC）	$t=4.769$	$t=3.614$	$t=4.171$
	$\beta=0.313^{***}$	$\beta=0.240^{***}$	$\beta=0.244^{***}$
信息有用性（IU）	$t=6.229$	$t=2.031$	$t=2.098$
	$\beta=0.435^{***}$	$\beta=0.183^{*}$	$\beta=0.169^{*}$
批判性思维效能（CTE）		$t=2.116$	$t=4.786$
		$\beta=0.110^{*}$	$\beta=0.728^{***}$
IA×CTE			$t=4.434$
			$\beta=-0.790^{***}$
R^2	0.416	0.517	0.543
R^2变化		0.101	0.026
F-statistics		0.209	0.057

注：*** 代表 $P<0.001$；* 代表 $P<0.05$；F-statistics 判断作用的小、中、大标准分别是 0.02、0.15 和 0.35。

① Cohen J. Statistical power analysis for the behavioral sciences [M]. Hillsdale, NJ: Lawrence Erlbaum, 1988.

　　为了进一步分析批判性思维效能在信息采纳和持续信息搜寻之间的作用机理，本书绘制了不同水平批判性思维效能下的信息采纳和持续信息搜寻之间的关系。本书以调查数据样本中的均值为界限，对用户的批判性思维效能进行高（high）和低（low）两种水平的切分，高于均值的为"high 批判性思维效能"，低于均值的为"low 批判性思维效能"。将两类不同批判性思维效能下的信息采纳与持续信息搜寻之间的关系放在同一坐标下进行展现，如图 10.3 所示。该图显示，在低（low）批判性思维效能水平下，用户的信息采纳和持续信息搜寻之间是正向的影响关系；在高（high）批判性思维效能水平下，用户的信息采纳和持续信息搜寻之间是负向的影响关系。这进一步说明，只有当用户的批判性思维效能达到一定水平后，该变量才会在信息采纳和持续信息搜寻之间产生较为显著的负向调节作用。也就是说，社交问答平台用户的批判性思维能力越强，越不会因为之前在问答平台中采纳过信息而去不断地在该平台中进行信息搜寻。相反，他们更多地会依靠自身的批判性思考来进行持续的信息搜寻。

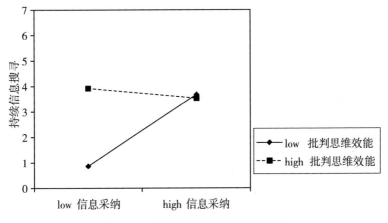

图 10.3　批判性思维效能的调节作用

10.1.5　讨论与结论

本研究探讨了社交问答平台用户的信息需求和信息搜寻之间的关系，构建了信息需求、问答社区卷入度和信息搜寻行为的影响关系模型，并通过实证证明了用户信息需求对信息搜寻的间接影响过程。该研究的结论深化了信息行为理论中关于信息需求与信息搜寻行为两者关系的认识。本书将用户内在的信息需求与外在的情境影响纳入到统一的模型中，揭示了信息需求和信息情境在影响用户信息搜寻行为中的关系。从实证数据来看，信息需求对信息搜寻行为的影响是一种间接的过程，它必须通过问答社区卷入度的完全中介作用来影响信息搜寻。问答社区卷入度反映了用户对问答社区的感情、满意程度和喜爱程度，如果想提高用户在社区中的信息搜寻意愿，就需要相应提高用户对问答社区的卷入程度。而这需要相关的社区运营者在问答社区的信息内容建设、信息系统建设和信息服务建设等方面进行相应的提高，从而提高用户对社区的依赖度和卷入度。①

本研究将社交问答平台用户的两类信息行为——信息采纳行为和持续信息搜寻行为，与它们之间的转化因素和过程纳入到研究模型中进行分析。同时，本书还引入了中介变量（满意度）和调节变量（批判性思维效能），以增进对用户信息行为的深层次理解。6 个研究假设均得到了很好的数据支持，主要的研究结论和启示如下：

首先，本研究发现，在社交问答平台中，用户的信息采纳对其持续信息搜寻是一种双路径的影响关系，即信息采纳既可以直接影响持续信息搜寻，也可以通过满意度间接地影响持续信息搜寻。同时，根据 Oliver 的期望确认理论，② 满意度作为信息采纳和持续信息搜寻之间的中介变量，本身也会对用户的持续搜寻信息的意愿产生正向的影响作用。以上结论表明，用户从信

---

① Delone W H, Mclean E R. The DeLone and McLean model of information systems success: a ten-year update [J]. Journal of Management Information Systems, 2014, 19 (4): 9-30.

② Oliver R L. A cognitive model of the antecedents and consequences of satisfaction decisions [J]. Journal of Marketing Research, 1980, 17 (4): 460-469.

息采纳行为转化为持续信息搜寻行为可以理解为两种转化路径，一种是用户直接从信息采纳转变为持续的信息搜寻，另一种则是通过用户对问答平台的满意程度，间接地影响用户的持续信息搜寻。

其次，信息有用性作为本研究中的一个重要变量，对信息采纳和持续信息搜寻均有显著的正向影响作用。先前的相关研究中，已经有学者发现了社交问答平台中信息有用性对用户的信息采纳有着促进作用，①② 而在本研究中，这一结论得到了进一步的验证和数据支持。同时，根据 Bhattacherjee③的信息系统持续使用理论，本书的研究结论也证实了信息有用性对持续搜寻信息的意愿有着显著的促进作用。

最后，本研究发现，用户的批判性思维效能在信息采纳对持续信息搜寻的正向影响过程中起到了负向的调节作用。根据前文的分析过程，当用户的批判性思维效能很高的时候，用户的持续信息搜寻的意愿并不会随着信息采纳程度越高而越发强烈。相反，信息采纳对持续信息搜寻意愿的影响作用变得越来越小，分析结论见表10.6。

表 10.6　　　批判性思维能力、信息采纳与持续信息搜寻的关系

项目	信息采纳程度低	信息采纳程度高
低批判性思维能力水平下的用户	持续信息搜寻的意愿低	持续信息搜寻的意愿低，但随着信息采纳程度的提升而增加
高批判性思维能力水平下的用户	持续信息搜寻的意愿高	持续信息搜寻的意愿高，但随着批判性思维能力水平的不断提升而缓慢下降

① Sussman S W, Siegal W S. Informational influence in organizations：an integrated approach to knowledge adoption ［J］. Information Systems Research，2003，14（1）：47-65.

② Chen X，Deng S. Influencing factors of answer adoption in social Q&A communities from users' perspective：taking Zhihu as an example ［J］. Chinese Journal of Library and Information Science，2014，7（3）：81-95.

③ Bhattacherjee A. Understanding information systems continuance：an expectation-confirmation model ［J］. MIS Quarterly，2001，25（3）：351-370.

虽然批判性思维效能的负向调节作用比较小（$F\text{-statistics}=0.057$），但是却非常重要，因为它揭示了从信息采纳行为转化为持续信息搜寻行为过程中，用户自身的批判性思维能力起到的显著能动作用，它会影响社交问答平台用户从信息采纳转化为持续信息搜寻的这一过程，具有重要的理论意义。

该实证研究也存在一些研究缺陷，可以在未来相关研究中进行完善和深化。比如，在研究方法上，主要利用自陈述调查问卷进行结构方程建模。但是自陈述问卷会受到共同方法偏差的影响，虽然本书在统计分析中证实了这一偏误在本研究中并不是一个严重的问题，但还是建议后续研究能够从方法设计上避免这个问题。比如可以考虑设计基于情境的问卷，通过结合实验和情境问卷来获得更可信的数据结果。

此外，本书在统计调查样本的信息时发现，用户更偏爱在移动端使用社交问答服务。而移动端社交问答服务与 PC 端社交问答服务究竟有哪些不同，这些不同之处是否会影响用户对于某些影响变量的感知程度，以及是否会影响用户的信息搜寻和影响程度如何，这些问题也是未来可以研究和分析的方面。

10.2　基于问答平台的用户健康信息获取意愿的实证

健康信息泛指与人们身心健康、疾病、营养、养生等相关的信息，传统的健康信息来源包括人际互动、大众媒体、公开发行刊物和求助热线等。随着互联网的兴起，在网上进行信息搜寻的现象越来越普遍，网络逐渐成为实体医疗机构传播健康信息的重要补充渠道。

在线健康信息搜寻指用户受特定健康信息搜寻任务驱使，在特定环境下利用互联网检索、获取、甄别、应用、反馈评价与健康相关的信息的整个过程。在线健康信息搜寻包括通过搜索引擎直接搜索、浏览专业健康类网站和在问答平台进行咨询。不同于将查询式提交给搜索引擎，在问答平台上可以使用自然语言进行提问，可以获取更加有针对性的信息，因而越来越受到用户的欢迎。

医疗健康类问答平台包括百度知道、搜狗问问、新浪问答这类综合型问答平台的健康板块，以及寻医问药、99健康网、好大夫这类专业健康问答平台。Oh①②曾从健康信息回答者的角度，通过问卷调查的方式对人们在问答平台回答健康类问题的动机进行探究。而为了更好地理解健康信息交流过程，对在问答平台获取健康信息的用户进行研究也同样重要。本书便是通过研究用户在问答平台获取健康信息的因素，了解用户需求和信息获取中的障碍，从而帮助问答平台为用户提供更好的健康信息服务。

10.2.1　文献综述

健康信息搜寻行为已受到各领域学者的关注，成为一个跨学科的课题，情报学、护理研究、医学、传播学等领域的学者均有参与。随着互联网的不断发展，越来越多的人选择在网上获取各类健康信息，网络健康信息搜寻研究成为一个重要研究方向。根据统计，网络健康信息搜寻领域的研究主要集中在英美等发达国家。③ 网络健康信息搜寻研究主题主要包括网络健康信息利用状况及其影响因素分析。Sillence 等④建立阶段模型分析用户对网络健康

---

①　Oh S. The relationships between motivations and answering strategies：an exploratory review of health answerers' behaviors in Yahoo！Answers［J］. Proceedings of the American Society for Information Science and Technology, 2011, 48（1）：1-9.

②　Oh S. The characteristics and motivations of health answerers for sharing information, knowledge, and experiences in online environments［J］. Journal of the American Society for Information Science and Technology, 2012, 63（3）：543-557.

③　施亦龙，许鑫．在线健康信息搜寻研究进展及其启示［J］. 图书情报工作, 2013, 57（24）：123-131.

④　Sillence E, Briggs P, Fishwick L, et al. Trust and mistrust of online health sites［C］//Proceedings of the SIGCHI Conference on Human Factors in Computing Systems. ACM, 2004：663-670.

信息信任感的构建以及他们对这些信息的逐步筛选过程。Escoffery 等①调查发现大部分在校学生有意愿在网上搜寻健康信息，他们会通过搜索引擎以及不同类型网站获取健康信息，网站中健康信息的可信度是他们所考虑的主要方面。Cotten 等②研究发现不同教育程度、收入和年龄群体在选择健康信息搜索渠道上有明显差异，高收入、高学历的年轻人更加倾向于在网上进行健康信息搜索。而 Zhao③ 发现家庭的收入水平和父母的受教育程度与青少年的网络健康信息搜寻行为存在负相关性，教育程度低的家庭的孩子更可能会代替他们的父母在网上搜寻健康信息。Austvoll 等④在计划行为理论的基础上发现搜索信息的能力是有效参与健康抉择的先决条件，而态度和感知行为控制与健康信息搜寻意图密切相关。

　　国内关于网络健康信息搜寻行为的研究也正在发展，韩妹⑤探讨了中老年人口背景特征、健康状况和网络健康信息使用动机与使用行为和满足程度之间的关系。吴丹等⑥研究发现老年人在检索过程中表现出明显的依赖性和定势性，而健康状况、网络熟悉程度和网络健康信息的可信度是老年人日常利用网络获取健康信息时考虑的主要因素。余春燕等⑦对青少年的网络健康

————————————

　　①　Escoffery C, Miner K R, Adame D D, et al. Internet use for health information among college students [J]. Journal of American College Health, 2005, 53 (4): 183-188.

　　②　Cotten S R, Gupta S S. Characteristics of online and offline health information seekers and factors that discriminate between them [J]. Social Science & Medicine, 2004, 59 (9): 1795-1806.

　　③　Zhao S. Parental education and children's online health information seeking: beyond the digital divide debate [J]. Social Science & Medicine, 2009, 69 (10): 1501-1505.

　　④　Austvoll-Dahlgren A, Falk R S, Helseth S. Cognitive factors predicting intentions to search for health information: an application of the theory of planned behaviour [J]. Health Information & Libraries Journal, 2012, 29 (4): 296-308.

　　⑤　韩妹. 中老年人对网络健康信息的利用与满足研究 [D]. 北京: 中国传媒大学, 2008.

　　⑥　吴丹, 李一喆. 老年人网络健康信息检索行为实验研究 [J]. 图书情报工作, 2014, 58 (12): 102-108.

　　⑦　余春艳, 史慧静, 张丕业, 等. 青少年网络健康信息寻求行为及其与健康危险行为的相关性 [J]. 中国学校卫生, 2009, 30 (6): 482-484.

信息需求的影响因素进行了分析。周晓英等①提出了大学生网络健康信息搜寻行为的三种行为模式,并分析了各种模式的特征以及影响因素。

问答平台作为网络健康信息搜寻的典型应用,目前的相关研究主要是对用户在问答平台中提出的健康问题进行分析,找出人们在不同阶段对健康信息需求和搜寻行为的差异,②而关于用户为何选择问答平台作为获取健康信息渠道的研究较少。本书将通过问卷调查的方法对用户在问答平台的健康信息搜寻意愿的影响因素进行探讨,了解用户在平台上进行健康信息搜寻时的心理和需求,帮助问答平台发展和改善,从而进一步满足用户健康信息需求。

10.2.2 理论背景和研究模型

用户在问答平台获取健康信息的意愿受到多方面因素的影响,本书主要借鉴技术接受模型 2 和信息采纳模型,以这两个模型为基础,开发研究模型并提出研究假设。

(1) 技术接受模型 2 (TAM2)

Davis 提出技术接受模型 (TAM),目的是对信息技术广泛接受的决定因素做出解释性说明。2000 年,Venkatesh 和 Davis③ 对 TAM 模型做了大规模的修正,在模型中引入了社会影响过程以及认知工具性过程,并将其作为有用认知的决定变量。社会影响过程包括主观规范、形象等构建以及自愿性和经验等调节变量;认知工具性过程包括工作相关性、产出质量、结果可展示

① 周晓英,蔡文娟. 大学生网络健康信息搜寻行为模式及影响因素 [J]. 情报资料工作, 2014 (4): 50-55.

② Zhang Y. Contextualizing consumer health information searching: an analysis of questions in a social Q&A community [C] //Proceedings of the 1st ACM International Health Informatics Symposium. ACM, 2010: 210-219.

③ Venkatesh V, Davis F D. A theoretical extension of the technology acceptance model: four longitudinal field studies [J]. Management Science, 2000, 46 (2): 186-204.

性以及先前理论中已经存在的易用认知。经过这些构念扩展之后的模型比之前的模型更加完善，解释能力更强，被命名为 TAM2。TAM2 的模型结构如图 10.4 所示。

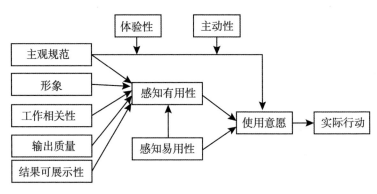

图 10.4　TAM2 模型

技术接受模型作为目前信息系统研究领域中最优秀的技术接受理论之一，被广泛地用于研究对各种信息技术的接受，其价值被各种实证研究所证实。用户在医疗健康类问答平台上提问来获取信息属于信息技术的接受，因而可将技术接受模型应用到医疗健康类问答平台提问意愿研究中。

（2）信息采纳模型（IAM）

2003 年，Sussman 和 Siegal 借鉴 TAM 中的感知有用性变量，提出了信息采纳模型，从理论视角解释了在网络环境下，人们采纳信息时如何被影响，并着重强调感知有用性在信息采纳中的中介作用。随后，Sussman 和 Siegal[①]又参考认为信息接收者对信息加工存在两种路径的精细加工可能性理论（ELM），引入接收者专业性和接收者涉入度作为调节变量，对原有的信息采纳模型进一步地修正。修正后的信息采纳模型不仅突出强调 TAM 中的感知

———————

①　Sussman S W, Siegal W S. Informational influence in organizations: an integrated approach to knowledge adoption [J]. Information Systems Research, 2003, 14 (1): 47-65.

有用性在信息采纳过程中的重要调节作用，而且还利用 ELM 分析不同的信息路径中影响信息有用性的前因变量的重要性。信息采纳模型认为影响信息采纳意愿的关键在于对信息的感知有用性，而对信息的感知有用性主要被信息质量和来源可信度所影响。接收者专业度和涉入度的不同也会使信息质量和来源可信度对感知有用性的影响效果产生差异。信息采纳模型的结构如图 10.5 所示。

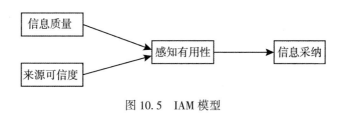

图 10.5　IAM 模型

由于人们在医疗健康类问答平台上提问本质上是为了从他人的回答中获取有用信息，对医疗健康类问答平台的感知有用性就是指对回答信息的感知有用性，因而可将信息采纳模型应用到医疗健康类问答平台提问意愿研究中。

（3）研究模型和假设

本书在 TAM2 和 IAM 的基础上，同时考虑到感知风险的影响，最终形成如图 10.6 所示的研究模型。

根据 TAM2 理论模型，用户对信息系统的感知有用性、感知易用性和主观规范均会对其使用信息系统的意愿产生影响。Davis 将感知有用性定义为"用户所感知的使用某个特定的信息系统可以提高其工作绩效的程度"。用户在医疗健康类问答平台提问的初衷就是为了得到有用的信息，若不能给用户带来利益，用户将不会使用它。感知易用性是指使用者所感知的某个特定的信息系统简便易用的程度。如果医疗健康类问答平台操作简单，不需要花费许多时间和精力成本去学习使用，那么人们将更乐意去采纳它；如果使用起来较为复杂，人们可能会产生抵触情绪，从而拒绝采纳。主观规范是指人们

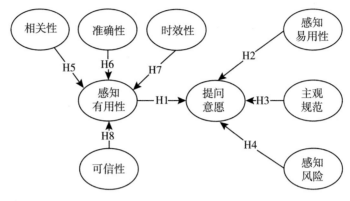

图 10.6　研究模型

对于是否进行某种行为的压力的认知，意思是指人们通过感受外界环境的行为标准、期望、规范及希望顺从这些期望的行为动机而形成的行为准则。人们所做出的决定常常受到周围人的影响，周围使用医疗健康类问答平台的人数越多，对其评价越高，用户越愿意去使用它。由此，我们提出以下三个假设：

H1：感知有用性与医疗健康类问答平台提问意愿之间具有正相关关系；

H2：感知易用性与医疗健康类问答平台提问意愿之间具有正相关关系；

H3：主观规范与医疗健康类问答平台提问意愿之间具有正相关关系。

感知风险包括用户对决策结果的不确定性和对错误决策后果的严重性感知。感知风险主要被运用在移动商务领域，包括经济风险、时间风险、隐私风险、社会风险和心理风险。① 在问答平台进行健康方面的提问一般需要提供与身体状况相关的个人信息，感知风险主要是隐私风险，即用户使用其提出自己关于健康方面的疑惑所带来的失去对个人信息控制的可能性。感知风险与实际风险并不一致，即使某行为实际的风险较低，只要用户感觉会使自

---

① Wu J H, Wang S C. What drives mobile commerce? An empirical evaluation of the revised technology acceptance model [J]. Information & Management, 2005, 42（5）: 719-729.

已的隐私暴露，便会不愿意去采取该行为。用户是否选择在问答平台提问来获取健康信息，感知风险是需要考虑的重要问题。由此，我们提出以下假设：

H4：感知风险与医疗健康类问答平台提问意愿之间具有负相关关系。

根据 IAM 理论模型，信息质量和来源可信度共同影响接收者对信息的感知有用性，从而进一步影响信息的采纳。网站的信息质量为用户对网站上呈现的内容质量的感知，由于几乎每个人都有在网上发布信息的能力，一些网上信息的质量必然会被削弱，信息系统中的信息质量已经受到了学者们的关注。Doll 等①认为对于终端用户而言，信息质量由对信息内容、准确性、格式和时效性的评估所构成。在 McKinney 等②所构建的网站满意度模型中，信息的可理解性、可信性和可用性是与信息质量相关的三个关键维度。Delone③ 指出准确性、相关性、可理解性、完全性、实时性、个性化程度和多样性都是信息质量的测量指标，并强调了相关性、时效性和准确性的重要性。结合前人对信息质量的研究，本书认为影响感知有用性的信息质量部分主要包括信息的相关性、时效性和准确性。

来源可信性是指信息来源被信息接收者感知为值得相信和可靠的程度，与信息本身无关。Cline 等④认为可信性是总的概念，包含了可信赖性和权威性这两个方面。权威性通常用于判断信息来源是否正式。用户往往会更倾向于需求有证据支撑或是专家的建议，比如医学工作者和健康组织人员所提供的信息通常会被认为是权威的。可信赖性指的是判断信息是否出于正直的动

---

① Doll W J, Torkzadeh G. The measurement of end-user computing satisfaction [J]. MIS Quarterly, 1988, 12 (2): 259-274.

② McKinney V, Yoon K, Zahedi F M. The measurement of web-customer satisfaction: an expectation and disconfirmation approach [J]. Information Systems Research, 2002, 13 (3): 296-315.

③ Delone W H. The DeLone and McLean model of information systems success: a ten-year update [J]. Journal of Management Information Systems, 2003, 19 (4): 9-30.

④ Cline R J W, Haynes K M. Consumer health information seeking on the Internet: the state of the art [J]. Health Education Research, 2001, 16 (6): 671-692.

机进行发布的，即使是权威的信息源也可能存在偏见。高可信性的信息被认为是更加有用的而且更加利于知识转移的进行。由此，我们提出以下四个假设：

H5：回答的相关性与感知有用性之间具有正相关关系；

H6：回答的准确性与感知有用性之间具有正相关关系；

H7：回答的时效性与感知有用性之间具有正相关关系；

H8：回答的来源可信性与感知有用性之间具有正相关关系。

10.2.3　研究方法和数据搜集

本书采用问卷调查法搜集数据，应用偏最小二乘法（partial least squares，PLS）结构方程模型检验假设和概念模型。

（1）测量变量设计与测度

研究模型包括9个潜在变量，每个潜在变量都由2~3个测量变量组成。为了保证潜在变量和测量变量在内容上的有效性，量表全部采用已有文献中使用过的变量。结合医疗健康类问答平台的特性，本书对测量变量做出了相应的改编以适应研究环境，具体内容见表10.7，其中"该平台"指代调查者所熟悉的医疗健康类问答平台，已在问卷中进行说明和解释。问卷中的每个测量变量都用李克特5点量表进行测度，测量的范围选择是"完全不同意"（1）到"完全同意"（5）。

表 10.7　　　　　　　　　　　　测量各建构的指标

建构	指　　标
感知易用	使用该平台提出医疗健康问题的过程不复杂
	学习使用该平台对我来说是件简单的事
	熟练使用该平台是一件容易的事

续表

建构	指标
时效性	在该平台我总能在短时间内得到他人的帮助
	在该平台上我总能及时得到较为满意的答案
	从提问到得到回答之间的时间在我的认可范围之内
准确性	该平台上的回答是准确的
	该平台上的回答是正确的
	该平台上的回答是可靠的
相关性	该平台上的回答符合提问的主题
	该平台上的回答不含有垃圾信息或无关信息
	该平台上的回答贴合提问的实际情况
可信性	回答者具有回答该问题的资历
	回答者具有专业能力
	回答者是值得信任的
	回答者所做出的回答是值得信赖的
感知有用性	该平台上的回答对我而言是有价值的
	该平台上的回答有助于解决我的问题
	该平台上的回答对我是有帮助的
感知风险	我担心在该平台提问会让自己的一些隐私泄露
	我认为在该平台提问是一件危险的事
	我认为在该平台提问是一件让人不安的事情
主观规范	我的亲戚和朋友认为使用该平台解决医疗健康问题是一个好主意
	我的亲戚和朋友曾成功使用该平台解决医疗健康问题
行为意向	当我有医疗健康问题时，我愿意在该平台发布问题
	当我有医疗健康问题时，我会把该平台作为一种解决方式
	当他人有医疗问题时，我会向他推荐该平台

（2）数据搜集

本书通过在问卷星专业在线问卷平台上公布问卷和发放纸质问卷，邀请熟人和学校学生自愿填写的方式搜集数据。问卷的搜集持续一个星期左右的时间，共得到有效问卷 402 份，实际有效问卷大于理论需要的有效样本量。被调查者的基本信息见表 10.8。

表 10.8　　　　　　　　　被调查者的基本信息统计

分　类		数量（人）	占百分比（%）
性别	男性	213	52.99%
	女性	189	47.01%
年龄	18 岁及以下	28	6.97%
	19~25 岁	321	79.85%
	26~30 岁	53	13.18%
受教育程度	大专院校	3	0.75%
	大学本科	221	54.98%
	硕士研究生	160	39.80%
	博士研究生及以上	18	4.48%
是否接触过医疗健康类问答平台	没听说过	184	45.77%
	听说过但没使用过	148	36.82%
	使用过	70	17.41%

10.2.4　数据分析

本书用 SmartPLS 软件进行数据分析。

（1）测量模型的有效应检验

测量模型的有效性通常表现在内容的有效性、内部一致性和区分性等方面。在内容有效性上，由于所有测量指标均来自于已有文献，因此本书认为这些变量和题项是清晰和表意准确的。内部一致性通过 SmartPLS 计算得到的组合信度（composite reliability，CR）与 Cronbach's alpha 系数来衡量。由表 10.8 可知，所有潜在变量的 CR 值均在 0.8 以上，Cronbach's alpha 系数中的所有值在 0.7 以上。一般认为，CR 值和 Cronbach's alpha 系数达到 0.7 即表明具有良好内部一致性。表 10.9 中的 AVE（average variance extracted）是抽取的平均方差。

表 10.9 验证性因子分析的相关指标

潜在变量	题项数	AVE	CR	Crobach's alpha
主观规范	2	0.780	0.876	0.722
准确性	3	0.689	0.869	0.774
时效性	3	0.770	0.910	0.851
可信性	3	0.774	0.911	0.854
感知易用性	3	0.757	0.903	0.848
感知有用性	3	0.804	0.925	0.879
感知风险	3	0.782	0.915	0.867
提问意愿	3	0.729	0.889	0.814
相关性	3	0.783	0.915	0.861

由表 10.10 可知，该测量模型具有良好的区分性，判断标准是：每一个潜在变量的 AVE 平方根都大于该变量与其他变量之间的相关系数。

表 10.10 潜在变量间相关系数与 AVE 平方根

项目	主观规范	准确性	时效性	可信性	感知易用性	感知有用性	感知风险	提问意愿	相关性
主观规范	**0.883**								
准确性	0.342	**0.830**							

项目	主观规范	准确性	时效性	可信性	感知易用性	感知有用性	感知风险	提问意愿	相关性
时效性	0.433	0.675	**0.878**						
可信性	0.508	0.461	0.597	**0.880**					
感知易用性	0.210	0.465	0.398	0.325	**0.870**				
感知有用性	0.374	0.483	0.455	0.606	0.357	**0.897**			
感知风险	0.084	0.103	0.046	0.076	-0.162	0.138	**0.885**		
提问意愿	0.603	0.427	0.507	0.566	0.340	0.524	-0.104	**0.854**	
相关性	0.273	0.493	0.521	0.465	0.433	0.533	0.079	0.410	**0.885**

由表 10.11 可知，每个测量变量与其他潜在变量间具有较高的相关系数，而与其他潜在变量的相关系数值则相对较低，进一步证明该测量模型具有好的内部一致性和区分性。

表 10.11　　　　　　　　　　　　因子和交叉因子负荷量

项目	主观规范	准确性	时效性	可信性	感知易用性	感知有用性	感知风险	提问意愿	相关性
主观规范 1	**0.911**	0.312	0.348	0.399	0.240	0.328	-0.043	0.587	0.189
主观规范 2	**0.855**	0.291	0.429	0.515	0.119	0.335	0.220	0.468	0.308
准确性 1	0.367	**0.846**	0.511	0.362	0.419	0.412	0.033	0.409	0.391
准确性 2	0.147	**0.811**	0.481	0.315	0.354	0.377	0.095	0.205	0.335
准确性 3	0.326	**0.833**	0.682	0.465	0.384	0.412	0.129	0.437	0.496
时效性 1	0.499	0.536	**0.877**	0.593	0.380	0.393	0.058	0.420	0.425
时效性 2	0.327	0.627	**0.907**	0.492	0.278	0.417	0.146	0.383	0.482
时效性 3	0.318	0.613	**0.848**	0.490	0.394	0.387	-0.092	0.538	0.464
可信性 1	0.510	0.417	0.498	**0.883**	0.253	0.542	0.119	0.489	0.411
可信性 2	0.400	0.405	0.553	**0.870**	0.372	0.500	0.066	0.478	0.447
可信性 3	0.430	0.394	0.528	**0.888**	0.240	0.556	0.018	0.525	0.375

续表

项目	主观规范	准确性	时效性	可信性	感知易用性	感知有用性	感知风险	提问意愿	相关性
感知易用性1	0.207	0.441	0.422	0.341	**0.877**	0.389	−0.133	0.376	0.485
感知易用性2	0.131	0.387	0.224	0.235	**0.845**	0.261	−0.119	0.211	0.271
感知易用性3	0.190	0.368	0.337	0.237	**0.887**	0.236	−0.173	0.251	0.307
感知有用性1	0.306	0.441	0.420	0.534	0.338	**0.903**	0.149	0.465	0.590
感知有用性2	0.345	0.451	0.398	0.510	0.345	**0.891**	0.112	0.456	0.409
感知有用性3	0.356	0.410	0.407	0.586	0.278	**0.897**	0.108	0.489	0.428
感知风险1	−0.003	0.149	0.037	0.100	−0.070	0.242	**0.875**	−0.095	0.067
感知风险2	0.209	0.101	0.100	0.095	−0.171	0.080	**0.851**	−0.049	0.084
感知风险3	0.082	0.038	0.018	0.028	−0.198	0.038	**0.926**	−0.110	0.067
意愿1	0.495	0.335	0.331	0.404	0.247	0.340	−0.050	**0.819**	0.264
意愿2	0.444	0.304	0.406	0.441	0.327	0.450	−0.107	**0.844**	0.345
意愿3	0.591	0.440	0.535	0.581	0.296	0.531	−0.104	**0.896**	0.422
相关性1	0.291	0.409	0.490	0.460	0.419	0.490	0.068	0.421	**0.909**
相关性2	0.262	0.494	0.476	0.430	0.430	0.457	−0.023	0.458	**0.890**
相关性3	0.169	0.409	0.416	0.343	0.300	0.467	0.162	0.208	**0.855**

（2）研究模型的结果

研究模型的结果如图 10.7 所示，利用 SmartPLS 中的 Bootstrapping 方法对原始数据选取容量为 1 000 的重抽样样本，在此基础上检验路径系数的显著性。

由图 10.7 可知，用户感知有用性的 R^2 是 0.470，在医疗健康类问答平台提问意愿的 R^2 是 0.511，表现出该模型具有良好的预测效果。之前所做出的 8 个假设中，除了 H2 和 H7 之外的其他假设均成立，具体检验结果如表 10.12 所示。

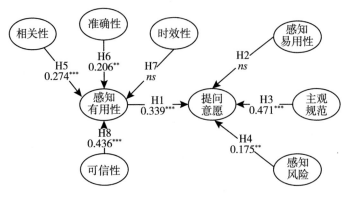

图 10.7　研究模型结果

表 10.12　　　　　　　　　　　**假设验证结果**

序号	研究假设	是否成立
H1	感知有用性与医疗健康类问答平台提问意愿之间具有正相关关系	成立
H2	感知易用性与医疗健康类问答平台提问意愿之间具有正相关关系	不成立
H3	主观规范与医疗健康类问答平台提问意愿之间具有正相关关系	成立
H4	感知风险与医疗健康类问答平台提问意愿之间具有负相关关系	成立
H5	回答的相关性与感知有用性之间具有正相关关系	成立
H6	回答的准确性与感知有用性之间具有正相关关系	成立
H7	回答的时效性与感知有用性之间具有正相关关系	不成立
H8	回答的来源可信性与感知有用性之间具有正相关关系	成立

10.2.5　讨论与结论

①在医疗健康类问答平台中，用户对平台中答案的感知有用性与提问意愿有显著的正相关关系。感知有用性所产生的影响很容易理解，人的行为都是有目的性的，只有当用户感觉提问之后能够得到有价值的答案，对自己能够产生实际作用时，才会有意向通过在医疗健康类问答平台提问这个方式进

行健康信息搜寻。

②相比于感知有用性，主观规范对提问意愿的影响更为显著，说明用户在提问意愿方面比较容易受到周围人的影响。一方面，本次调查对象主要是年轻人，这部分人群的价值观和需求具有较大的相似性，很容易受到他人观点的影响，周围的人特别是对用户有影响力的人在有健康问题时所选择的信息获取渠道，以及对通过问答平台获取健康信息这个行为的看法，都会对这些用户的使用意愿产生影响。另一方面，从调查结果可以看出有相当比例的人虽然听说过医疗健康类问答平台，但没有真正使用过，对医疗健康类问答平台的整体印象很大一部分是来自外界，因而使用问答平台进行健康信息搜寻的意愿会较大程度上受到他人意见的影响。对于没有听说过医疗健康类问答平台的潜在用户，目前还无从探讨是否愿意在有问题时在平台上提问，但周围人的亲身经历和推荐也是增加潜在用户对问答平台健康平台熟悉度的一种重要方式。

③用户的感知风险与提问意愿存在负相关关系。感知风险通常应用在电子商务领域研究之中，本书结果显示在医疗健康类问答平台中也存在着感知风险，用户越认为提问行为会带来风险就越不愿意在该平台上提问。为了得到有针对性的健康信息，用户在问答平台上提问需要不同程度地提供个人信息，在问答平台提问来获取健康信息所带来的感知风险主要来自于对个人信息失去控制的担心，比如个人信息被滥用或传播，一些不愿意在现实生活中传达的信息被周围人知晓等。

④结果显示感知易用性与提问意愿之间并没有显著正相关关系。这与TAM2理论模型相违背，出现这种现象的原因是此次调查对象大多是具有高学历的年轻人，对网上的各种操作均较为熟悉，且学习能力较强，大部分认为使用医疗健康类问答平台是一件简单的事，复杂度较低。Davis等人曾指出，消费者初次采用信息系统时，使用信息系统的行为意向由感知有用性和感知易用性共同决定，当使用者越来越熟悉信息系统，感知易用性的作用会越来越低，当信息系统的使用复杂性非常低时，感知易用性将不影响信息系

统的使用。

⑤在医疗健康类问答平台中，用户对信息相关性、准确性、可信性的感知与感知有用性之间存在着正相关关系，其中相关性和可信性与感知有用性之间的关系更为显著。结果表明用户选择使用医疗健康类问答平台，通过提问的方式来搜寻健康信息，很大程度上是为了得到更加针对自己实际情况的答案，越是能够得到有针对性的信息，用户越能感觉到其有用性，从而提高提问意愿。同时，医疗健康类问答平台的提问关乎健康问题，人们对于所得到的信息更为谨慎，信息来源可信性对信息是否有用的感知有着显著影响，当用户认为该信息是由有回答相关问题资历的人所回答的，并且回答者是客观的和可以信赖的时候，他将更加认为这个回答是有用的并采纳该信息。

⑥在医疗健康类问答平台中，用户对信息时效性的感知与感知有用性之间并没有呈现出显著的相关关系。说明在医疗健康类问答平台上提问，用户更加期望得到的是一个准确、相关并且可信度较高的答案，对于这个答案出现的时间并不十分关注。这与前人关于信息质量的研究有所出入，本书分析出现这一现象的原因是用户在医疗健康类问答平台的提问往往并不是需要紧急回答、具有很强时效性的问题，Chiu 等①在对 Yahoo! Answers 中健康问题分析时发现仅有极少数问题表现出紧迫性，也在一定程度上证实了这一点。

本书在 TAM2 和 IAM 的基础上，研究了用户在医疗健康类问答平台提问意愿的影响因素。通过实证调查发现感知有用性和主观规范对提问意愿有显著正向影响，其中主观规范的作用更大；感知风险对提问意愿有着负向影响；用户对回答信息的相关性、可信性和有用性的感知会对信息的感知有用性产生影响，从而进一步影响提问意愿。本书的研究使我们对人们获取健康信息行为的过程有了更深的理解，研究结果对医疗健康类问答平台的发展也有一定的借鉴作用。为了使用户更有效地获取正确、可靠、有

① Chiu M H P, Wu C C. Integrated ACE model for consumer health information needs: a content analysis of questions in Yahoo! Answers [J]. Proceedings of the American Society for Information Science and Technology, 2012, 49 (1): 1-10.

效的健康信息，问答平台一方面需要通过实名制和组织专门的医务人员在线回答，以及建立监管机制等方式有效提高信息源的可信性和准确性，通过鼓励用户进行详细的描述提高回答的相关性；另一方面需要通过匿名以及对提问者的关键信息设置不同等级访问权限等方式降低用户的感知风险。除此之外，本次调查显示有45.77%的调查对象没有听说过医疗健康类问答平台，用户对健康网站的认知度低，使得用户在遇到健康问题时并不会在第一时间向问答平台求助，说明医疗健康类问答平台需要加强宣传力度，提升知名度。关于医疗健康类问答平台如何采取有效的具体措施提高有用性、降低用户感知风险，为更多人提供健康信息服务，将在后续研究中进行深入的探究。

当然，本书研究也存在着一些不足的地方，首先样本大部分为年轻人，代表的群体具有局限性，而影响各个年龄段的因素可能不尽相同。其次，人们遇到的健康问题可以被分为不同类型，比如养生保健问题、特定疾病问题、药物问题等。对于不同类型的健康问题，人们在意的因素也可能并不相同，这些都有待未来进一步研究和论证。

10.3 社交问答平台高等级用户行为实证——以百度知道为例

社交问答平台中，不同的用户具有不同的贡献能力或水平。Shah 等①根据用户等级（Yahoo! Answers 根据用户获取分数将用户分为 7 级）对 Yahoo! Answers 用户进行分类，发现用户的等级与用户的参与高度相关。很多研究发现有些用户只想通过回答问题帮助别人，然而大多数用户总在问问题，却

---

① Shah C, Oh J S, Oh S. Exploring characteristics and effects of user participation in online SQA sites ［EB/OL］. ［2013-08-26］. http：//firstmonday. org/ojs/index. php/fm/article/view/2182/2028.

从不回答问题。① Choi 等②发现社交问答环境下更积极用户比那些不积极用户趋向于收到更多反馈。Oh 等③分析了 Yahoo! Answers 55 000 个用户文档，发现经常回答问题的用户比那些只问问题的人获得更高的等级。结果表明 Yahoo! Answers 用户倾向于积极参与问题的回答，他们的贡献随着时间不断增长。而且用户等级越高，他们参与的意愿越强烈，所做的贡献比低等级用户更大。④

在每个社交问答网站都存在深度参与用户，他们倾向于主要回答问题，而很少会问问题。Kang 等⑤发现知识贡献用户与提问者有很多交互，但知识贡献者之间并没有过多交互，其原因可能是知识贡献者都想成为最佳回答者。Sun 等⑥认为比起那些关注关系构建的在线社区，社交问答平台更关注于群体知识交换，是一种弱关系。考虑到性别、年龄、收入以及每天花费在 Yahoo! Answers 上的时间，高等级用户和非高等级用户之间并没有显著差异，但是在教育水平、用户等级和相关的专业知识方面有很大差异。

当前，对国外社交问答平台，尤其是 Yahoo! Answer 的用户行为研究较

---

① Turner T C, Smith M A, Fisher D, Welser H T. Picturing usenet: mapping computer-mediated collective action [J]. Journal of Computer-Mediated Communication, 2005, 10 (4).

② Choi E, Kitzie V. Shah C. A machine learning-based approach to predicting success of questions on social question-answering [C] //iConference 2013 Proceedings. Fort Worth, TX, USA, 2013: 409-421.

③ Oh J S, Shah C, Oh S. User participation patterns over time in Yahoo! Answers [J]. Proceedings of the American Society for Information Science and Technology, 2009, 46 (1): 1-8.

④ Shah C, Oh J S, Oh S. Exploring characteristics and effects of user participation in online SQA sites [EB/OL]. [2013-08-26]. http: //firstmonday. org/ojs/index. php/fm/article/view/2182/2028.

⑤ Kang M, Kim B, Gloor P, Bock G W. Understanding the effect of social networks on user behaviors in community-driven knowledge services [J]. Journal of the American Society for Information Science and Technology, 2011, 62 (6): 1066-1074.

⑥ Sun Y, Fang Y, Lim K. Understanding sustained participation in transactional virtual communities [J]. Decision Support Systems, 2012, 53 (1): 12-22.

多，而国内社交问答平台的用户行为研究相对缺乏。本书以百度知道为例，从整体上分析百度知道的用户特征、用户分布以及 PC 端和移动端的用户行为差异，有助于分析出社交问答平台知识贡献特征，从而帮助社交问答平台的设计者、运营人员更好地了解用户行为，提供更优质的用户体验，以促进用户持续知识贡献。

10.3.1　百度知道的分类体系及用户分布

（1）百度知道的分类体系

百度知道是以问题为核心的产品，其数据量大，每天产生几十万的问答内容，因此，其问题在产生、传播的过程中是通过特定的分类体系完成的。百度知道并没有使用常见的以学科为中心进行分类，建立类目体系的方法，而是使用以主题为主学科为辅的创新型分类方式。由于百度服务的用户群非常大，这样的分类方式减少了许多专业性或学术性的类目，帮助更多的普通用户使用百度知道这个产品，更加贴近实际用户群体。

目前它的分类大约包括 14 个一级类目，分别是：地区、电脑及网络、电子数码、体育及运动、商业及理财、生活、社会民生、游戏、医疗健康、资源共享、教育科学、烦恼、文化艺术、休闲娱乐。每个一级类目下还有二级类目，二级类目下是用户自己自拟的标签。在百度知道 APP 中，所有问题的传播、回答以及问题与回答用户的匹配都是通过标签来进行的。①

（2）百度知道整体的用户分布

百度知道用户活跃度和答案的质量取决于该平台能不能吸引并持续维护高等级用户，只有高等级用户持续不断地提供经验、传播知识，百度知道才

① Sstephen J H, Yang Y L, Chen A. Social network-based system for supporting interactive collaboration in knowledge sharing over peer-to-peer network ［J］. Int. J. Human-Computer Studies，2007，68：321-332.

能吸引更多的用户，发展壮大。

①百度知道的用户等级分布。在社交问答网站中，用户通过回答问题，参与活动、讨论等获得经验值，经验值的累计会提升用户的头衔或等级。高等级用户一般回答量比较多，并得到提问用户的采纳。

考虑到需要提取百度知道的整体用户等级分布情况，本书针对 PC 端和移动端的用户分别提取半年内各个等级每天在线的活跃用户数。

通过百度知道的客户关系管理系统（CRM 系统），设置时间为 2014 年 10 月 1 日至 2015 年 3 月 31 日，选取"日活跃用户数——等级分布"选项，按天下载半年内每天的详细数据。将下载获得的 Excel 数据，按等级求得不同等级半年每天在线人数的平均值，并计算得出其每个等级占比，即获得以下 PC 端和移动端用户等级分布表，如表 10.13 和表 10.14 所示。

表 10.13　　　　　　　　百度知道 PC 端用户等级分布表

用户等级	日均在线用户数	占比
1	4 342	8.38%
2	11 260	21.73%
3	7 376	14.23%
4	10 170	19.62%
5	6 408	12.36%
6	3 473	6.70%
7	1 730	3.34%
8	1 378	2.66%
9	883	1.70%
10	610	1.18%
11	986	1.90%
12	723	1.39%
13	503	0.97%
14	736	1.42%

续表

用户等级	日均在线用户数	占比
15	418	0.81%
16	365	0.70%
17	220	0.42%
18	130	0.25%
19	55	0.11%
20	63	0.12%
总和	51 829	100%

表 10.14　　　　　**百度知道移动端用户等级分布表**

用户等级	日均在线用户数	占比
1	56 553	16.29%
2	100 355	28.91%
3	46 518	13.40%
4	54 498	15.70%
5	30 541	8.80%
6	17 331	4.99%
7	8 338	2.40%
8	6 821	1.96%
9	4 191	1.21%
10	2 969	0.86%
11	4 946	1.42%
12	3 677	1.06%
13	2 512	0.72%
14	3 278	0.94%
15	1 678	0.48%
16	1 352	0.39%

续表

用户等级	日均在线用户数	占比
17	851	0.25%
18	335	0.10%
19	207	0.06%
20	207	0.06%
总和	347 158	100%

　　根据百度知道的等级划分原则：注册后完成一次提问（包括提出问题，采纳最佳答案，给出感谢）、一次回答被采纳、登录时间超过一周是完成新手任务，这时候获得的经验值大约可以升到 3 级。中等用户需完成的任务类似，完成之后大约会升到 10 级。因此，将百度知道的用户划分为初级用户（1~3 级用户）、中级用户（4~9 级）、高级用户（10 级以上）。

　　从表 10.13、表 10.14 可以看出，在移动端，高等级用户约占总用户的6.34%；而在 PC 端，高等级用户约占总用户的 9.28%。因移动端百度知道产品大约是在 2012 年开始上线，而 PC 端的产品是在 2006 年上线，因此在高等级用户占比方面，PC 端明显要高于移动端。

　　②百度知道移动端高等级用户行为。在社交问答网站中，用户通过活跃的行为（回答问题、参与活动、讨论等）获得经验并提升等级，因此，高等级用户是对社交问答网站贡献最多的用户。研究百度知道的高等级用户行为，有利于发现高等级用户的行为趋势及特征，为网站构建、设计、运营提供帮助。

　　考虑到针对高等级用户的行为研究，本书提取其回答总量、人均回答量、人均采纳量、人均采纳率，它们最能体现用户对网站的内容贡献的数量与质量。

　　因此，通过百度知道的客户关系管理系统（CRM 系统），设置时间为2014 年 4 月 1 日至 2015 年 3 月 31 日，按月分类并选取以上几个核心指标，按月下载一年内的详细数据，如表 10.15 所示。

表 10.15　　　百度知道移动端宏观上高等级用户的用户行为数据

年月	高等级用户总回答量	高等级用户数	人均回答量	总采纳量	人均采纳量	采纳率
2014.4	152 966	6 462	23.7	44 207	6.84	28.90%
2014.5	175 016	7 993	21.9	54 990	6.88	31.42%
2014.6	208 839	8 836	23.6	58 913	6.67	28.21%
2014.7	265 598	10 503	25.3	73 916	7.04	27.83%
2014.8	332 639	12 689	26.2	86 885	6.85	26.12%
2014.9	319 260	12 584	25.4	89 489	7.11	28.03%
2014.10	324 641	11 970	27.1	82 491	6.89	25.41%
2014.11	356 430	13 342	26.7	93 349	7.00	26.19%
2014.12	441 814	19 394	22.8	133 074	6.86	30.12%
2015.1	403 669	16 438	24.6	119 607	7.28	29.63%
2015.2	351 624	13 666	25.7	102 322	7.49	29.10%
2015.3	311 657	13 153	23.7	101 538	7.72	32.58%

从获取到的统计分析数据可以得出：

①百度知道 APP 在 2014 年年初至 2015 年年初之间发展比较迅速，每月在线的高等级用户数及高等级用户的总回答量及采纳量持续增长。

②人均回答量、人均采纳量占比趋于稳定，移动端百度知道的高等级用户整体素质较高。

③采纳率接近 30%，侧面反映出百度知道的高等级用户给出的回答具有一定质量。

10.3.2　基于主题分类的高等级用户行为及内容分析

因百度知道服务的用户群是国内所有的互联网用户，用户的整体质量不高，他们所提出的问答大部分是与生活相关的，比如，感冒了怎么办? 感冒吃哪些药物? 某些感冒药需要怎么吃? 这样的问题，都是非常贴近普通人的生活的。因此，本书选取百度知道生活分类，针对生活分类下的高等级用户进行分析。

本书依据高等级用户的核心指标——回答总量、人均回答量、人均采纳量和人均采纳率，选择百度知道生活分类下的1 000名高等级用户问答资源作为研究对象。数据集是百度知道的技术人员根据项目组提出的数据需求编写脚本，在百度知道数据平台中运行，获得相应数据。

具体的数据需求如下：生活分类下最近一个月活跃的 1 000 名 10 级以上用户，他们在 2014 年 4 月至 2015 年 3 月回答的所有生活分类下的问题。抽取出这些问题的回答总量、人均回答量、人均采纳量、人均采纳率。

（1）生活类主题下高等级用户行为分析

生活分类下的高等级用户行为数据与百度知道宏观上的用户行为数据类似，提取该分类下 1 000 名高等级用户的总回答量、人均回答量、人均采纳量、人均采纳率，结果如表 10.16 所示。

表 10.16　　　　生活分类下高等级用户的用户行为数据表格

年月	高等级用户总回答量	高等级用户数	人均回答量	总采纳量	人均采纳量	采纳率
2014.4	7 849	1 000	7.8	2 096	2.10	26.70%
2014.5	9 384	1 000	9.4	2 713	2.71	28.91%
2014.6	10 252	1 000	10.3	2 473	2.47	24.12%
2014.7	12 937	1 000	12.9	3 216	3.22	24.86%
2014.8	12 039	1 000	12.0	3 083	3.08	25.61%
2014.9	14 569	1 000	14.6	3 262	3.26	22.39%
2014.10	21 029	1 000	21.0	4 839	4.84	23.01%
2014.11	17 254	1 000	17.3	3 767	3.77	21.83%
2014.12	22 329	1 000	22.3	4 296	4.30	19.24%

续表

年月	高等级用户总回答量	高等级用户数	人均回答量	总采纳量	人均采纳量	采纳率
2015.1	19 203	1 000	19.2	3 549	3.55	18.48%
2015.2	12 039	1 000	12.0	2 912	2.91	24.19%
2015.3	11 350	1 000	11.4	2 875	2.87	25.33%

从统计获取的数据中可以看出：

①因提取的用户数固定为 1 000 人，总回答量、人均回答量的不断提升说明百度知道平台的运营越来越好，用户贡献的回答量不断提升。

②对比宏观上的高等级用户数据，生活分类下的用户人均回答量明显高于整体用户，这与该主题分类的特性有关。生活分类的问题比较简单易回答，相对于一些学科性的问题门槛较低，用户在付出相同回答成本（时间、精力）的情况下可以回答更多的问题。

③在采纳量及采纳率方面，虽与宏观上的用户行为类似，但确实略有下降。也与主题分类的特性有关，问题回答的门槛相对较低，非高等级用户给出优质回答的概率相对较高，因此高等级用户的采纳率相对降低了一些。

（2）生活类主题下高等级用户回答问题的分布

观察生活分类下高等级用户回答的问题，它的二级分类占比可以侧面反映出该一级分类下，用户最常提问的问题是什么，高等级用户对哪些问题比较擅长。通过具体的统计分析结果，可能会给网站设计、运营者提供帮助。通过数据支持的结论帮助他们调整激励机制，使社交问答网站更好地起到知识传播分享的作用。

根据生活分类下高等级用户回答的问题二级分类统计其分布数据，具体如表 10.17 所示。

表 10.17　　生活分类下高等级用户回答的问题二级分类分布表

二级分类	问题数	占比
服装首饰	16 233	9.54%
美容塑身	4 502	2.64%
美食烹饪	12 525	7.36%
购房置业	1 536	0.90%
家居装修	6 763	3.97%
家电	8 291	4.87%
保健养生	36 271	21.31%
购车养车	1 029	0.60%
交通出行	1 337	0.79%
购物	4 928	2.89%
生活常识	72 862	42.80%
婚嫁	829	0.49%
起名算命	1 430	0.84%
礼仪礼节	487	0.29%
育儿	1 211	0.71%
总数	170 234	100.00%

抽取生活分类下的 1 000 名高等级用户在 2014 年 4 月至 2015 年 3 月所有回答的问题，统计分析其二级分类分布情况。这些问题来自 16 个二级分类，其中占比最多的是生活常识分类，占总数的 42.8%；最少的是礼仪礼节分类，占 0.29%。由此可见，在占总数最多的生活分类下，二级分类存在较大的差异性。

10.3.3　百度知道 PC 端与移动端用户行为对比研究

在社交问答服务领域，用户使用 PC 在网页上答题和使用手机上的客户端答题的场景是完全不同的，因此，对比研究 PC 端和移动端用户的用户行为是非常有意义与价值的。

（1）PC端与移动端用户整体行为对比

PC端与移动端的产品特性主要是便携性、消息到达速度以及设备本身的硬件条件存在区别。因此，在对比研究其用户行为时，根据其特性确定数据提取项：每个问题收到的平均答案数、平均响应时间、采纳率、每条回答平均字数等。

本数据是百度知道的技术人员根据本研究的数据需求编写脚本，在数据平台上运行后获取的数据。具体数据需求如下：提取2014年4月至2015年3月一年间，PC端、移动端每个问题收到的平均答案数、平均响应时间、采纳率、每条回答平均字数。结果如表10.18所示。

表10.18　　　　　　**PC端与移动端用户整体行为数据表**

数据提取项	PC端	移动端
每个问题收到的回答数	4.2	2.9
平均响应时间	37.6min	2.4min
回答收到的采纳概率	22.4%	26.1%
每条回答平均字数	26.1	12.3

从对比数据可以看出，PC端与移动端用户在行为上有明显差异，具体表现如下：

①在单个问题收到的回答数方面，PC端用户明显高于移动端，这应该与两端的问题退场时间设计有关。PC端的问题因响应时间比较慢，因此退场较晚，收到的回答数相对多一些。

②在平均响应时间方面，PC端要大大慢于移动端，这与设备的便携性有关。问题被提出之后，在移动端可以推送给成千上万的用户，并立即收到响应，而在PC端，只有在用户浏览百度知道的答题网页时，才能收到问题，

因此响应时间有着明显的差异。

③在回答收到的采纳率方面，PC 端要低于移动端，但这并不意味着 PC 端的用户回答质量低。相反的，是因为 PC 端用户收到的回答数多，每条回答的字数较多。此外，PC 端因一道问题只能给出一个采纳，因此采纳率要略低于移动端。

④在平均字数方面，PC 端用户要明显高于移动端，因为 PC 上易于输入字符，因此用户在 PC 上的交流更多。

（2）百度知道 PC 端与移动端回答用户的行为研究实验

在快节奏的网络生活中，提问用户希望得到更快捷更优质的答案，很多用户甚至愿意为此付费。因此，百度知道希望发挥移动端设备便携的特性，为有高预期的用户提供更快更高质量的回答。

百度知道招募一批高质量的回答用户（PC 端和移动端的一些核心用户），在 PC 端与移动端分别回答用户提出的高悬赏值问题，通过评估回答质量、响应时间、问题采纳率、问题解决率等数据来评判项目价值及不同客户端的适用性。

因实验项目需要为高预期的用户提供超预期的问答服务，所以首先要解决的就是答案来源问题。针对掌握的 PC 端和移动端核心用户进行试运营工作，获得了一些对比数据。

数据通过百度知道客户关系管理系统（CRM 系统）获取。选取行家项目，勾选 1 小时回答数、24 小时回答数、1 小时采纳率、24 小时采纳率、平均答案字数 5 个数据，并勾选时间即获得以下数据，如表 10.19 所示。

表 10.19　　　　　行家项目相关数据表

数据提取项	PC 端	移动端
1 小时回答数	1.3	2.2
24 小时回答数	3.8	3.1

数据提取项	PC 端	移动端
1 小时采纳率	5.6%	14.1%
24 小时采纳率	32.8%	25.7%
每条回答平均字数	34.2	17.0

根据两端的对比数据可知：

①移动端 1 小时回答数高于 PC 端，但 24 小时内回答数低于 PC 端。体现出移动设备信息传播速度要高于 PC 设备特性。

②采纳率方面，数据与回答数数据基本类似。1 小时采纳率极低的原因应该是用户在 PC 端 1 小时内平均只能收到 1.3 条回答，根据用户心理，如果只有一条回答，一般会等待之后的几条回答，对比之后再给出采纳。而 24 小时后采纳率明显提升说明了这一点。

③在平均回答字数方面，PC 端要高于移动端，与整体数据类似。

④两端的核心用户与整体用户对比可以看出，核心用户的回答在采纳率、平均回答字数方面体现出更高的质量。

根据行家项目相关数据，发现 PC 端与移动端的用户行为与设备的特性相关。移动端的消息到达速度更快，到达率更高，而 PC 端整体采纳率更高，回答字数更多，回答质量更高。因此，针对其不同端的特性，该行家项目确定服务方式为：提问用户可在移动端提问并收到回答，回答入口设在 PC 端，回答用户通过 PC 提供高质量的回答。后续的实验方向及目标是提高 PC 端回答用户的响应速度。

10.4　移动问答服务的用户使用行为与服务评价实证

社交化和移动化已成为当前国内互联网发展两大不可逆转的趋势。基于用户知识贡献形成的社交问答服务也走向了移动端，移动端的问答服务需求快速增长。用户可以通过手机短信或者手机 APP 在问答平台提问，也可以通过手机随时随地获取答案。与传统的 PC 端社交问答服务相比，移动问答具有人机交互、实时场景等特点，能够让用户随时随地交流并分享内容，可以说，移动问答服务让人们更频繁地交流问题，让网络最大限度地服务于个人的现实生活。

移动问答服务的使用数量近年来一直快速增长，Naver 移动问答在 2010 年 4 月才产生，到本研究为止已经有超过 50 万的用户提出超过 300 万的问题，ChaCha 到 2012 年 12 月为止已经回答了超过 45 亿的问题，数量远远超过了 Yahoo! Answer，① 而手机百度知道每天生成的问题也有几百万。

移动设备大大改变了人们信息搜寻的方式，用户使用传统社交问答服务的方式是在电脑提出问题或者提供答案。而因为智能手机上网的普及以及便携性特点，人们可以在任何地点搜索到网络资源。而且，移动问答服务 Naver Mobile Q&A、ChaCha、Jisiklog、百度知道、知乎为人们通过手机短信或者 APP 提问以快速获取答案提供了可能。现实生活中，人们大部分时间会携带手机，因此提升了移动问答的可获取性，移动问答服务让用户可以随时随地挖掘群体的智慧。Lee 等②在对移动问答服务的使用模式研究中发现，用户使用移动问答服务的关键影响因素是易获取性、便捷性和快速性。与传统 PC 端问答相比，移动问答用户倾向于对日常生活的情况进行广泛的提问。例如，用户可以用手机查询公交车时间安排或者提问与快捷餐厅及酒店相关的信息。由此，即使移动问答与传统社会问答具有相同的基本功能，但用户的使用行为也存在较大差异。由此，本书研究的对象是目前被广泛应用的移动问答服务。

---

① Lee U, Kang H, Yi E, et al. Understanding mobile Q&A usage: an exploratory study [C] //Proceedings of the SIGCHI Conference on Human Factors in Computing Systems. ACM, 2012: 3215-3224.

② Lee U, Kang H, Yi E, et al. Understanding mobile Q&A usage: an exploratory study [C] //Proceedings of the SIGCHI Conference on Human Factors in Computing Systems. ACM, 2012: 3215-3224.

10.4.1 移动问答服务发展及其服务环境

问答服务发展经历了三个阶段,"搜索式的问答——社交网络问答服务——移动问答服务"。在移动问答服务阶段,用户交互更加频繁,可以随时随地享受便捷的网络问答服务。移动问答服务的交互机制决定了用户使用服务的方式,使用情境对用户信息搜寻行为产生影响。

(1) 移动问答服务的兴起与发展

伴随着移动互联网的发展,以智能手机和平板电脑为代表的智能移动终端迅速普及,并且随着智能移动终端的不断升级改造,人们利用这些强大的移动智能终端在 3G、4G、5G 网络的支持下,可以非常便利地获取各种信息,实现与各类人群的沟通与交流,搜寻各类日常生活的需求信息。移动问答服务是指用户在移动互联网环境下的问题分享平台上,用户通过手机或者平板电脑等移动设备在平台上根据自己的需求提出问题,也可以根据自己的情况对其他用户提出的问题做出回答,从而促进知识的共享交流的信息服务。关于移动问答的研究还处于起步阶段,但是国外也出现了比较成功的移动问答服务。美国有 ChaCha 和 Ask People,英国有 AQA i,韩国有 Jisiklog、Naver 移动问答。国内使用比较广泛的是百度知道、知乎、搜搜问问的手机端移动问答。移动问答服务可以从以下几个维度来进行分类:①问题的发布是否局限于移动设备,如短信和手机 APP、手机网页;②是否有一个货币激励机制;③移动问答是否与传统问答服务如社交问答服务相混合。本书主要研究对象是国内通用类的移动问答服务,选择百度知道手机客户端和手机网页的服务,因为百度知道是国内最普遍使用的问答平台,用户群分布也较广,而且移动问答平台发布的问题只限于通过移动设备。目前国内移动问答服务是免费的,主要激励机制是用户虚拟财富值的悬赏,提问的用户根据自己的意愿给出答案的财富值,被采纳答案的用户可以得到财富值,财富值可以在平台财富商城兑换商品。

目前已有移动问答使用的相关研究主要在信息需求方面，侧重于信息需求的分类。与之相反，在使用移动问答时，可以考虑几个标准，包括问题的类型或主题以及用户的意图，这种方法可以让我们更好地了解移动问答的使用。Lee 等①对移动社交问答服务进行了探讨研究，分析了用户在移动社交问答服务平台 Naver 于 14 个月产生的 2 400 万个问题及其答案，辅以对 555 个活跃用户的调查研究，发现移动社交问答服务已深入用户日常生活，其使用很大程度上和用户的时间、空间和社会情境相关，并且影响移动社交问答服务使用的主要因素是移动社交问答服务的可获取性和便捷性、答案获取的实时性，这样的研究也有助于深入探讨移动社交问答服务用户日常的信息需求的情境以及需求的满足。此外，Heimonen② 的研究表明，手机互联网用户倾向于使用移动网络服务来解决他们的信息需求。有经验的用户会根据需要以及当前的活动和语境来采用最合适的服务，并形成自己的信息搜寻策略。

（2）移动问答平台的交互机制

通过对文献的调查和实际的调研，发现国内主要的移动问答服务分为垂直类和通用类。本书通过对百度知道和知乎的调查，发现目前人们可以利用三种方式使用移动问答服务。①手机短信：用户可以利用手机短信向百度知道提问，利用多媒体短消息业务向百度知道发送文字或者图片消息，不限数字，但是如果超出一定字数，会分成多条发送，发送消息成功且获得回答后，百度知道也会以短信的形式把答案发送到用户的手机。②移动端网页：用户可以登录百度知道移动端网页进行提问或者回答问题，百度知道移动端网页提供向普通用户提问和向专家提问两种方式，向专家提问主要是健康医疗类的信息，同时用户在上面选择不同的分类方式浏览有关问题和答案，并

① Lee U, Kang H, Yi E, et al. Understanding mobile Q&A usage：an exploratory study ［C］//Proceedings of the SIGCHI Conference on Human Factors in Computing Systems. ACM，2012：3215-3224.

② Heimonen T. Information needs and practices of active mobile internet users ［C］// 6th International Conference on Mobile Technology, Application & Systems. 2009：50-58.

且可以对自己要提问的内容进行搜索，寻找答案。③APP的使用：APP提供了更为人性化的交互体验，首页提供了20个最新问题，用户可以通过不断地刷新页面浏览新问题和答案，最新发布的问题会被置顶，旧的问题会往下排。用户可以以文字、语音、图片等形式发送问题，并且可以向提供答案的知识贡献者追加疑问，可以进行实时的沟通，如对答案满意则采纳答案，如不满意可以继续修改再继续提问，或者追加提问。用户还可以向自己感兴趣的用户发出加关注或者私信，百度知道也会推荐一些高知识贡献用户给一般用户，有效地提高了用户间的黏性。移动端APP还提供了搜索和浏览功能，用户可以搜寻自己感兴趣的主题或者疑问。手机百度知道同样也提供了财富值的积累系统，用户可以通过回答问题得到悬赏的财富值，利用财富值可以兑换商品，这是它特有的一个激励因素。移动问答区别于传统PC问答服务主要有以下几个方面：一个问题的时效只有24小时，超过24小时就不能回答；用户不能编辑提交的问题和答案；没有最佳答案的选项；没有问题的分类目录。

与PC端的问答平台相比，移动问答APP针对移动终端的功能特点和用户使用需求进行了相应调整和改进。以下从注册登录方式、问答操作、多样化服务等方面对移动问答APP的服务方式进行分析。

①注册登录的多样性。移动问答提供多种登录方式，以节约用户的时间与成本，用户只需登录第三方账号授权就可以使用。例如，知乎提供了QQ、微信、人人网和微博等在手机上使用频率较高的第三方账号登录。登录百度知道只要登录原有的百度账号就可以了。百度知道移动端网页和APP中，即使不注册登录也支持浏览、搜索和回答问题。

②提供多样化和人性化的问答方式。与PC端相比，用户可以利用手机短信发送文字和图片等方式进行提问，也可以进行即时的电话咨询。APP的使用过程中，除了可以以文字、语音等方式进行提问，还可以利用手机拍照功能即时拍照后发送图片，用户只需添加文字补充说明，这样大大节约了用户的时间，图片也对问题进行了更为直观的描述，这是移动问答比较人性化

的一个提问方式。从知识贡献的角度看，移动问答是知识的消费者也是知识贡献者。通常情况下用户间的互助问答答案响应速度比 PC 端的快，但是回复率相对较低，答案质量参差不齐。Hsieh 等①发现 Microsoft Live Q&A 问题的回答时间平均为 3 个小时，20% 的问题没有得到回答，而 Naver 移动问答平均只有 15.5 分钟，34% 的问题得不到回应。Nam 等②的研究表明，问答平台用户的兴趣广泛，涵盖各种主题类别，但他们的专业水平相对低于专业论坛，并且与传统社交问答相似，移动问答用户兴趣分布也会有倾斜，调查发现用户比较倾向集中于个别主题，并且参与者具有间歇性。Yang 等③研究了多个网站一段时间内的问题集，来了解用户的使用时间和社区的稳定性，发现大部分用户（30%~70%）发布一项信息后就离开了，很少部分人（3%~10%）会停留超过 100 天。此外，移动问答相较于传统社交问答具有一个显著的优势，用户可以随着一系列的回答策略重复或者优化他们的提问以满足信息需求，如可以继续问同样的问题，根据回答者的回答继续对问题进行修改后再提问等。

③多样化的服务功能。除了多样化的问答方式，移动问答还为用户提供了多种服务功能。如可以匿名提问，也可以向指定用户提问，还可以对问题设置悬赏，激励其他用户参与回答问题。对答案质量的评价，可以以投票、点赞的方式进行。提问者可以在问题的所有答案中选择最满意的答案设置为采纳答案，答案被采纳后就会关闭问题，不再提供回答。用户还可以分享问题和答案，将问题和答案同步至微博、微信、人人网、QQ 空间等第三方平台，或是通过短信和邮件将问题和答案分享给其他用户。除了以上功能，问答 APP 还根据用户设置和用户特点提供更加多样化的服务，包括建立个人

① Hsieh G, Kraut R E, Hudson S E. Why pay? Exploring how financial incentives are used for question & answer［C］. CHI. 2010.

② Nam K K, Ackerman M S, Adamic L A. Questions in, knowledge in? A study of Naver's question answering community［C］. CHI. 2009.

③ Yang J, Adamic L A, Ackerman M S. Crowdsourcing and knowledge sharing: strategic user behavior on taskcn［C］. EC. 2008.

中心、设置问题分类、提供人性化的搜索功能、整合优质问答信息、设置社区和圈子版块等。

10.4.2　移动问答平台问题的类型分析

本书利用 Java 网络爬虫进行数据采集，随机采集百度知道 APP 的 1 000条问题及其答案。本书选择分析百度知道数据是因为它是目前通用类移动问答使用人数最多的，每天生成大量的数据，涵盖各类主题，与人们日常生活方方面面息息相关，几乎涵盖了用户的全部信息需求。百度知道 APP 每一个问题都有它的标签，用户提出问题时，平台就会推荐出问题的相关标签，用户根据问题内容选择标签。本次数据采集不能包含全部标签，但是挑选的范围从问题标签查看，也与人们日常生活各方面相关。有些问题没有标签显示的原因有可能是用户通过短信向问答平台提出问题。对于问题及其答案的数据集的采集，是本书对移动问答服务探析的一个支撑。

本书对 1 000 个问题进行了收集和分析，因为移动问答问题没有像社交问答平台那样对问题进行分类，但是以标签的形式确定问题相关的内容，依据 PC 端百度知道对问题的类型和主题划分，消除重复的类别。对收集到的问题进行内容分析，发现提问的主要主题类型是生活、教育、游戏、娱乐、健康、运动和计算机通信等，与生活相关的问题有购物、人际关系、本地信息等，经过内容的审核，删除掉一些表达不清楚、内容不清楚，无法判别所表达的内容的问题，总共样本有 977 条问题和 2 011 条答案。

经过对用户使用情境的分析，发现用户所提出的问题与生活各方面息息相关，包括寻求事实性信息、请求帮助、寻求意见，因此根据对于提问内容的分析以及 Kim 关于问答平台问题类型的划分，本书将问题确定为 5 种类型：信息事实型、建议型、意见型、情感型、请求型。信息事实型的问题是指具体的事实，如我现在在火车站，我应该坐哪趟公交车去往武汉大学；建议型问题是就某事如何做寻找建议，如我需要从火车站去往武汉大学，坐地铁还是坐公交车比较方便；意见型问题则是收集他人的想法或观点，如我三年级考试只得了 58 分，要被打屁股怎么办；情感型问题，顾名思义就是人们表达他们的感觉或者是讨论的话题是关于他们自己本身的问题，如自己的愉悦、烦恼、悲伤、生气等情绪或感情的表达；而请求型的问题则寻求某种资源或服务，如我想要某某视频，知道的话给我个链接地址。从问题的内容分析发现，移动问答提问的内容还出现了广告性质的内容（如：唉，卖 i6 64g 三网无锁，黑色价钱有得商量；二手，我用过，货到付款；快快快，有谁支持我），这应该是对问题的审核遗漏的结果。

移动问答平台问题所表达的主题涉及了人们生活的各方面，涵盖生活、教育、游戏、娱乐、健康、运动和计算机通信等，生活相关的问题有购物、人际关系、本地信息等，依据百度知道 PC 平台对问题的主题分类，本书对手机百度采集的 977 个问题进行了主题划分，发现手机百度知道用户需要解决的问题主要是：

①生活生存相关问题。生活相关主要涉及人们日常生活项目和日常行为活动（使用情境那一章已有分析），生存相关问题是为生存发展所面临和需要解决的问题，以及对一些社会现象和问题的困惑。

Q（生活问题）：为什么那么多快速消费品都不从超市销售？

Q（生存问题）：给别人盖房子摔下来，已经花了 20 多万，现在没钱治了，怎么办？

②娱乐休闲。本书对娱乐休闲主题划分的依据是人们为了更好地享受生活，放松、培养和发展兴趣爱好而从事的娱乐休闲活动。用户关于娱乐休闲主题主要是电影、音乐、小说、明星、彩票相关的问题。

③教育学习。有关升学、考试问题，更多的是寻求有关学习问题的解答，如外语、数学、物理等题的解答，这说明青少年学生多习惯于用手机在移动问题平台寻求相关问题的解答，有不少用户通过图片的形式上传题目寻求帮助，也进一步表达了用户使用移动问答的情境——正在学习当中。

④游戏。关于游戏问题主要是关于手机游戏、网络游戏资源的查找，打游戏过程中遇到的问题以及关于游戏赚钱等问题。

⑤体育活动。主要问题是关于足球、NBA 赛事等，以及一些明星资料的查找，还有一部分是用户自己关于某项运动的学习和注意事项。

⑥手机数码。因为收集的是手机端的数据，关于手机的问题还不少，主要询问的是使用手机过程中出现的问题、功能的体验，还有各个手机牌子情况的咨询等。

⑦工作事业相关。人们的日常信息搜寻同样包括工作的问题，用户除了询问工作过程中遇到的问题，还包括个人事业发展问题的询问。

⑧计算机。问题主要涉及计算机硬件、软件、操作系统、网络通信等问题，这一类问题比较少，原因是这些属于 PC 端问题，用户会在使用电脑的时候经常遇到，所以手机端提问较少，还有可能是这类问题专业性较强，用户会在专业论坛提问这类问题而不是在问答平台。

表 10.20 是关于手机百度知道问题类型的分布。

表 10.20　　　　　　　　手机百度知道问题类型分布

项目	事实型	意见型	建议型	请求型	情感型	广告	总数
问题数量	471	105	67	295	32	7	977
百分比（%）	48.2	10.74	6.85	30.2	3.27	0.72	100

从表中可以看出，用户在移动问答平台寻求大量关于信息事实型的问题，寻求其他用户的意见和建议，也会在移动问答平台寻找某种资源和表达自己的情绪。用户在移动问答平台进行信息搜寻的问题类型中，事实型信息问题占了 48.2%，接近一半，这说明用户在移动问题平台进行信息搜寻主要是关于信息型问题，关于特定事件、某种产品情况或者某个人基本情况的查询，这与 PC 端问题类型有些差异。有研究调研了百度知道 PC 端用户提问类型，发现用户关于特定事件的信息事实，寻求建议或意见，关于工作、私人和学习等问题的提问数量分布比较均匀，基本都在 20% 左右。移动问答用户信息搜寻区别于传统 PC 端问题的特点是，用户普遍在移动问答平台上提

出需要某种资源或服务的请求，请求型的问题达到 30.2%，远高于情感型甚至意见型和建议型的信息。经过内容的分析，用户请求型问题的需求主要是与用户日常行为活动、娱乐、兴趣爱好有关，如音乐、电影电视、小说、明星资料的查找，这说明用户需要查找各类资源来满足日常行为的需求，而移动问答正好在任何时间地点都提供了用户搜寻的条件。电影相关问题与现实生活中目前正在播放，得到人们目前普遍关注的电影或者电视相关。小说的查找与用户的兴趣和手机的功能相关，现实生活中，用户普遍用手机或者平板电脑进行阅读，因此，用户在手机端查找文学作品资源较为普遍。有小部分关于广告的问题，说明手机百度知道的审核机制还有待完善。

表 10.21 是关于用户在手机百度知道所提的问题主题分布情况，即用户一般会在移动问答平台提出哪一方面的问题，最频繁提出的问题是哪些。从表 10.21 中知道，用户关于生活与生存问题方面的提问最多（34.8%），其次是娱乐休闲（15.25%）、教育学习（13.51%）、游戏（7.67%），手机、工作相关和计算机通信问题提问较少。用户相关主题提问的比例情况说明用户移动问答服务信息搜寻行为与用户日常生活项目、日常行为活动有很大的关系，用户移动问答的信息需求很大程度上受到使用情境的影响。

表 10.21　　　　　　　　手机百度知道问题主题分布

项目	生活与生存	娱乐休闲	教育学习	游戏	体育	手机数码	工作相关	计算机
问题数量	340	149	132	117	75	74	68	22
百分比（%）	34.8	15.25	13.51	11.97	7.67	7.57	6.96	2.25

表 10.22 是关于用户提问的相关主题是属于哪一类型的问题，表中显示，用户在生活与生存、娱乐休闲、游戏、体育、手机数码、工作事业和计算机主题中主要寻求的是事实型的信息需求，也说明用户需求是生活、娱乐、爱好、工作相关的最直接的信息或者事实。事实型信息是用户使用问答

服务最主要的信息需求。用户在娱乐休闲和教育学习中普遍提出请求型的问题，因为用户需要与他们娱乐休闲活动和学习相关的信息资源来满足他们娱乐、游戏、学习的需求。娱乐休闲主要体现在音乐、电影、明星资料、文学作品的需求，教育学习需求主要是青少年学生在学习过程中向问答平台用户提出为他解答问题的请求。用户主要在生活生存相关问题、工作事业上面临的问题或者个人的发展上有需要他人建议和意见的需求。

表 10.22　　　　　　　**手机百度知道基于类型、主题的问题分布**

类型	百分比	生活与生存	娱乐休闲	教育学习	游戏	体育	手机数码	工作事业	计算机通信
事实型	48.2%	55.88%	33.55%	28%	47.86%	62.67%	50%	57.35%	59.09%
意见型	10.74%	16.17%	6%	3.78%	7.69%	12.00%	4.05%	17.65%	13.64%
建议型	6.85%	10.29%	2%	2.27%	5.98%	2.67%	8.11%	14.71%	4.55%
请求型	30.2%	9.7%	57%	65.9%	34.18%	20.00%	33.78%	7.35%	22.73
情感型	3.27%	6.76%	1.34%	0	4.27%	2.67%	0	0	0
广告	0.72%	0.8%	0	0	0	0	2.70%	2.94%	0
总数	977	340	149	132	117	75	74	68	22

10.4.3　移动问答用户信息搜寻的结果分析

移动问答用户不能像社交问答平台上那样对回答者给出的答案进行最优的评价，但是可以对满意的答案做出采纳的行为，百度知道 APP 的另外一个功能就是用户可以在自己感兴趣的标签中选择问题回答。基于此，本书通过收集和分析移动问答平台答案的响应和用户的采纳行为，进一步了解用户信息搜寻的满足程度。百度知道问题响应的机制是当用户提出问题并对问题的内容选择标签后，百度知道 APP 会向对你的问题感兴趣的用户推荐回答。通过实验和观察发现，百度知道 APP 的问题响应比较快，大多数问题会在

10 分钟甚至 1 分钟内得到回答,陈宇①的实证研究中也发现了百度知道 APP
问题响应速度普遍低于 5 分钟,其他类型的移动问答平台会稍微高一些,但
都在 35 分钟以内。但是通过问题和答案的收集发现,百度知道手机 APP 的
问题的回答比例在 63% 左右(见表 10.22),问题的回答率不是很高,而且
在数据集中发现,有确切标签的问题更容易得到回答,大部分没有标签的问
题没有得到回答。表 10.23 显示了情感型的问题回答率偏低(43.75%),这
应该是因为有些用户的提问目的只是表达自己的情绪,并不需要其他用户的
意见或者信息,其他类型的回答数都在 60% 以上。工作相关(48.53%)和
体育(54.67%)类别的主题得到的回答稍稍比其他的类别低一些。体育相
关问题主要是有关寻求某个体育明星的资料、最新消息,或者他打的是什么
位置、强在什么地方等需求比较具体的类型,工作相关的没有回答的问题是
一些普遍没有太多人了解的问题。表 10.24 是用户对答案的采纳情况,用户
对答案的采纳说明答案质量已经满足了他的需求,采纳后结束搜寻过程,并
不需要继续寻求其他答案。从表中可以看出,用户的采纳情况比较低,采纳
率在 20%~30%,答案并不能很好地满足用户的需求。教育学习方面的采纳
率(39%)高于其他方面。教育学习方面大多数是学生提出所学课程遇到的
问题的解答,提问会以图片方式上传,更能明确需求,所以得到的回答也比
较满意。总的来说,手机百度知道问题的响应速度很快,但是答案的质量不
高,不能很好地满足用户的需求。

10.4.4 移动问答服务的评价与优化

关于问答服务的评价,国外做了很多相关的研究。Kim 和 Oh② 对
Yahoo! Answer 平台提问者选择最佳答案的评价标准进行研究,对收集到的
用户在选择了最佳答案以后的评论内容进行内容分析,相关评价标准有六

① 陈宇.通用类移动问答客户端实证研究——基于用户体验的视角 [J].图书馆
学研究,2014(24):62-69,74.

② Kim S, Oh S. Users' relevance criteria for evaluating answers in a SQA site [J].
Journal of the American Society for Information Science Technology, 2009, 60(4):716-727.

表 10.23   问题的类型、主题 vs. 答案的响应

回答	问题类型					主题类别							
	事实型	意见型	建议型	请求型	情感型	生活生存	娱乐休闲	教育学习	游戏	体育	手机数码	工作相关	计算机
是	63.06%	71.13%	70.15%	64.75%	43.75%	66.47%	68.46%	63.64%	59.83%	54.67%	64.86%	48.53%	72.73%
否	36.94%	28.57%	29.85%	35.25%	56.25	33.53%	31.54%	36.36%	40.17%	45.33%	35.14%	51.47%	27.17%
总数	471	105	67	295	32	340	149	132	117	75	74	68	22

表 10.24   问题的类型、主题 vs. 用户的采纳

回答	问题类型					主题类别							
	事实型	意见型	建议型	请求型	情感型	生活生存	娱乐休闲	教育学习	游戏	体育	手机数码	工作相关	计算机
采纳	20.54%	25.33%	25.53%	34.55%	21.43%	24.78%	32.35%	39.29%	12.86%	12.20%	20.83%	27.27%	31.25%
总数	61	19	12	66	3	56	33	33	9	5	10	9	5

类：内容、认知、有用性、信息资源、外在因素和社会情感。用户知识采纳行为的选择标准和问题的主题相关，社会情感标准和讨论类题目相关，内容标准则和话题驱动的问题相关，有用性标准则和需要寻求帮助的问题相关。Shah① 提出了社交问答服务研究的新框架，即"服务—用户—内容"的模式，服务是指用户在问答网站提问或搜寻信息时可供采用的资源和策略，用户包括了用户使用问答服务的动机和对问答平台的期望，内容则指社交问答平台产生的问答和信息的质量评价。

通过上文对用户使用过程的分析可以看出，影响用户使用移动问答服务的重要动机因素主要有：服务的容易获取、使用的方便、回答的及时、可以得到专门的回答以及用户对答案的满意度评价。因为移动问答服务用户有新用户和有经验用户之分，不同经验水平的用户对使用服务的期望也有差异，因此在这一章中通过分析不同用户群体对影响使用的关键因素的评价，进一步挖掘不同用户群体信息搜寻的满意度，同时从用户信息需求与内容相关性评价，构建移动问答服务答案质量的评价标准，为优化移动问答服务提供依据。

（1）移动问答服务的评价

①移动问答服务使用的关键影响因素评价。移动问答服务用户有一般的参与者（使用较少）和活跃用户（经常使用），不同的经验也会影响用户的搜寻行为，因此不同用户在使用移动问答服务寻求问题答案时，用户的信息搜寻的满意度评价也会有差异。目前已有新用户和有经验用户在互联网使用方面的差异性研究。互联网比较新而且得到用户的普遍使用，在网络搜索中，有经验的用户会使用更多的关键字并对网站的知识储备情况进行评估，而新手在搜索过程中容易错失一些与之高度相关的网站。另一项研究表明，

---

①　Shah C. Effectiveness and user satisfaction in Yahoo! Answers ［EB/OL］. ［2015-04-03］. http：//www.uic.edu/htbin/cgiwrap/bin/ojs/index.php/fm/article/ viewArticle/3092/2769.

314

专家们能更快且更高效地完成更多的任务。Tabatabai 等①从专家的战略与特性的角度来解释这种差异，专家会使用明确的标准来评估一个网站，了解信息搜寻相应的背景知识，并以积极的态度去搜索。总的来说，用户的使用（经验）水平显示出了他们不同的搜索模式。而移动问答是否会出现类似的情况，可以通过用户使用移动问答服务与搜索引擎、PC 传统社交问答服务使用动机的对比评价来分析。

Yi②将移动问答平台用户分为两类，一类是新用户或者一般的参与者，即贡献较少不经常使用的用户，另一类是经常参与，有较多问答的活跃用户，并对这两类不同用户使用移动问答服务、搜索引擎、PC 社交问答服务情况做了调查，探寻用户使用问答服务的原因。结果如图 10.8 和图 10.9 所示。

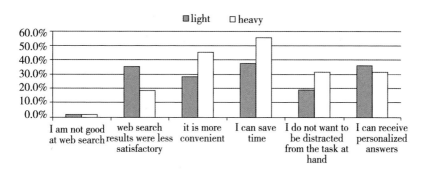

图 10.8　比起搜索引擎，新老用户更喜欢移动问答的原因

在与搜索引擎的对比中，设置 6 个原因选项：①我不擅长电脑的使用；②网页搜索的结果不那么令人满意，③提问比搜索更加方便；④可以节约时

---

① Tabatabai D, Luconi F. Expert-novice differences in searching the Web, Searching the Web [C] //Hoadley E, Benbaast I (eds.). Americas Conference on Information System. 1998：390-392.

② Yi E H. Everyday life information seeking with mobile Q&A [EB/OL]. [2015-04-10]. http：//library. kaist. ac. kr/thesis02/2012/2012M020104390_S1 Ver2. pdf.

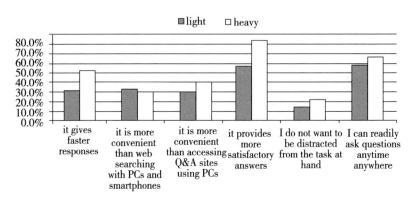

图 10.9 比起 PC 传统社交问答，新老用户更喜欢移动问答的原因

间；⑤我不想停止手上的任务；⑥可以得到专门属于自己的回答。从图中可以观察到，活跃用户更看中的是移动问答的方便、节省时间和不想停止目前搜寻的任务，新用户会因为网页搜索不满意而使用移动问答。这显示出了信息搜寻的一个差异。老用户会希望更高效、方便地完成任务，而且不希望通过其他途径努力，而新用户考虑的是网页搜索和希望得到个人的回答。图 10.9 显示了不同用户 PC 问答服务和移动问答服务的评价比较，图中显示了用户对移动问答能够提供满意答案的这个选项的选择最少，这也说明了用户对于移动问答的答案质量不是很满意，但比起传统问答，老用户选择使用移动问答的原因是快速回应以及答案获取便利的特点。新用户比起老用户比较满意的是移动问答在操作上的方便性，新老用户都认可移动问答服务的使用可以不受时间和地点的限制。

　　总的来说，从图 10.8、图 10.9 中发现，老用户即经常使用服务的用户会更加希望信息搜寻过程更加节省时间、更方便、得到更快的响应，而且倾向于花更小的努力得到答案等。这表明了老用户更喜欢方便的，花更少时间更少努力的信息源，也意味着如果老用户认为他可以在移动问答平台快速获取答案，并不会考虑其他途径的信息搜寻。通过分析新老用户对于移动问答信息搜寻的不同评价与期望，有助于采取不同激励机制促进新用户的使用以及老用户的持续使用。

（2）用户信息需求与信息内容相关性评价

①用户信息需求与答案选择相关性指标。日常信息搜寻研究中，质量和易获取是选择信息源的一个主要标准。网络环境下，人们在搜寻和获取日常生活信息的时候，主要关注的是搜寻和获取到的信息是否符合自己的需求，信息内容是否正确有效。因此，本书试图从用户需求与信息内容相关性来构建提问者关于答案质量的评价标准。关于用户需求与信息内容相关性评价，研究者往往从客观相关性和主观相关性两个方面来考察信息是否满足用户的需求，客观相关性通常指一条信息是否符合它所在的主题，而主观相关性则是指信息是否符合用户检索过程中的认知、交互以及情境等层面的需求。①除此以外，国内外研究者也提出了大量的相关性评价指标，如信息是否有实际效用（情境相关），信息是否带有情感响应（情感相关）等，主观相关性随着用户情境、信息需求的不同而不同。关于从用户主观相关性指标来对信息内容进行评价，Barry 和 Schamber② 提供了 10 个标准：①深度、范围和专业性，即答案具有一定深度，涉及特定主题，凸显具体领域内的专业知识；②准确性；③完整性；④可理解性；⑤最新时效性，即是最近的、最新的答案；⑥可验证性，即有实际数据事实证明；⑦可信性，答案来源可靠，具备可信性（引用可靠，来自专家等）；⑧清晰度；⑨答案具备细节性，提供专门案例；⑩具有实用性，能够帮助解决问题。Saracevic③ 在 2007 年的研究中对此前的研究进行了总结，将通用的主观相关性评价指标归纳为 7 个方面：

① 马芳. 信息检索中的相关性研究 [J]. 科技情报开发与经济，2009（19）：89-90.

② Barry C L, Schamber L. Users' criteria for relevance evaluation: a cross-situational comparison [J]. Information Processing & Management, 1998, 34（2-3）：219-236.

③ Saracevic T. Relevance: a review of the literature and a framework for thinking on the notion in information science [J]. Journal of the American Society for Information Science and Technology, 2007, 58（13）：2126-2144.

内容、对象、信度、情境匹配、认知匹配、信仰匹配、情感因素。Lee 在调查付费型移动问答评价答案标准的重要性时发现，准确性是用户认为最主要的因素，59.8% 的用户选择准确性，其次是信息来源的可靠性（47.8%），36.8% 的用户选择深度和专业性。

本书以手机百度知道作为数据来源，分析被采纳的答案。用户对信息内容的主观相关性评价建立在一个假设条件之下：用户对答案的采纳行为代表用户对答案的满意，答案能满足用户的信息需求。

本书参考 Barry 和 Saracevic 关于信息相关性的评价指标，构建用户需求和答案选择相关性指标模型，以 Saracevic 指标划分评价类别，以 Barry 的指标作为评价指标，数据来源是上文的数据集中已经被用户采纳为满意答案的问题和答案，如表 10.25 所示。

表 10.25　　　　　　　　　用户信息需求与答案选择相关性指标

类别	指标	说明	提问	采纳答案
内容	准确性	答案内容准确	哪些产品是在中国生产然后出口到国外的呢	"红旗"汽车
	完整性	答案完整、详细、透彻	随便买只基金持一年时间会不会亏本	1、2、3、4、5、6 说明点详细（答案省略）
	专业性	有一定深度，体现某一领域知识	我的电脑怎么了	脚本执行时间过长，点 end 结束，或者 continue 继续执行
效用	实用性	能解决实际问题	小米 2a 重力感应器突然好了，又突然坏了怎么办	这应该属于手机的故障，您可以到售后里面申请服务
	可用性	最适合、最倾向使用的方式	平时打电话不敢当着父母或者长辈还有同事打怎么回事，有什么办法能改善吗	在商场或者广场等人多的地方多打点电话，然后再在同事面前打打电话，慢慢地你就能放下防备的

续表

类别	指标	说明	提问	采纳答案
外部条件	没有选择	只有一个可选答案	政府拿我们的三月三专款自己办舞龙，大家帮我们村想一下办法	上告（只有一个答案）
	及时性	回答者是第一个答案	这个数学题怎么解最好发图片。快。。。	解：∵ DE 平分 ∠ADC ∴∠ADE = ∠CDE ……
	时效性	最近的、最新的答案	今天晚上有什么足球比赛，哪有直播的	21：00 意甲 尤文图斯 - 拉齐奥 风云足球
信息源	职业	领域内从业者或专家	无	无法判断
	外部链接	提供外部链接，且链接内容有效	求糖罐子 by 记城的微盘	http：//pan. baidu. com/s/1nt1KWfZ
情感因素	情感支持	回答者给予提问者一定的精神支持和鼓励	这个社会现实到什么程度？感觉已经没有任何真情可言	有真心有真爱，你先做好自己，真心的人你一定能拥有
	经验	提问者认同回答者的真实经验或经历	csol2 里，比如说我没有解锁沙漠之鹰和 AWP，我能通过五一活动得到黄金沙漠之鹰和黄金 AWP 吗	可以的，我也玩 csol2 的，只要是在官方领取的道具都与等级无关，望采纳!!!
	认同	提问者认同答案的观点	世上有恐龙吗	现在只有恐龙化石，没有活体恐龙。我相信未来科技可以让恐龙复活

本书研究对象是移动问答服务，根据移动问答服务特性，指标做了调整，参考了 Saracevic 提出的相关性评价指标，确定对内容、效用、外部条件、信息源、情感因素指标类别进行考察。首先，用户对于答案的选择以及采纳肯定是基于自身可理解性和清晰明了的基础上，因此这两项指标不再考察；其次，用户对于满意答案的判定标准是主观且自由的，因此对信度这一指标不做分析；同时移动问答服务有关问答也鲜有信仰问题，因此取消信仰

匹配考察。本书将情境匹配具体化为信息内容是否能解决用户实际处境下的问题，即效用指标，因此相关性评价指标分为内容、效用、信息源、外部性和社会情感五大类 13 个指标。在内容类中，从内容的准确性、完整性、专业性来考察。可用性和实用性主要是从解决用户实际问题的效用来考察，对于移动问答服务，用户提出问题就是希望可以通过他人的经验和知识来解决自己的问题，因此效用非常重要。信息来源类，移动问答平台上用户对于特定资源和服务的寻求也是提问的重要部分，因此信息来源类是考察信息的真实程度、来源可靠性以及链接的有效性。外部性类中，提问者选择满意答案不是从答案本身的角度出发，而是外界因素影响对答案的选择。结合移动问答服务相关问答内容，用户倾向于需要及时性、快速的、具有最新时效的信息，或者当只有一个答案选择时，没有选择也是选择唯一答案作为满意答案的标准。社会情感类，移动问答服务与用户日常生活关系密切，因此社会化情感指标也体现得尤为明显，提问者倾向于选择为其提供情感支持的答案，或欣赏或认同回答者的回答，依据回答者实际经验、回答者的态度都是选择满意答案的重要标准。

②用户答案选择相关性评价重要指标。本书从用户提问的角度和采纳答案的情况来考察移动问答用户选择满意答案的依据，相关性评价指标的分布反映了用户对答案质量的偏好，从表 10.26 和图 10.10 中可以看出，内容因素、效用因素和情感因素占了全部影响因素的 83%，是影响用户采纳满意答案的重要因素。内容的准确性、专业性、完整性占了 41%，因此信息内容的质量是用户使用移动问答服务最主要的需求。信息的准确性是判断信息是否正确有效，用户使用移动问答服务主要来自于日常生活的需要，回答者主要依靠个人生活经验做出回答，一般来说，答案的来源没有明确的信息来源，因此答案的准确性更显得重要。完整性需求体现在平台上很大一部分答案只提供了片面或不完全的信息，在选择答案时完整性也成了用户主要需求。专业性说明用户也会在移动问答平台上提问有关某一领域的专业性比较强的问题，特别是计算机通信和医疗保健等相关问题。

表 10.26　　　　　　　　用户相关性评价指标总体分布

类　别	指　标	百分比
内容	准确性	26.25%
	完整性	11.87%
	专业性	5%
效用	实用性	3.75%
	可用性	10.62%
外部条件	没有选择	1.8%
	及时性	3.75%
	时效性	6.97%
信息源	职业	0
	外部链接	6.25%
情感因素	情感支持	1.25%
	经验	1.87%
	认同	20.62%

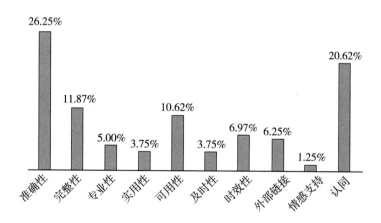

图 10.10　用户答案选择相关性重要评价指标分布

社会情感类因素也是主要影响因素，而认同感占了主要作用，说明当提问者提出讨论性问题或寻求意见类问题时，他更愿意选择与自己内心感受相同、相似或相关的答案。情感支持因素占的比例较小可能是因为样本量较小，而且局限于已经被采纳答案的问题，因为在数据集的标签里有大量关于用户感情、烦恼类的咨询，因此可以推断，用户在移动问题平台上也想得到其他用户精神上的支持和情感上的鼓励。

效用类别下只有可用性和实用性两个指标，占了全部指标的15%，仅次于正确性、完整性、认同感指标，说明这两个评价指标均表现出很重要的地位。在移动问答服务平台中，提问者所提出的问题内容涉及生活的方方面面，并多数结合了自己的实际处境，想要获得最有实际效用、最可行的帮助。移动问答用户有针对性地提出需求，也是更希望获得能解决自己特定问题的答案。

问题的及时性和最新时效性。受到情境的影响，用户在日常行为活动中的信息需求具有及时性和最新时效性的特点。移动问答平台服务处理的问题是最新的、当前的问题。用户有关体育运动、娱乐休闲的提问都体现了问题的最新时效性特征。这一类问题的答案一般属于最新时效的事实型信息，在移动问答平台上，用户对这类简单的事实信息的答案一般都会满意。

同时，从内容的主题和范围看，移动问答问题的范围涉及人们生活的很多方面，有关用户日常行为活动的问题也很快得到了回答者的响应，用户信息的需求比较具体、简单。而手机百度知道对用户提问的内容没有数字的限制，在调查中发现，用户提问的问题的字数从几个字到几百个字不等，但是80%以上的提问少于100字，问题平均长度才23个字，这说明移动问答平台上的内容比较简单。手机百度知道答案平均长度是31个字，也说明了移动问答广泛地用于满足用户简单的信息需求，被采纳答案的平均长度是45个字，说明用户需要的是比较详细完整的解答。

（3）移动问答服务的优化

① 移动问答用户的持续使用促进。移动平台用户的持续参与意愿取决

于他们对产品和服务的满意度以及他们参与动机与期望的实现程度。移动问答服务每天都在解决大量的问题，在一定程度上满足了用户日常生活各方面信息的需求。但是在调查中也发现移动问答用户的参与是间歇性的，对移动问答的平台归属感不强，因此，移动问答服务长久发展的关键是不断满足用户需求，并确保用户的持续使用。

从上文的研究发现，移动问答平台用户主要受内在的激励因素和财政激励所影响，用户倾向于在移动问答平台上学习、获取信息、享受、寻找乐趣以及帮助他人，提高声望、提高等级排名以及获得社会认同等外在的因素对移动平台的用户影响较小，说明移动平台用户归属感较弱，平台服务优化的一个方面是提升利他和外在因素的激励，提升用户的黏性，增强用户的归属感。而移动问答平台用户又可以分为一般的参与者（使用较少，包括新用户）和活跃用户（经常使用），不同用户群对使用服务的评价与期望不一致，因此可以通过不同的激励机制促进一般用户的参与和活跃用户的持续参与。

第一，增强用户的归属感。移动问答服务并没有像社交问答服务那样形成很多的交流圈，用户之间的交流一般只有问答交互，问题解决后用户的交流基本结束。移动问答 APP 用户是通过感兴趣的标签来实现交流，平台会通过感兴趣的标签来推荐问题，用户间的黏性较差，没有形成一种圈子的交流。因此可以一方面设置圈子交流的功能，用户就自己感兴趣的话题加入圈子，这样就促进了用户间的交流，增加用户间的归属感。另一方面，每天会出现一些热门问题，而平台可以利用一些热门话题来实现用户的交互。

第二，活跃用户对于使用平台的期望是以最小努力、节约时间、快速性，因此为了促进这类用户从信息的搜寻者变为持续知识贡献者，可以向这类用户比较精准地推荐他感兴趣或者擅长的问题，促进其自我效能的实现，并通过等级排名等因素促进他的参与。

第三，对于一些新用户和不经常使用的用户，可以通过一些财富的悬赏、向他推荐感兴趣的任务的方式，主要从感知有趣性和感知有用性两方面促进他的参与。

②移动问答内容的质量的提升。对移动问答问题和答案的调查发现了用户答案的采纳率比较低，说明了用户对于答案的质量满意程度较低。信息的准确有效、实用性、最新时效、及时、易获取对移动平台用户确实非常重要。答案的及时和易获取是移动问答服务的一个特点，因此，答案质量的提升关键在于它的准确性、实用性和时效性。结合移动问答平台的服务功能，可以从以下方面探寻优化答案的质量。

第一，基于移动问答用户需求情境的信息内容提供。

移动问答服务更关注的是用户的需求。与传统问答平台服务不同，移动问答平台用户更关注的是需求的满足、问题的解决，因此知识贡献者需要将自己拥有的知识或外部信息分析提取，结合提问者实际需求，融入自己的观点、看法或感情因素。

注重效用功能。移动问答用户提出的问题与日常生活相关，用户注重的是解决实际的问题，传统自动化问答系统使用简单问题进行提问，得到大量重复性的信息，移动问答服务应该提供给用户的是能够解决用户所在特定情境的特殊问题的信息，可以直接使用并且有效的信息。

第二，移动问答的个性化推荐。

提供更精准的自动推荐系统。通过分析用户的浏览、提问和回答情况推测移动问答用户的信息需求和使用习惯，用标签和相似提问等功能向用户推荐他感兴趣和擅长的主题，同时用户提问的问题也会推荐给对他问题感兴趣的用户，这样就把问题推荐给了相关的回答者，而且也可以找到回答者感兴趣的领域，由此就能得到相匹配的答案，答案的质量也会提升。

PC端百度知道把高知识贡献者评为"知道之星""知道达人""知道名人""知道行家"等，移动端也可以根据用户的回答问题的类型和采纳情况，评出在某些专业或领域比较擅长的高贡献者。这样就可以根据用户的提问类型推荐给擅长此领域的知识贡献者，这种方法也可以叫做专家推荐法，这要求移动问答服务有专业技能归类的功能。

第三，完善问题的审核机制。

在调查中发现，问题得不到回答的原因主要是问题描述不清晰，导致回答者对用户的需求不明确，回答率和回答质量就会降低。而且移动问答会出现一些频繁重复提问、一些没有意义的问题和广告性质的问题，因此，完善审核机制为用户提供良好的内容交互也尤其重要。

（4）移动问答服务体验的改善

一方面，增强用户使用愉悦感、提升用户的体验以及为用户提供便捷的服务平台，是移动问答服务应该优化的方向，提高服务体验应该围绕着这三个方面进行。而这些服务功能的实现都要靠技术集成，因此提高移动问答客户端系统的技术支持也尤为重要。

另一方面，用户对服务的快速和有效性有较高期望，因此页面的流畅、加载的快速以及语音识别的有效性是移动服务的重要要求。因为移动设备打字往往比较缓慢，因此，改进界面的交互设计，使用户能够浏览复制粘贴提交的问题，有利于提升用户的体验。

本研究深入移动问答用户使用过程行为模式，了解不同用户群体对影响使用的关键因素的评价，进一步挖掘不同用户群体信息搜寻的满意度，同时以内容分析的形式分析影响移动问答服务答案质量的评价的重要因素，得到的成果丰富了现有的有关移动问答服务的研究，对促进移动问答平台的服务优化具有实践指导意义。但是，研究还存在很多的不足，需在今后工作中完善，主要体现在以下几个方面：

①采集的样本数量有限。研究主要是通过对问题和答案的分析来了解用户使用情境和信息搜寻的满意度，但是移动问答服务每天生产的问题量巨大，目前的研究样本相比之下还比较少，而且用户问题的类型涉及生活的方方面面，收集到的样本量不能包括全部，虽然具有一定代表性，但是不能够全面地反映移动问答用户的问答交互情况。

②本书对于用户参与的影响因素以及不同用户群体对使用的关键影响因素的评价借鉴现有研究成果，并没有对使用移动问答的用户进行实际调查和

访谈，研究具有局限性，在今后的研究中需要进一步改进。

　　③本书使用的是内容分析的方法，对问题的分类和主题的划分依靠个人实际经验，虽然研究结果比较贴近实际，但也会存在一些偏差，在以后的研究中，关于内容分析的方法还需要进一步学习。

参 考 文 献

网络资源

［1］Benn J, Mc L, Lin D. Facing our future：social media takeover, coexistence or resistance? The integration of social media and reference services ［EB/OL］.［2015-03-25］. http：//library. ifla. org/id/eprint/129.

［2］Connaway L S, Radford M L. Seeking synchronicity：revelations and recommendations for virtual reference ［EB/OL］.［2015-04-01］. http：//www. oclc. org/reports/synchronicity/default. htm.

［3］Google 大全之搜索服务 ［EB/OL］.［2015-02-25］. http：//www. google. cn/intl/zh-CN/options/.

［4］John J. Best answering percentage 77% ［EB/OL］.［2015-03-10］. http：//enquire-uk. oclc. org/content/view/97/55/.

［5］Radford M L, Connaway L S, et al. Conceptualizing collaboration and community in virtual reference and social question and answer services ［EB/OL］.［2015-03-18］. http：//InformationR. net/ir/18-3/colis/paperS06. html.

［6］Shah C. Effectiveness and user satisfaction in Yahoo! Answers ［EB/OL］.［2015-04-03］. http：//www. uic. edu/htbin/cgiwrap/ bin/ojs/index. php/ fm/ article/ viewArticle/3092/2769.

［7］维基百科 . Yahoo! Answer 介绍 ［EB/OL］.［2015-09-28］. https：//en. wikipedia. org/wiki/Yahoo! _Answers.

［8］ 百度知道 ［EB/OL］. ［2015-04-06］. http：//zhidao. baidu. com/.

［9］ 韩国 Naver 问答社区 ［EB/OL］. ［2015-09-28］. http：//kin. naver. com/index. nhn.

［10］ 虎嗅. 第一次民间版知乎用户分析报告 ［EB/OL］. ［2015-12-06］. http：//www. huxiu. com/article/41317/1. html.

［11］ 火车头采集器 ［EB/OL］. ［2016-05-31］ http：//www. locoy. com.

［12］ 知乎 CEO 周源：2015 年目标用户 5000 万试水商业化 ［EB/OL］. ［2015-04-06］. http：//it. sohu. com/20150404/n410821858. shtml.

［13］ 中国互联网信息中心. 第 37 次中国互联网络发展状况统计报告 ［EB/OL］. ［2016-01-22］. http：//www. cnnic. net. cn/hlwfzyj/hlwxzbg/201601/P020160122469130059846. pdf.

［14］ 周勤燕. 知乎 CEO 周源：用户数达 1700 万将试水商业化 ［EB/OL］. ［2015-12-06］. http：//www. donews. com/net/201503/2885050. shtm.

［15］ 知乎. 如何看待教委叫停北大附中初中部雾霾停课？ ［EB/OL］. ［2016-01-23］. http：//www. zhihu. com/question/22854438.

［16］ 知乎. 为什么感觉雾霾是近几年突然爆发了？ ［EB/OL］. ［2016-01-23］. http：//www. zhihu. com/question/22211.

中文文献

［17］ 班杜拉. 思想和行动的社会基础——社会认知论 ［M］. 林颖，译. 上海：华东师范大学出版社，2001：552-553.

［18］ 包咏菲. 虚拟社区成员知识共享行为研究——以知乎社区为例 ［D］. 南京：南京大学，2015.

［19］ 毕凌燕，王腾宇，左文明. 基于概率模型的微博热点主题识别实证研究 ［J］. 情报理论与实践，2014，37（2）：112-116.

［20］ 蔡溢，杨洋，殷红梅. 基于 ROST 文本挖掘软件的贵阳市城市旅游品牌受众感知研究 ［J］. 重庆师范大学学报（自然科学版），2015，32

（1）：126-134.

［21］曹梅，朱学芳．图像检索需求描述的研究进展［J］．现代图书情报技术，2009（12）：31-36.

［22］曹兴，刘芳，邬陈锋．知识共享理论的研究述评［J］．软科学，2010（9）：133-137.

［23］查先进，张晋朝，严亚兰．微博环境下用户学术信息搜寻行为影响因素研究［J］．中国图书馆学报，2015，41（3）：71-86.

［24］常静，杨建梅．百度百科用户参与行为与参与动机关系的实证研究［J］．科学学研究，2009，27（8）：1213-1219.

［25］陈晓宇，邓胜利，孙雅梦．网络问答社区用户信息行为研究进展与展望［J］．图书情报知识，2015（4）：71-81.

［26］陈旸．基于 PLS 的湖南省社区体育服务公众满意度测评［J］．上海体育学院学报，2010，34（6）：18-21，26.

［27］陈宇．通用类移动问答客户端实证研究——基于用户体验的视角［J］．图书馆学研究，2014（24）：62-69.

［28］邓胜利，张敏．基于用户体验的交互式信息服务模型构建［J］．中国图书馆学报，2009，35（1）：65-70.

［29］杜海．SNS 网站的用户体验研究［D］．重庆：西南大学，2013.

［30］樊彩锋，查先进．社交问答平台用户贡献意愿影响因素实证研究［J］．信息资源管理学报，2013（3）：29-38.

［31］范宇峰，陈佳佳，赵占波．问答社区用户知识分享意向的影响因素研究［J］．财贸研究，2013（4）：141-147.

［32］冯林安．个体行为对决策的影响［J］．统计与决策，2006（14）：67-68.

［33］高山．问答型虚拟社区用户满意度影响因素研究［D］．合肥：安徽大学，2013.

［34］关培兰，顾巍．研发人员知识贡献的影响因素及评价模型研究［J］.

武汉大学学报（哲学社会科学版），2007（5）：652-656.

[35] 韩妹. 中老年人对网络健康信息的利用与满足研究 [D]. 北京：中国传媒大学，2008.

[36] 何小丽. 用户体验在搜索引擎营销策略中的作用研究 [D]. 北京：对外经济贸易大学，2007.

[37] 黄岚，吕江，王晓慧，等. 基于百度知道平台的网络高血压相关信息现状调查 [J]. 安徽医学，2016，37（1）：97-100.

[38] 黄梦婷，张鹏翼. 社会化问答社区的协作方式与效果研究：以知乎为例 [J]. 图书情报工作，2015，59（12）：85-92.

[39] 黄晓斌，梁辰. 质性分析工具在情报学中的应用 [J]. 图书情报知识，2014（5）：4-16.

[40] 贾佳，宋恩梅，苏环. 社会化问答平台的答案质量评估——以知乎、百度知道为例 [J]. 信息资源管理学报，2013（2）：19-28.

[41] 姜雯，许鑫. 在线问答社区信息质量评价研究综述 [J]. 现代图书情报技术，2014，30（6）：41-50.

[42] 姜雪. 问答类社区用户持续知识贡献行为实证研究 [D]. 青岛：青岛大学，2014.

[43] 蒋楠，王鹏程. 社会化问答服务中用户需求与信息内容的相关性评价研究——以百度知道为例 [J]. 信息资源管理学报，2012（3）：35-45.

[44] 解丹琪. 用社会交换理论完善企业激励机制 [J]. 现代经济探讨，2004（5）：32-34.

[45] 金碧漪，许鑫. 社会化问答社区中糖尿病健康信息的需求分析 [J]. 中华医学图书情报杂志，2014，23（12）：37-42.

[46] 金晓玲，汤振亚，周中允，等. 用户为什么在问答社区中持续贡献知识？积分等级的调节作用 [J]. 管理评论，2013b（12）：138-146.

[47] 金晓玲，燕京红，汤振亚. 网络问答社区环境下持续分享意向的性别

差异研究 [J]. 技术应用, 2013a (5): 41-62.

[48] 金晓玲. 探讨网上问答社区的可持续发展: "雅虎知识堂"案例分析 [D]. 合肥: 中国科学技术大学, 2009.

[49] 孔德超. 虚拟社区的知识共享模式研究 [J]. 图书馆学研究, 2009 (10): 95-97.

[50] 孔维泽, 刘奕群, 张敏, 马少平. 问答社区中回答质量的评价方法研究 [J]. 中文信息学报, 2011, 25 (1): 3-8.

[51] 来社安, 蔡中民. 基于相似度的问答社区问答质量评价方法 [J]. 计算机应用与软件, 2013 (2): 266-269.

[52] 赖茂生, 麦晓华. 面向使用过程的社交问答网站用户体验研究 [C] // 第七届和谐人机环境联合学术会议 (HHME2011) 论文集. 北京, 2011.

[53] 李晨, 巢文涵, 陈小明, 等. 中文社区问答中问题答案质量评价和预测 [J]. 计算机科学, 2011 (6): 230-236.

[54] 李丹. 中美网络问答社区的对比研究——以 Quora 和知乎为例 [J]. 青年记者, 2014 (26): 19-20.

[55] 李国鑫, 李一军, 陈易思. 虚拟社区成员线下互动对线上知识贡献的影响 [J]. 科学学研究, 2010, 28 (9): 1388-1394.

[56] 李翔宇, 陈琨, 罗琳. FWG1 法在社会化问答平台答案质量评测体系构建中的应用研究 [J]. 图书情报工作, 2016, 60 (1): 74-82.

[57] 李小宇. 中国互联网内容监管机制研究 [D]. 武汉: 武汉大学, 2014.

[58] 廉鑫. 社区问答系统中若干关键问题研究 [D]. 天津: 南开大学, 2014.

[59] 林臻, 熊信之. 社会化问答网站的传播特点及发展策略 [J]. 青年记者, 2012 (33): 83-84.

[60] 刘高勇, 邓胜利. 社交问答服务的演变与发展研究 [J]. 图书馆论坛, 2013, 33 (1): 17-21.

[61] 刘继云，孙绍荣．行为科学理论研究综述［J］．金融教学与研究，2005（5）：36-37.

[62] 刘锟发，李菁楠．国内外组织内部知识共享影响因素研究综述［J］．图书馆学研究，2010（16）：8-12.

[63] 刘鲁川，蒋晓阳．社区公共服务综合信息平台居民使用行为研究［J］．中国图书馆学报，2015，41（6）：61-72.

[64] 刘佩，林如鹏．网络问答社区知乎的知识分享与传播行为研究［J］．图书情报知识，2015，33（6）：109-119.

[65] 刘思琪．社会化问答网站UGC特征解读——以知乎网为例［J］．西部广播电视，2014（21）：9-10.

[66] 刘璇．传播心理学视角下的中国社交网络（SNS）用户心理体验研究［D］．杭州：浙江大学，2010.

[67] 马芳．信息检索中的相关性研究［J］．科技情报开发与经济，2009（19）：89-90.

[68] 宁菁菁．基于"弱关系理论"的知识问答社区知识传播研究——以知乎网为例［J］．新闻知识，2014（2）：98-99.

[69] 牛春华，沙勇忠．知乎应急管理相关话题论证模式分析［J］．情报资料工作，2014，35（6）：12-16.

[70] 裴一蕾，薛万欣，赵宗，等．基于用户体验视角的搜索引擎评价研究［J］．情报科学，2013，31（5）：94-112.

[71] 曲明成．问答社区中的问题与答案推荐机制研究与实现［D］．杭州：浙江大学，2010.

[72] 尚永辉，艾时钟，王凤艳．基于社会认知理论的虚拟社区成员知识共享行为实证研究［J］．科技进步与对策，2012，29（7）：127-132.

[73] 沈闻．基于问答社区的个性化服务研究［D］．扬州：扬州大学，2009.

[74] 施亦龙，许鑫．在线健康信息搜寻研究进展及其启示［J］．图书情报工作，2013，57（24）：123-131.

[75] 宋恩梅, 苏环. "掌上" 解惑者: 国内移动问答 App 发展现状分析 [J]. 图书馆学研究, 2014 (18): 28-36.

[76] 宋学峰, 赵蔚, 高琳. 社交问答网站知识共享的内容及社会网络分析——以知乎社区 "在线教育" 话题为例 [J]. 现代教育技术, 2014 (6): 70-77.

[77] 孙康, 杜荣. 实名制虚拟社区知识共享影响因素的实证研究 [J]. 情报杂志, 2010, 29 (4): 83-87, 92.

[78] 孙晓宁, 赵宇翔, 朱庆华. 基于 SQA 系统的社会化搜索答案质量评价指标构建 [J]. 中国图书馆学报, 2015, 41 (4): 65-82.

[79] 孙晓宁, 朱庆华, 赵宇翔, 等. 社会化搜索研究进展综述 [J]. 图书情报工作, 2014, 58 (17): 5-13.

[80] 汤小燕. 社会化问答型虚拟社区知识共享激励机制研究 [D]. 广州: 华南理工大学, 2014.

[81] 王宝勋, 刘秉权, 孙承杰, 王晓龙. 网络问答资源挖掘综述 [J]. 智能计算机与应用, 2012, 2 (6): 54-58.

[82] 王长河. 基于社会交换理论的知识分享行为研究 [J]. 淮南师范学院学报, 2010, 60 (12): 44-46.

[83] 吴丹, 李一喆. 老年人网络健康信息检索行为实验研究 [J]. 图书情报工作, 2014, 58 (12): 102-108.

[84] 吴丹, 刘媛, 王少成. 中英文网络问答社区比较研究与评价实验 [J]. 现代图书情报技术, 2011, 27 (1): 74-82.

[85] 吴丹, 严婷, 金国栋. 网络问答社区与联合参考咨询比较与评价 [J]. 中国图书馆学报, 2011, 37 (4): 94-105.

[86] 吴帆. 集体理性下的个体社会行为 [M]. 北京: 经济科学出版社, 2007: 86-87.

[87] 吴琼, 邓胜利. 虚拟社区中知识创新影响因素的实证研究 [J]. 图书情报知识, 2011 (5): 115-121.

［88］吴瑞红.互动问答社区中回答可信性分析［D］.北京：北京信息科技大学，2013.

［89］夏立新，楚林，王忠义，等.基于网络文本挖掘的就业知识需求关系构建［J］.图书情报知识，2016（1）：94-100.

［90］夏南强，肖琴.微博群体信息及其主观倾向性分析［J］.情报科学，2014，32（9）：22-29.

［91］徐小龙，王方华.虚拟社区的知识共享机制研究［J］.自然辩证法研究，2007，23（8）：83-86.

［92］杨海娟.社会化问答网站用户贡献意愿影响因素实证研究［J］.图书馆学研究，2014（14）：29-38.

［93］杨艳.虚拟社区中的知识交流和共享行为研究［D］.杭州：浙江大学，2006.

［94］余春艳，史慧静，张丕业，等.青少年网络健康信息寻求行为及其与健康危险行为的相关性［J］.中国学校卫生，2009，30（6）：482-484.

［95］余素华.社会化问答社区的内容抽取研究［D］.武汉：华中师范大学，2014.

［96］袁红，赵娟娟.问答社区中用户与资源互动研究［J］.图书情报工作，2014（18）：102-109.

［97］张豪锋，边会艳.研究生网络问答社区使用现状调查与分析［J］.现代教育技术，2012，22（6）：84-87.

［98］张敏，聂瑞，罗梅芬.健康素养对用户健康信息在线搜索行为的影响分析［J］.图书情报工作，2016，60（7）：103-109.

［99］张庆民，王海燕，吴春梅，等.基于熵权-离差聚类法的城市公共安全舆情评估［J］.中国安全科学学报，2012，22（9）：147-152.

［100］张体慧.问答社区用户知识分享行为的动机研究［D］.徐州：中国矿业大学，2014.

［101］张文婷.社交问答平台的使用与满足研究［J］.青年记者，2015

（6）：64-65.

[102] 张兮，陈振娇，郭传杰．虚拟科研团队中成员个性与知识贡献关系的实证研究 [J]．中国管理科学，2008，16（S1）：377-380.

[103] 张星，陈星，夏火松，等．在线健康社区中用户忠诚度的影响因素研究：从信息系统成功与社会支持的角度 [J]．情报科学，2016，34（3）：133-138.

[104] 张兴刚，袁毅．问答类社区用户关系网络研究——以百度“知道”为例 [J]．情报理论与实践，2011（11）：61-63.

[105] 张兴刚，袁毅．基于搜索引擎的中文问答社区比较研究 [J]．图书馆学研究，2009（6）：65-72.

[106] 张中锋．社区问答系统研究综述 [J]．计算机科学，2010（11）：19-23.

[107] 赵慧文．网络用户体验及互动设计 [M]．北京：高等教育出版社，2012：142.

[108] 赵宇翔，范哲，朱庆华．用户生成内容（UGC）概念解析及研究进展 [J]．中国图书馆学报，2012，38（5）：68-81.

[109] 赵宇翔，朱庆华．Web2.0 环境下影响用户生成内容的主要动因研究 [J]．中国图书馆学报，2009（5）：107-116.

[110] 赵宇翔．社会化媒体中用户生成内容的动因与激励设计研究 [D]．南京：南京大学，2011.

[111] 赵宇翔，彭希羡．媒体即社区？信息系统领域基于文献的研究主题分析 [J]．现代图书情报技术，2014，30（1）：56-65.

[112] 郑全全，赵立，谢天．社会心理学研究方法 [M]．北京：北京师范大学出版社，2010.

[113] 周涛，鲁耀斌．基于社会影响理论的虚拟社区用户知识共享行为研究 [J]．研究与发展管理，2009，21（4）：78-83.

[114] 周晓英，蔡文娟．大学生网络健康信息搜寻行为模式及影响因素

[J]. 情报资料工作, 2014 (4): 50-55.

英文文献

[115] Abrahamson J A, Rubin V L. Discourse structure differences in lay and professional health communication [J]. Journal of Documentation, 2012, 68 (6): 826-851.

[116] Adamic L A, Zhang J, Bakshy E, et al. Knowledge sharing and yahoo answers: everyone knows something [C] //Proceedings of the 17th International Conference on World Wide Web. ACM, 2008: 665-674.

[117] Albert Bandura. Self-efficacy: toward a unifying theory of behavioral change [J]. Psychological Review, 1977, 84 (2): 191-215.

[118] Anderson J C, Gerbing D W. Structural equation modeling in practice: a review and recommended two-step approach [J]. Psychological Bulletin, 1988, 103 (3): 411-423.

[119] Ardichvili A, Maurer M, Li W, Wentling T, Stuedemann R. Cultural influences on knowledge sharing through online communities of practice [J]. Journal of Knowledge Management, 2006, 10 (1): 94-107.

[120] Ardichvili A, Page V, Wentling T. Motivation and barriers to participation in virtual knowledge sharing teams [J]. Journal of Knowledge Management, 2003, 7 (1): 64-77.

[121] Armstrong N, Powell J. Patient perspectives on health advice posted on Internet discussion boards: a qualitative study [J]. Health Expectations, 2009, 12 (3): 313-320.

[122] Aronson A R, Lang F M. An overview of MetaMap: historical perspective and recent advances [J]. Journal of the American Medical Informatics Association, 2010, 17 (3): 229-236.

[123] Arya H B, Mishra J K. Oh! Web 2.0, virtual reference service 2.0, tools

& techniques (Ⅰ): a basic approach [J]. Journal of Library & Information Services in Distance Learning, 2011, 5 (4): 149-171.

[124] Atkin C. Instrumental utilities and information seeking [M] //Clarke P (ed.). New Models for Mass Communication Research, Beverly Hills, CA: Sage, 1973.

[125] Austvoll-Dahlgren A, Falk R S, Helseth S. Cognitive factors predicting intentions to search for health information: an application of the theory of planned behaviour [J]. Health Information & Libraries Journal, 2012, 29 (4): 296-308.

[126] Baird D E, Fisher M. Neomillennial user experience design strategies: utilizing social networking media to support "always on" learning styles [J]. Journal of Educational Technology Systems, 2005, 34 (1): 5-32.

[127] Bandura A. Self-efficacy-toward a unifying theory of behavioral change [J]. Psychological Review, 1977, 84 (2): 191-215.

[128] Barry C L, Schamber L. Users' criteria for relevance evaluation: a cross-situational comparison [J]. Information Processing & Management, 1998, 34 (2-3): 219-236.

[129] Beenan G, Ling K, Wang X, Chang K, Frankowski D, Resnick P, Kraut R E. Using social psychology to motivate contributions to online communities [J]. Journal of Computer-Mediated Communication, 2005, 10 (4): 212-221.

[130] Belkin N J, Oddy R N, Brooks H M. ASK for information retrieval: part I. background and theory [J]. Journal of Documentation, 1982, 38 (2): 61-71.

[131] Bhattacherjee A. An empirical analysis of the antecedents of electronic commerce service continuance [J]. Decision Support Systems, 2001, 32 (1): 201-214.

[132] Bhattacherjee A. Understanding information systems continuance: an expectation-confirmation model [J]. MIS Quarterly, 2001, 25 (3): 351-370.

[133] Bock G W, Zmud R W, Kim Y G, et al. Behavioral intention formation in knowledge sharing: examining the roles of extrinsic motivators, social-psychological forces, and organizational climate [J]. MIS Quarterly, 2005, 29 (1): 87-111.

[134] Cao S J, Chen Y J, Yang T. An empirical study on library user satisfaction based on user needs [J]. Journal of Library Science (in Chinese), 2013 (5): 60-75.

[135] Case D O. Looking for information: a survey of research on information seeking, needs and behavior [M]. Brodford: Emerald Group Publishing, 2012.

[136] Cattle R B. The scientific analysis of personality [M]. Chicago: Aldine, 1965.

[137] Chau P Y K, Hu P J-H. Investigating healthcare professionals' decisions to accept telemedicine technology: an empirical test of competing theories [J]. Information & Management, 2002, 39 (4): 297-311.

[138] Chen C J, Hung S W. To give or receive? Factors Influencing members' knowledge sharing and community promotion in professional virtual communities [J]. Information & Management, 2010, 47 (4): 222-236.

[139] Chen Hsin-Liang. An analysis of image queries in the field of art history [J]. Journal of American Society for Information Science and Technology, 2001, 52 (3): 260-273.

[140] Chen X, Deng S. Influencing factors of answer adoption in social Q&A communities from users' perspective: taking Zhihu as an example [J]. Chinese Journal of Library and Information Science, 2014, 7 (3): 81-95.

[141] Chen C S, Chang S F, Liu C H. Understanding knowledge-sharing motivation, incentive mechanisms, and satisfaction in virtual communities [J]. Social Behavior and Personality: An International Journal, 2012, 40 (4): 639-647.

[142] Chen G L, Yang S C, Tang S M. Sense of virtual community and knowledge contribution in a P3 virtual community: motivation and experience [J]. Internet Research, 2012, 23 (1): 4-28.

[143] Chen I Y L. The factors influencing members' continuance intentions in professional virtual communities-a longitudinal study [J]. Journal of Information Science, 2007, 33 (4): 451-467.

[144] Cheung C M K, Lee M K O. Understanding the sustainability of a virtual community: model development and empirical test [J]. Journal of Information Science, 2009, 35 (3): 279-298.

[145] Cheung C M K, Lee M K O. What drives members to continue sharing knowledge in a virtual professional community? The role of knowledge self-efficacy and satisfaction [M] //Knowledge Science, Engineering and Management. Berlin: Springer, 2007: 472-484.

[146] Cheung C M K, Lee M K O, Rabjohn N. The impact of electronic word-of-mouth: the adoption of online opinions in online customer communities [J]. Internet Research, 2008, 18 (3): 229-247.

[147] Chin W W. The partial least squares approach to structural equation modeling [J]. Modern Methods for Business Research, 1998, 295 (2): 295-336.

[148] Chirag S, Sanghee O, Jung S. Research agenda for social Q&A [J]. Library & Information Science Research. 2009, 31 (4): 205-209.

[149] Chiu C M, Hsu M H, Wang E T G. Understanding knowledge sharing in

virtual communities: an integration of social capital and social cognitive theories [J]. Decision Support Systems, 2006, 42 (3): 1872-1888.

[150] Chiu M H P, Wu C C. Integrated ACE model for consumer health information needs: a content analysis of questions in Yahoo! Answers [J]. Proceedings of the American Society for Information Science and Technology. 2012, 49 (1): 1-10.

[151] Choi E, Kitzie V, Shah C. "10 points for the best answer!" -baiting for explicating knowledge contributions within online Q&A [C] // Proceedings of the 76th American Society for Information Science and Technology. 2013, 50: 1-4.

[152] Choi E, Kitzie V, Shah C. Investigating motivations and expectations of asking a question in social Q&A [J]. First Monday, 2014, 19 (3).

[153] Choi E, Kitzie V, Shah C. A machine learning-based approach to predicting success of questions on social question-answering [C] //iConference 2013 Proceedings. 2013b: 409-421.

[154] Choi E, Shah C. Asking for more than an answer: what do askers expect in online Q&A services? [J]. Journal of Information Science, 2016, 67 (5): 1182-1197.

[155] Chou C H, Wang Y S, Tang T I. Exploring the determinants of knowledge adoption in virtual communities: a social influence perspective [J]. International Journal of Information Management, 2015, 35 (3): 364-376.

[156] Chow A S, Croxton R A. Information-seeking behavior and reference medium preferences [J]. Reference & User Services Quarterly, 2012, 51: 246-262.

[157] Christy M K, Matthew K O, Zach W Y. Understanding the continuance intention of knowledge sharing in online communities of practice through the post-knowledge-sharing evaluation processes [J]. Journal of The American

Society For Information Science and Technology, 2013, 64 (7): 1357-1374.

[158] Chua A Y K, Banerjee S. So fast so good: an analysis of answer quality and answer speed in community question-answering sites [J]. Journal of the American Society for Information Science and Technology, 2013, 64 (10): 2058-2068.

[159] Chung Eunkyung, Yoon Jungwon. Analysis of multimedia needs and searching features: an exploratory study [J]. Proceedings of the American Society for Information Science and Technology, 2012, 49 (1): 1-5.

[160] Claes Fornell. A national customer satisfaction barometer: the Swedish experience [J]. Journal of Marketing, 1992, 56 (1): 6-21.

[161] Cline R J W, Haynes K M. Consumer health information seeking on the Internet: the state of the art [J]. Health Education Research, 2001, 16 (6): 671-692.

[162] Connaway L S, Radford M L, Mikitish S, et al. Conceptualizing collaboration and community in virtual reference and social question and answer services [J]. Information Research, 2013, 18 (3): 965-991.

[163] Conniss L R, Ashford A J, Graham M E. Information seeking behavior in image retrieval: visor I final report [R]. Library and Information Commission Research Report 95 .

[164] Constant D, Kiesler S, Sproull L. What's mine is ours or is it? A study of attitudes about information sharing [J]. Information Systems Research, 1994, 5 (4): 400-421.

[165] Cotten S R, Gupta S S. Characteristics of online and offline health information seekers and factors that discriminate between them [J]. Social Science & Medicine, 2004, 59 (9): 1795-1806.

[166] Cummings J N. Work groups, structural diversity, and knowledge sharing in a global organization [J]. Management Science, 2004, 50 (3): 352-364.

[167] Cunningham S, Masoodian M. Looking for a picture: an analysis of everyday image information searching [C] //Proceedings of the 6th ACMIEEECS Joint Conference on Digital Libraries. 2006: 198-199.

[168] David C Li. Online social network acceptance: a social perspective [J]. Internet Research, 2011, 21 (5): 562-580.

[169] Davis F D. Perceived usefulness, perceived ease of use and user acceptance of information technology [J]. MIS Quarterly, 1989, 13 (3): 319-340.

[170] Davis F D, Bagozzi R P, Warshaw P R. Extrinsic and intrinsic motivation to use computers in the workplace [J]. Journal of Applied Social Psychology, 1992, 22 (14): 1111-1132.

[171] De Angeli A, Sutcliffe A, Hartmann J. Interaction, usability and aesthetics: what influences users' preferences? [C] //Proceedings of the 6th Conference on Designing Interactive Systems. New York, NY: ACM, 2006: 271-280.

[172] Dearman D, Truong K N. Why users of Yahoo! Answers do not answer questions [C] //Proceedings of the 28th International Conference on Human Factor in Computing Systemes. Atlanta, Georgia, USA, 2010: 329-332.

[173] Delone W H. The DeLone and McLean model of information systems success: a ten-year update [J]. Journal of Management Information Systems, 2003, 19 (4): 9-30.

[174] Delong D, Fahey L. Diagnosing cultural barriers to knowledge management [J]. Academy of Management Executive, 2000, 14 (4): 113-127.

[175] Deng S L, Liu Y, Qi Y. An empirical study on determinants of web based

question-answer services adoption [J]. Online Information Review, 2011, 35 (5): 789-798.

[176] Dholakiaa U M, Bagozzia R P, Pearo L K. A social influence model of consumer participation in network- and small-group-based virtual communities [J]. International Journal of Research in Marketing, 2004, 21 (3): 241-263.

[177] Dickinger A, Arami M, Meyer D. The role of perceived enjoyment and social norm in the adoption of technology with network externalities [J]. European Journal of Information Systems, 2008, 17 (1): 4-11.

[178] Doll W J, Torkzadeh G. The measurement of end-user computing satisfaction [J]. MIS Quarterly, 1988, 12 (2): 259-274.

[179] Ellemers N, Kortekaas P, Ouwerkerk J W. Self-categorization, commitment to the group and group self-esteem as related but distinct aspects of social identity [J]. European Journal of Social Psychology, 1999, 29 (2-3): 371-389.

[180] Emmons R A, Diener E. Influence of impulsivity and sociability on subjective well-being [J]. Journal of Personality and Social Psychology, 1986, 50 (6): 1211-1215.

[181] Eric W K See-To, Savvas Papagiannidis, Vincent Cho. User experience on mobile video appreciation: how to engross users and to enhance their enjoyment in watching mobile video clips [J]. Technological Forecasting & Social Change, 2012, 79 (8): 1484-1494.

[182] Escoffery C, Miner K R, Adame D D, et al. Internet use for health information among college students [J]. Journal of American College Health, 2005, 53 (4): 183-188.

[183] Fan-Chuan Tseng, Feng-Yuan Kuo. A social cognitive framework of knowledge contribution in the online community [C] //IEEE International

Conference on Fuzzy Systems. Taipei, 2011: 677-682.

[184] Fang Y H, Chiu C M. In justice we trust: exploring knowledge-sharing continuance intentions in virtual communities of practice [J]. Computers in Human Behavior, 2010, 26 (2): 235-246.

[185] Fichman P. A comparative assessment of answer quality on four question answering sites [J]. Journal of Information Science, 2011, 37 (5): 476-486.

[186] Fidel R. The image retrieval task: implications for the design and evaluation of image databases [J]. The New Review of Hypermedia and Multimedia, 1997, 3 (1): 181-199.

[187] Fornell C, Larcker D F. Evaluating structural equation models with unobservable variables and measurement error: algebra and statistics [J]. Journal of Marketing Research, 1981, 18 (3): 382-388.

[188] Fox E A, Hix D, Nowell L T, Brueni D J. Users, user interfaces, and objects: envision a digital library [J]. Journal of the American Society for Information Science, 1993, 44 (8): 480-491.

[189] Fulk J. Social construction of communication technology [J]. Academy of Management Journal, 1993, 36 (5): 921-950.

[190] Gazan R. Social Q&A [J]. Journal of the American Society for Information Science and Technology, 2011, 62 (12): 2301-2312.

[191] Golbeck J, Fleischmann K R. Trust in social Q&A: the impact of text and photo cues of expertise [J]. Proceedings of the American Society for Information Science and Technology, 2010, 47 (1): 1-10.

[192] Guilford J P. Fundamental statistics in psychology and education [M]. New York: Mcgraw Hill, 1978.

[193] Guo J, Xu S, Bao S, Yu Y. Tapping on the potential of Q&A community by recommending answer providers [C] //Proceedings of the 17th ACM

Conference on Information and Knowledge Management. New York, NY: ACM, 2008: 921-930.

[194] Hackett B. Beyond knowledge management: new ways to work and learn [J]. Research-Technology Management, 2000, 43 (4) : 62-63.

[195] Hair J F, Black W C, Babin B J, Anderson R E. Multivariate data analysis (7th. ed.) [M]. Englewood Cliffs, NJ: Prentice Hall, 2010.

[196] Harper F M, Raban D, Rafaeli S, et al. Predictors of answer quality in online Q&A sites [C] //Proceedings of the SIGCHI Conference on Human Factors in Computing System. New York, NY: ACM, 2008: 865-874.

[197] Hart J, Ridley C, Taher F, Sas C, Dix A T K, Jönsson B. Exploring the Facebook experience: a new approach to usability [C] //Proceedings of the 5th Nordic Conference on Human-Computer Interaction: Building Bridges. New York, NY: ACM, 2008: 471-474.

[198] Hashim K F. Understanding the determinants of continuous knowledge sharing intention within business online communities [D]. AUT University, 2012.

[199] Hassenzahl M. The thing and I: understanding the relationship between user and product [C] // Blythe M A, Overbeeke K, Monk A F, Wright P C (eds.). Funology: From Usability to Enjoyment. Dordrecht, The Netherlands: Kluwer, 2003: 31-42.

[200] Hassenzahl M. The interplay of beauty, goodness and usability in interactive products [J]. Human-Computer Interaction, 2004, 19 (4) .319-349.

[201] Hassenzahl M, Platz A, Burmester M, Lehner K. Hedonic and ergonomic quality aspects determine a software's appeal [C] //Proceedings of the SIGCHI Conference on Human Factors in Computing Systems. New York, NY: ACM, 2000: 201-208.

[202] Hatzivassiloglou V, Wiebe J M. Effects of adjective orientation and gradability on sentence subjectivity [C] //Proceedings of the 18th International Conference on Computational Linguistics. Stroudsburg, PA: Association for Computational Linguistics, 2000: 299-305.

[203] Heijden H V D. User acceptance of hedonic information systems [J]. MIS Quarterly, 2004, 28 (4): 695-704.

[204] Heimonen T. Information needs and practices of active mobile internet users [C] //International Conference on Mobile Technology, Application & Systems. ACM, 2009: 50-58.

[205] Hollink L, Schreiber A T, Wielinga B J, et al. Classification of user image descriptions [J]. International Journal of Human-Computer Studies, 2004, 61 (5) : 601-626.

[206] Homans G C. Social behavior as exchange [J]. American Journal of Sociology, 1958, 63 (6): 597-606.

[207] Hong S J, Thong J Y L, Tam K Y. Understanding continued information technology usage behavior: a comparison of three models in the context of mobile Internet [J]. Decision Support Systems, 2006, 42 (3): 1819-1834.

[208] Hong S-J, Tam K Y. Understanding the adoption of multipurpose information appliances: the case of mobile data service [J]. Information Systems Research, 2006, 17 (2): 162-179.

[209] Hsieh G, Kraut R E, Hudson S E. Why pay? Exploring how financial incentives are used for question & answer [C] //SIGCHI Conference on Human Factors in Computing Systems. ACM, 2010: 305-314.

[210] Hsu M H, Chiu C M, Ju T L. Determinants of continued use of the WWW: an integration of two theoretical models [J]. Industrial Management & Data Systems, 2004, 104 (9): 766-775.

［211］Hsu M H，Ju T L，Yen C H，Chang C M. Knowledge sharing behavior in virtual communities：the relationship between trust，self-efficacy，and outcome expectations ［J］. International Journal of Human-Computer Studies，2007，65（2）：153-169.

［212］Hung S W，Cheng M J. Are you ready for knowledge sharing? An empirical study of virtual communities ［J］. Computers & Education，2012，62：8-17.

［213］Igbaria M，Parasuraman S，Baroudi J J. A motivational model of microcomputer usage ［J］. Journal of Management Information Systems，1996，13（1）：127-143.

［214］iResearch. 艾瑞知识问答平台调查 ［EB/OL］. ［2016-10-20］. http：//tech. china. com/zh_cn/news/net/domestic/11066127/20100618/15985713. html.

［215］Jaims A，Jaims R，Chang S F. A conceptual framework for indexing visual information at multiple levels ［C］//Proceedings of IS & T/SPIE Internet Imaging. San Jose，CA，2000.

［216］Jang H，Olfman L，Ko I，Koh J，Kim K. The influence of on-line brand community characteristics on community commitment and brand loyalty ［J］. International Journal of Electronic Commerce，2008，12（3）：57-80.

［217］Janine Nahapiet，Sumantra Ghoshal. Social capital intellectual capital and the organizational advantage ［J］. Academy of Management Review，1998，23（1）：242-266.

［218］Jeon G Y J，Rieh S Y. Answers from the crowd：how credible are strangers in social Q&A? ［C］//iConference. 2014：664-668.

［219］Jeon G Y，Rieh S Y. Do you trust answers? Credibility judgments in social search using SQA sites ［C］//16th ACM Conference on Computer

Supported Cooperative Work Workshops on Social Media Question Asking. 2013a.

[220] Jeon G Y, Rieh S Y. The value of social search: seeking collective personal experience in social Q&A [C] //Proceedings of the Association for Information Science and Technology. 2013b.

[221] Jia J, Song E M, Su H. Research on assessment of answer quality in social Q&A platform [J]. Journal of Information Resources Management (in Chinese), 2013, 3 (2): 19-28.

[222] Jin J, Li Y, Zhong X, et al. Why users contribute knowledge to online communities: an empirical study of an online social Q&A community [J]. Information & Management, 2015, 52 (7): 840-849.

[223] Jin X L, Zhou Z Y, Lee M K O, Cheung C M K. Why users keep answering questions in online questions answering communities: a theoretical and empirical investigation [J]. International Journal of Information Management, 2013 (33): 93-104.

[224] Jin X L, Lee M K O, Cheung C M K. Predicting continuance in online communities: model development and empirical test [J]. Behaviour & Information Technology, 2010, 29 (4): 383-394.

[225] Jorgensen C, Jorgensen P. Image querying by image professionals [J]. Journal of the American Society for Information Science and Technology, 2005, 56 (12): 1346-1359.

[226] Jörgensen. Attributes of images in describing tasks [J]. Information Processing & Management, 1998, 34 (2/3): 161-174.

[227] Joseph F H, Ronald L T, Rolph E A. Multivariate data analysis (5th Edition) [M]. Upper Saddle River, NJ: Prentice Hall, 1998: 346-348.

[228] JungWon Yoon, EunKyung Chung. Understanding image needs in daily life

by analyzing questions in a social Q&A site [J]. Journal of the American Society for Information Science and Technology, 2011, 62 (11): 2201-2213.

[229] Kang M, Kim B, Gloor P, Bock G W. Understanding the effect of social networks on user behaviors in community-driven knowledge services [J]. Journal of the American Society for Information Science and Technology, 2011, 62 (6): 1066-1074.

[230] Kankanhalli A, Tan B, Wei K K. Contributing knowledge to electronic knowledge repositories: an empirical investigation [J]. MIS Quarterly, 2005, 29 (1): 113-143.

[231] Karahanna E, Straub D W, Chervany N L. Information technology adoption across time: a cross-sectional comparison of pre-adoption and post-adoption beliefs [J]. MIS Quarterly, 1999, 23 (2): 183-213.

[232] Kathy Ning Shen, Angela Yan Yu, Mohamed Khalifa. Knowledge contribution in virtual communities: accounting for multiple dimensions of social presence through social identity [J]. Behaviour & Information Technology, 2010, 29 (4): 337-348.

[233] Kelman H C. Processes of opinion change [J]. Public Opinion Quarterly, 1961, 25 (1): 57-78.

[234] Kenney B. Liverpool's discovery: a university library applies a new search tool to improve the user experience [J]. Library Journal, 2011, 136 (3): 24-27.

[235] Keselman A, Logan R, Smith C A, et al. Developing informatics tools and strategies for consumer-centered health communication [J]. Journal of the American Medical Informatics Association, 2008, 15 (4): 473-483.

[236] Kim K, Sin S J, He Y. Information seeking through social media: impact of user characteristics on social media use [C] //The American Society of

Information Science & Technology (ASIST) Annual Meeting. 2013, 11:
1-6.

[237] Kim S, Oh S. Users' relevance criteria for evaluating answers in a SQA site
[J]. Journal of the American Society for Information Science Technology,
2009, 60 (4): 716-727.

[238] Kim Y C, Lim J Y, Park K. Effects of health literacy and social capital on
health information behavior [J]. Journal of Health Communication, 2015,
20 (9): 1084-1094.

[239] Kim Y, Choi T Y, Yan T, et al. Structural investigation of supply networks:
a social network analysis approach [J]. Journal of Operation Management,
2011, 29 (3): 194-211.

[240] Kitzie V, Choi E, Shah C. To ask or not to ask, that is the question:
investigating methods and motivations for online Q&A [C] //Proceedings
of HCIR. 2012.

[241] Kitzie V, Shah C. Faster, better, or both? Looking at both sides of online
question-answering coin [C] //Proceedings of the American Society for
Information Science and Technology Anuual Meeting. 2011, 48: 1-4.

[242] Kitzie V, Choi E, Shah S. Analyzing question quality through inter
subjectivity: world views and objective assessments of questions on social
question-answering [C]. The American Society of Information Science &
Technology (ASIST) Annual Meeting, 2013, 11: 1-6.

[243] Knijnenburg B P, Willemsen M C, Gantner Z, Soncu H, Newell
C. Explaining the user experience of recommender systems [J]. User
Modeling and User-Adapted Interaction, 2012, 22 (4-5): 441-504.

[244] Krikelas J. Information-seeking behavior: patterns and concepts [J]. Drexel
Library Quarterly, 1983, 19 (2): 5-20.

[245] Kumar S, Thondikulam G. Knowledge management in a collaborative

business framework [J]. Information Knowledge Systems Management, 2006, 5 (3): 171-187.

[246] Kurt Lewin . A dynamic theory of personality [M] . New York: McGraw, Hill, 1935: 286.

[247] Lampel J, Bhalla A. The role of status seeking in online communities: giving the gift of experience [J]. Journal of Computer-Mediated Communication, 2007, 12 (2): 434-455.

[248] Lankes R D. Building and maintaining internet information services: K-12 digital reference services [M]. Syracuse, NY: ERIC Clearinghouse on Information & Techndogy, 1998.

[249] Lee U, Kang H, Yi E, et al. Understanding mobile Q&A usage: an exploratory study [C] //Proceedings of the SIGCHI Conference on Human Factors in Computing Systems. ACM, 2012: 3215-3224.

[250] Li B, King, I. Routing questions to appropriate answerers in community question answering services [C] //Proceedings of the 19th ACM International Conference on Information and Knowledge Management. New York, NY: ACM, 2010: 1585-1588.

[251] Liang T P, Liu C C, Wu C H. Can social exchange theory explain individual knowledge-sharing behavior? A meta-analysis [C] //The 29th International Conference on Information Systems (ICIS). Paris, France, 2008: 171.

[252] Lindlof T R, Taylor B C. Qualitative communication research methods [M]. Bevely Hills: Sage Publications, 2010.

[253] Liu Z, Jansen B J. Predicting potential responders in social Q&A based on non-QA features [C] //CHI'14 Extended Abstracts on Human Factors in Computing Systems. ACM, 2014: 2131-2136.

[254] Lou J, Fang Y, Lim K H, et al. Contributing high quality and quality

knowledge to online Q&A communities [J]. Journal of the American Society for Information Science and Technoloty, 2013, 64 (2): 356-371.

[255] Luthans F. Positive organizational behavior: developing and managing psychological strengths [J]. Academy of Management Executive, 2003, 16 (1): 57-75.

[256] Macias W, Lewis L S, Smith T L. Health-related message boards/chat rooms on the Web: discussion content and implications for pharmaceutical sponsorships [J]. Journal of Health Communication, 2005, 10 (3): 209-223.

[257] Mahlke S, Thuring M. Usability, aesthetics and emotions in human-technology interaction [J]. International Journal of Psychology, 2007, 42 (4): 253-264.

[258] Mahlke S. Factors influencing the experience of website usage [C] // Proceedings of CHI'02 Extended Abstracts on Human Factors in Computing Systems. New York, NY: ACM, 2002: 846-847.

[259] Majchrzak A, Wagner C, Yates D. Corporate Wiki users: results of a survey [C] //Proceedings of the 2006 international symposium on Wikis. ACM, 2006: 99-104.

[260] Mathwick C. Understanding the online consumer: a typology of online relational norms and behavior [J]. Journal of Interactive Marketing, 2002, 16 (1): 40-55.

[261] McCay-Peet L, Toms E. Image use within the work task model: images as information and illustration [J]. Journal of the American Society for Information Science and Technology, 2009, 12 (60): 2416-2429.

[262] McKinney V, Yoon K, Zahedi F M. The measurement of web-customer satisfaction: an expectation and disconfirmation approach [J]. Information Systems Research, 2002, 13 (3): 296-315.

[263] Mishra J, Allen D, Pearman A. Information seeking, use, and decision making [J]. Journal of the Association for Information Science and Technology, 2015, 66 (4): 662-673.

[264] Mounts N S, Valentiner D P, Anderson K L, Boswell M K. Shyness, sociability, and parental support for the college transition: relation to adolescents' adjustment [J]. Journal of Youth and Adolescence, 2006, 35 (1): 71-80.

[265] Myers J. Cooperative learning in heterogeneous classes [J]. Cooperative Learning, 1991, 11 (4): 36-48.

[266] Nam K, Ackerman M S, Adamic L A. Questions in, knowledge in? A study of Naver's question answering community [C] // Proceedings of the SIGCHI Conference on Human Factors in Computing Systems. Boston, MA, 2009: 779-788.

[267] Nam K K, Ackerman M S, Adamic L A. Questions in, knowledge in? A study of Naver's question answering community [C] //Proceedings of the SIGCHI Conference on Human Factors in Computing Systems. ACM, 2009: 779-788.

[268] Nicol E C, Crook L. Now it's necessary: virtual reference services at Washington State University, Pullman [J]. The Journal of Academic Librarianship, 2013, 39 (2): 161-168.

[269] O'Keefe G J, Sulanowski B K. More than just talk: uses, gratifications and the telephone [J]. Journalism and Mass Communication Quarterly, 1995, 72 (4): 922-933.

[270] Oh S, Yan Z, Min S P. Health information needs on diseases: a coding schema development for analyzing health questions in social Q&A [J]. Proceedings of the American Society for Information Science & Technology. 2012, 49 (1): 1-4.

[271] Oh S. The relationships between motivations and answering strategies: an exploratory review of health answerers' behaviors in Yahoo! Answers [J]. Proceedings of the American Society for Information Science and Technology, 2011, 48 (1): 1-9.

[272] Oh S. The characteristics and motivations of health answerers for sharing information, knowledge, and experiences in online environments [J]. Journal of the American society for Information Science and Technology, 2012, 63 (3): 543-557.

[273] Oh J S, Shah C, Oh S. User participation patterns over time in Yahoo! Answers [C] //Proceedings of the American Society for Information Science and Technology. 2009, 46 (1): 1-8.

[274] Oliver R L. A cognitive model of the antecedents and consequences of satisfaction decisions [J]. Journal of Marketing Research, 1980, 17 (4): 460-469.

[275] Ozkan S, Koseler R. Multi-dimensional students' evaluation of e-learning systems in the higher education context: an empirical investigation [J]. Computers & Education, 2009, 53 (4): 1285-1296.

[276] Ozok A A, Fan Q, Norcio A F. Design guidelines for effective recommender system interfaces based on a usability criteria conceptual model: results from a college student population [J]. Behaviour & Information Technology, 2009, 29 (1): 57-83.

[277] Paechter M, Maier B, Macher D, Students' expectations of, and experiences in elearning: their relation to learning achievements and course satisfaction [J]. Computers & Education, 2009, 54 (1): 222-229.

[278] Pang B, Lee L. Opinion mining and sentiment analysis [J]. Foundations and Trends in Information Retrieval, 2008, 2 (1-2): 1-135.

[279] Panofsky E. Meaning in the visual arts: papers in and on art history [M].

New York: Doubleday Anchor, 1995.

[280] Panovich K, Miller R, Karger D. Tie strength in question answer on social network sites [C]. CSCW'12 Computer Supported Cooperative Work. Seattle, WA, USA, 2012: 1057-1066.

[281] Park J, Jeong D. An empirical study on web based question-answer services [J]. Journal of the Korean Society for Information Management, 2004, 21 (3): 83-98.

[282] Park J, Han S H, Kim H K, Oh S, Moon H. Modeling user experience: a case study on a mobile device [J]. International Journal of Industrial Ergonomics, 2013, 43 (2): 187-196.

[283] Paul S A, Hong L, Chi E H. What is a question? Crowdsourcing tweet categorization [C] //Paper Presented at the 29th ACM Conference on Human Factors in Computing Systems (SIGCHI 2011). Vancouver, BC, Canada, 2001b.

[284] Pentina J, Prybutok V R, Zhang X. The role of virtual communities as shopping reference groups [J]. Journal of Electronic Commerce Research, 2008, 9 (2): 114-136.

[285] Petter S, Straub D, Rai A. Specifying formative constructs in information systems research [J]. MIS Quarterly, 2007, 31 (4): 623-656.

[286] Petty R E, Cacioppo J T, Schumann D. Central and peripheral routes to advertising effectiveness: the moderating role of involvement [J]. Journal of Consumer Research, 1983, 10 (2): 135-46.

[287] Petty R E, Cacioppo J T. The elaboration likelihood model of persuasion [M]. New York: Springer, 1986.

[288] Petty R E, Cacioppo J T. Communication and persuasion: central and peripheral routes to attitude change [M]. New York: Springer, 1986.

[289] Podsakoff P M, Organ D W. Self-reports in organizational research:

problems and prospects [J]. Journal of Management, 1986, 12 (4): 531-544.

[290] Pomerantz J, Luo L. Motivations and uses: evaluating virtual reference service from the users' perspective. [J] Library & Information Science Research, 2006, 28 (3): 5-29.

[291] Prasarnphanich, Jan Z Vestal, W. CoPs in progress: AQPC and texas medical association [J]. Knowledge Management Review, 2006, 9 (1): 8-9.

[292] Radford M L, Connaway L S, Shah C. Convergence & synergy: social Q&A meets VR service [C] // Proceedings of the 75th Annual Meeting: Information, Interaction, Innovation. ASIST, 2012b, 49: 1-10.

[293] Connaway L S, Radford M L. Chattin bout my generation: comparing virtual reference use of Millennials to older adults [M] //Leading the Reference Renaissance: Today's Ideas for Tomorrow's Cutting-Edge Services. Publisher: Neal-Schuman, 2012: 35-46.

[294] Ridings C, Gefen D, Arinze B. Psychological barriers: lurker and poster motivation and behavior in online communities [J]. Communications of the Association for Information Systems, 2006, 18 (16): 329-354.

[295] Robey D. The paradoxes of transformation [C] //Sauer C, Yetten, Philip, Associates (eds.). Steps to the Future. San Francisco, CA: Jossey-Bass, 1997: 209-229.

[296] Rzeszotarski J M, Morris M R. Estimating the social costs of friendsourcing [C] //Proceedings of the 32nd Annual ACM Conference on Human Factors in Computing Systems. ACM, 2014: 2735-2744.

[297] Saeed K A, Abdinnour-Helm S. Examining the effects of information system characteristics and perceived usefulness on post adoption usage of information systems [J]. Information & Management, 2008, 45 (6):

376-386.

［298］ Saracevic T. Relevance: a review of the literature and a framework for thinking on the notion in information science ［J］. Journal of the American Society for Information Science and Technology, 2007, 58 (13): 2126-2144.

［299］ Savolainen R. Expressing emotions in information sharing: a study of online discussion about immigration ［J］. Information Research, 2015, 20 (1): 350-364.

［300］ Savolainen R. Providing informational support in an online discussion group and a Q&A site: the case of travel planning ［J］. Journal of the Association for Information Science and Technology, 2015, 66 (3): 450-461.

［301］ Savolainen R. Strategies for justifying counter-arguments in Q&A discussion ［J］. Journal of Information Science, 2013, 39 (4): 544-556.

［302］ Savolainen R. The structure of argument patterns on a social Q&A site ［J］. Journal of the American Society for Information Science and Technology, 2012, 63 (12): 2536-2548.

［303］ Savolainen R. The use of rhetorical strategies in Q&A discussion ［J］. Journal of Documentation, 2014, 70 (1): 93-118.

［304］ Schaik P V, Ling J. Modelling user experience with web sites: usability, hedonic value, beauty and goodness ［J］. Interacting with Computers, 2008, 20 (3): 419-432.

［305］ Schutz W C. FIRO: a three-dimensional theory of interpersonal behavior ［M］ // Palo Alto. Science & Behavior Books. New York: Holt, Rinehart, Winston, 1958.

［306］ Shachaf P, Rosenbaum H. Online social reference. a research agenda through a STIN framework [C] // iConference. Chapel Hill, NC, USA, 2009 (2): 8-11.

[307] Shah C, Pomerantz J. Evaluating and predicting answer quality in community Q&A [C] //Proceedings of the 33rd International ACM SIGIR Conference on Research and Development in Information Retrieval. ACM, 2010: 411-418.

[308] Shah C, Kitzie V, Choi E. Modalities, motivations, and materials-investigating traditional and social online Q&A services [J]. Journal of Information Science, 2014, 40 (5): 669-687.

[309] Shah C, Kitzie V. Social Q&A and virtual reference-comparing apples and oranges with the help of experts and users [J]. Journal of the American Society for Information Science and Technology, 2012, 63 (10): 2020-2036.

[310] Shah C, Oh S, Oh J S. Research agenda for social Q&A [J]. Library & Information Science Research, 2009, 31 (4): 205-209.

[311] Shah C, Oh J S, Oh S. Exploring characteristics and effects of user participation in online SQA sites [EB/OL]. [2013-08-26]. http: // firstmonday. org/ojs/index. php/fm/article/view/2182/2028.

[312] Shah C, Pomerantz J, Crestani F, Marchand-maillet S, Phane Chen H, Efthimiadis E N. Evaluating and predicting answer quality in community QA [C] //Proceedings of the 33rd International ACM SIGIR Conference on Research and Development in Information Retrieval. New York, NY: ACM, 2010: 411-418.

[313] Shatford S L. Analyzing the subject of a picture: a theoretical approach [J]. Cataloging & Classification Quarterly, 1986, 6 (3): 39-62.

[314] Shore L M, Tetrick L K. A construct validity study of the survey of perceived organizational support [J]. Journal of Applied Psychology,

1991, 76 (5): 637-643.

[315] Shu W, Chuang Y H. Why people share knowledge in virtual communities [J]. Social Behavior and Personality: An International Journal, 2011, 39 (5): 671-690.

[316] Sigmund Freud. The standard edition of the complete psychological works of sigmund freud [M]. Oxford, England: Macmillan, 1964.

[317] Sillence E, Briggs P, Fishwick L, et al. Trust and mistrust of online health sites [C] //Proceedings of the SIGCHI Conference on Human Factors in Computing Systems. ACM, 2004: 663-670.

[318] Skinner B F. Science and human behavior [M]. New York: The Free Press, 1953.

[319] Soojung K, Sanghee O. Uses' relevance criteria for evaluating answers in a social Q&A site [J]. Journal of the American Society for Information Science and Technology, 2009, 60 (4): 716-727.

[320] Sstephen J H, Yang Y L, Chen A. Social network-based system for supporting interactive collaboration in knowledge sharing over peer-to-peer network [J]. Int. J. Human-Computer Studies, 2007, 68: 321-332.

[321] State T C, Pomerantz J, Nicholson S, et al. The current state of digital reference: validation of a general digital reference model through a survey of digital reference services [J]. Information Processing & Management, 2004, 40 (2): 347-363.

[322] Steverink N, Lindenberg S. Which social needs are important for subjective well-being? What happens to them with aging? [J]. Psychology and Aging, 2006, 21 (2): 281-290.

[323] Stvilia B, Twidale M B, Smith L C, Gasser L. Assessing information quality of a community-based encyclopedia [C] //Proceedings of the International Conference on Information Quality. Cambridge, MA, 2005:

442-454.

[324] Sun Y, Fang Y, Lim K. Understanding sustained participation in transactional virtual communities [J]. Decision Support Systems, 2012, 53 (1): 12-22.

[325] Sussman S W, Siegal W S. Informational influence in organizations: an integrated approach to knowledge adoption [J]. Information Systems Research, 2003, 14 (1): 47-65.

[326] Tabatabai D, Luconi F. Expert-novice differences in searching the Web [C] //AMCIS 1998 Proceedings. 1998: 132.

[327] Tam K Y, Ho S Y. Web personalization as a persuasion strategy: an elaboration likelihood model perspective [J]. Information Systems Research, 2005, 16 (3): 271-291.

[328] Taylor S, Todd P A. Understanding information technology usage: a test of competing models [J]. Information Systems Research, 1995, 6 (2): 144-176.

[329] Teevan J, Collins-Thompson K, White R W, Dumais S T, Kim Y. Slow search: Information retrieval without time constraints [C] //Proceedings of the Symposium on Human-Computer Interaction and Information Retrieval. Vancouver, BC, Canada: ACM, 2013: 1-10.

[330] Thong J Y L, Hong W, Tam K-Y. Understanding user acceptance of digital libraries: what are the roles of interface characteristics, organizational context, and individual differences [J]. Human Computer Study, 2002, 57 (3): 215-242.

[331] Tschannen-Moran M, Hoy W K. A multidisciplinary analysis of the nature, meaning, and measurement of trust [J]. Review of Educational Research, 2001, 70 (4): 547-593.

[332] Tuch A N, Roth S P, Hornbæk K, Opwis K, Bargas-Avila J A. Is beautiful

really usable? Toward understanding the relation between usability, aesthetics, and affect in HCI [J]. Computers in Human Behavior, 2012, 28 (5): 1596-1607.

[333] Turner T C, Smith M A, Fisher D, Welser H T. Picturing usenet: mapping computer-mediated collective action [J]. Journal of Computer-Mediated Communication, 2005, 10 (4): JCMC1048.

[334] Tyckoson D A. Issues and trends in the management of reference services: a historical perspective [J]. Journal of Library Administration, 2011, 51 (3): 259-278.

[335] Utpal M D, Richard P B, Lisa K P. A social influence model of consumer participation in network- and small-group-based virtual communities [J]. International Journal of Research in Marketing, 2004, 21 (3): 241-263.

[336] Velupillai S, Duneld M, Henriksson A, et al. Louhi 2014: special issue on health text mining and information analysis [J]. Bmc Medical Informatics & Decision Making, 2014, 15 (S2): 1-3.

[337] Venkatesh V, Davis F D. A theoretical extension of the technology acceptance model: four longitudinal field studies [J]. Management Science, 2000, 46 (2): 186-204.

[338] Vyas D, Gerrit C, Van Der V. APEC: a framework for designing experience [EB/OL]. [2006-06-11]. http://www.infosci.cornell.edu/place/15_DVyas2005.pdf.

[339] Wasko M, Faraj S. Why should I share? Examining social capital and knowledge contribution in electronic networks of practice [J]. MIS Quarterly, 2005, 29 (1): 35-57.

[340] Wasko M, Faraj S. It is what one does: why people participate and help others in electronic communities of practice [J]. Journal of Strategic Information System, 2000, 9 (2-3): 155-173.

[341] Watson J B. Psychology as the behaviorist views it [J]. Psychological Review, 1913, 20 (2): 158-177.

[342] Welser H T, Gleave E, Fisher D, et al. Visualizing the signatures of social roles in online discussion groups [J]. Journal of Social Structure, 2007, 8 (2): 1-32.

[343] Wilson T D. On user studies and information needs [J]. Journal of Documentation, 1981, 37 (1): 3-15.

[344] Wu J H, Wang S C. What drives mobile commerce? An empirical evaluation of the revised technology acceptance model [J]. Information & Management, 2005, 42 (5): 719-729.

[345] Xiao B, Benbasat I. E-commerce product recommendation agents: use, characteristics, and impact [J]. MIS Quarterly, 2007, 31 (1): 137-209.

[346] Yan Z, Zhou J. A new approach to answerer recommendation in community question answering services [M] //Baeza-Yates R, Vries de A P, Zaragoza H, Cambazoglu B B, Murdock V, Lempel R, Silvestri F (eds.). Advances in Information Retrieval. Berlin Heidelberg: Springer, 2012: 121-132.

[347] Yang J, Adamic L A, Ackerman M S. Crowdsourcing and knowledge sharing: strategic user behavior on taskcn [C] //Proceedings of the 9th ACM Conference on Electionic Commerce. 2008: 246-255.

[348] Yang J, Morris M R, Teevan J, Adamic L A, Ackerman. M S. Culture matters: a survey study of social Q&A behavior [C] //Paper Presented at the 5th International AAAI Conference on Weblogs and Social Media (ICWSM 2011). Barcelona, Spain, 2011.

[349] Yi E H. Everyday life information seeking with mobile Q&A [EB/OL]. [2015-04-10]. http://library. kaist. ac. kr/thesis 02/2012/2012M020104390_

S1Ver2. pdf.

[350] Yu S-L. Toward a new knowledge sharing community: collective intelligence and learning through Web-based question-answer services [D]. Washington, DC: Georgetown University, 2006.

[351] Zaharias P, Poylymenakou A. Developing a usability evaluation method for e-learning applications: beyond functional usability [J]. International Journal of Human-Computer Interaction, 2009, 25 (1): 75-98.

[352] Zhang J, Zhao Y. A user term visualization analysis based on a social question and answer log [J]. Information Processing & Management, 2013, 49 (5): 1019-1048.

[353] Zhang Y, Deng S, Yang L. A tale of social Q&As in the United States and China: a tale of social Q&As in the United States and China [C] // Proceedings of the American Society for Information Science and Technology. 2014, 51 (1): 1-4.

[354] Zhang Y. Contextualizing consumer health information searching: an analysis of questions in a social Q&A community [C] //Proceedings of the 1st ACM International Health Informatics Symposium. ACM, 2010: 210-219.

[355] Zhang W, Watts S. Knowledge adoption in online communities of practice [C] //ICIS 2003 Proceedings. 2003: 9.

[356] Zhao S. Parental education and children's online health information seeking: beyond the digital divide debate [J]. Social Science & Medicine, 2009, 69 (10): 1501-1505.

[357] Zhe Liu, Bernard J Jansen. Question and answering made interactive: an exploration of interactions in social Q&A [C]. Proceedings of the 2013 International Conference on Social Intelligence and Technology. 2013: 1-10.

[358] Zhou Y, Cong G, Cui B, Jensen C S, Yao J. Routing questions to the right

users in online communities ［ C ］//Proceedings of the 2009 IEEE International Conference on Data Engineering. Washington, DC: IEEE Computer Society, 2009: 700-701.

［359］ Zhu Z M, Bernhard D, Gurevych I. A multi-dimensional model for assessing the quality of answers in social Q&A ［EB/OL］. ［2014-04-16］. http: //tuprints. ulb. tu-darmstadt. de/1940/1/TR_dimension_model. pdf.